"十四五"职业教育国家规划教材

名校名师精品
系列教材

Application of the Windows Server Activity Directory in Enterprises

Windows Server 活动目录企业应用

微课版 | 第2版

杨云 袁学松 魏尧 ◉ 主编
张志强 杨忠明 许艳春 ◉ 副主编

人民邮电出版社
北京

图书在版编目（CIP）数据

Windows Server活动目录企业应用 : 微课版 / 杨云, 袁学松, 魏尧主编. -- 2版. -- 北京 : 人民邮电出版社, 2024.10
名校名师精品系列教材
ISBN 978-7-115-63895-3

Ⅰ. ①W… Ⅱ. ①杨… ②袁… ③魏… Ⅲ. ①Windows操作系统－网络服务器－教材 Ⅳ. ①TP316.86

中国国家版本馆CIP数据核字(2024)第049171号

内 容 提 要

本书对接世界技能大赛要求，以目前被广泛应用的 Windows Server 为例，采用教、学、做相结合的模式，着眼实践应用，以企业真实案例为基础，全面、系统地介绍活动目录在企业中的应用。全书分为 3 个部分：构建 AD DS 环境、配置与管理组策略和管理与维护 AD DS。

本书结构合理，知识全面，案例丰富，语言通俗易懂。本书采用“任务驱动、项目导向”的方式，注重知识的实用性和可操作性，强调职业技能训练。本书所有项目的知识点、技能点和项目实训操作都已录制成微课或慕课，并以二维码形式嵌入相应位置，读者可通过扫码观看。

本书适合作为普通高等院校、职业院校计算机网络相关专业活动目录的配置与管理课程的教材，也可作为网络系统管理工程师、网络系统运维工程师的自学参考书，是网络工程师应备的学习宝典。

◆ 主　　编　杨　云　袁学松　魏　尧
副 主 编　张志强　杨忠明　许艳春
责任编辑　马小霞
责任印制　王　郁　焦志炜

◆ 人民邮电出版社出版发行　　北京市丰台区成寿寺路 11 号
邮编　100164　电子邮件　315@ptpress.com.cn
网址　https://www.ptpress.com.cn
三河市君旺印务有限公司印刷

◆ 开本：787×1092　1/16
印张：15.5　　2024 年 10 月第 2 版
字数：437 千字　　2024 年 10 月河北第 1 次印刷

定价：59.80 元

读者服务热线：(010)81055256　印装质量热线：(010)81055316
反盗版热线：(010)81055315
广告经营许可证：京东市监广登字 20170147 号

前言

党的二十大报告指出“必须坚持科技是第一生产力、人才是第一资源、创新是第一动力”。大国工匠和高技能人才作为人才强国战略的重要组成部分，在现代化国家建设中起着重要的作用。高等职业教育肩负着培养大国工匠和高技能人才的使命，近几年得到了迅速发展和普及。网络强国是国家的发展战略，网络技能型人才培养显得尤为重要。

一、编写背景

本书是“十四五”职业教育国家规划教材《Windows Server 活动目录企业应用（微课版）》的修订版本，也是浙江省普通高校“十三五”新形态教材。

活动目录的配置与管理是网络系统管理工程师、网络系统运维工程师的典型工作任务，是计算机网络技术高技能人才必须具备的核心技能，也是应用型本科和高职计算机网络类专业的一门重要的专业课程。本书以培养读者关于活动目录的构建、应用、维护与管理技能为目标，详细介绍构建活动目录域服务（Active Directory Domain Service，AD DS）环境、配置与管理组策略、管理与维护 AD DS 等内容。

本书将用实际的企业应用案例为读者展现强大的活动目录功能。通过每一个任务的训练，读者可以快速掌握活动目录的操作技能；通过举一反三，让读者快速地将 Windows Server 活动目录的知识和技能与自身工作联系起来。

二、修订内容

本书在形式和内容上进行了更新和提升，更能体现高等职业教育和“三教”改革精神。

（1）对接世界技能大赛需求，将项目实录的操作系统版本由“Windows Server 2012”升级到“Windows Server 2016”，删除陈旧的内容，优化教学项目，完善企业案例。

（2）在形式上，本书采用“纸质教材+电子活页”的形式，采用知识点微课和项目实训慕课的形式辅助教学，提供了丰富的数字资源。

（3）电子活页包括“安装与规划 Windows Server 2016”“利用 VMware Workstation 构建网络环境”“管理文件系统与共享资源”“配置与管理基本磁盘和动态磁盘”“配置与管理证书服务器”5 个学习项目（36 个视频）。纸质教材和电子活页以项目为载体，以工作过程为导向，以职业素养和职业能力培养为重点，按照技术应用从易到难，教学内容从简单到复杂、从局部到整体的原则归纳教材内容。

（4）注重价值引领，每一部分都以中国古诗文精句导入，弘扬中华优秀传统文化。在拓展阅读中融入“核高基”与国产操作系统、我国计算机事业的主要奠基者、中国国家顶级域名“CN”、图灵奖、国家最高科学技术奖、IPv4 和 IPv6、为计算机事业做出巨大贡献的王选院士、国产操作系统“银河麒麟”、我国的超级计算机、“雪人计划”等我国计算机领域不同阶段重要的人、事、物，鞭策学生努力学习，引导学生树立正确的世界观、人生观和价值观，帮助学生成为德、智、体、美、劳全面发展的社会主义建设者和接班人。

（5）项目实训慕课、微课视频全部重新设计和录制。

三、本书特点

本书具有以下特点。

（1）适合零基础读者，入门门槛低，很容易上手。

（2）提供“教、学、做、导、考”一站式课程解决方案。

本书还提供丰富的数字资源，包含视频、音频、作业、试卷、拓展资源、讨论等，助力“易教易学”，为院校提供“教、学、做、导、考”一站式课程解决方案。

（3）体现产教融合、书证融通、课证融通，校企“双元”合作开发“理实一体”教材。

本书内容对接职业标准和岗位需求，以企业“真实工程项目”为素材进行项目设计及实施，将教学内容与

MCSA、MCSE 资格认证相融合，由业界专家拍摄项目视频，从而实现书证融通、课证融通。

（4）符合“三教”改革精神，创新教材形态。

将教材、课堂、教学资源、LEEPEE 教学法四者融合，实现线上线下有机结合，为“翻转课堂”和“混合课堂”改革奠定基础。本书采用“纸质教材+电子活页”的形式编写，实现纸质教材 3 年修订、电子活页随时增减和修订的目标。基于工作过程导向的“教、学、做”一体化的编写方式，使本书内容能涵盖活动目录企业应用的各个方面。

四、本书的内容安排

全书分 3 部分。

第 1 部分主要包括部署与管理 AD DS、建立域树和林、管理域用户账户和组等内容。

第 2 部分主要包括使用组策略管理用户工作环境、使用组策略部署软件与限制软件的运行、管理组策略等内容。

第 3 部分主要包括配置活动目录的对象和信任、配置 AD DS 站点和 AD DS 复制、管理操作主机、维护 AD DS 等内容。

五、本书适合的读者

（1）活动目录初、中级用户。

（2）网络系统管理工程师。

（3）网络系统运维工程师。

（4）大中专院校的学生。

（5）社会培训人员。

六、其他

本书由杨云、袁学松、魏尧任主编，张志强、杨忠明、许艳春任副主编，浪潮云信息技术股份公司高级工程师薛立强全程参与了教材的设计与开发，浪潮云信息技术股份公司提供了丰富的企业应用案例。由于编者水平有限，书中难免存在不妥之处，敬请广大读者批评指正。用书教师若需教学资源，请加入教师 QQ 交流群：30539076。

编　者

2024 年 3 月于泉城

目录

第1部分　构建 AD DS 环境

第 2 部分 配置与管理组策略

项目 4 使用组策略管理用户工作环境…………89

项目 5 使用组策略部署软件与限制软件的运行…………………118

项目 6

第 3 部分 管理与维护 AD DS

项目 7

项目 8

项目 9

项目 10

第 1 部分

构建 AD DS 环境

合抱之木，生于毫末；九层之台，起于累土；千里之行，始于足下。

——《道德经》

项目1
部署与管理AD DS

01

学习背景

未名公司组建的单位内部的办公网络原来是基于工作组的，近期由于公司业务发展，人员激增，出于方便和网络安全管理的需要，考虑将基于工作组的网络升级为基于域的网络。现在需要将一台或多台计算机升级为域控制器，并将其他所有计算机加入域作为成员服务器。

学习目标和素养目标

- 掌握规划和安装局域网中活动目录的方法。
- 掌握创建目录林根级域的方法。
- 掌握安装额外域控制器的方法。
- “天下兴亡，匹夫有责”，了解“核高基”和国产操作系统，理解自主可控于我国的重大意义，激发学生的爱国情怀和学习动力。
- 明确操作系统在新一代信息技术中的重要地位，激发学生科技报国的家国情怀。
- “天行健，君子以自强不息。”青年学生要有“感时思报国，拔剑起蒿莱”的报国之志。

1.1 相关知识

Active Directory 即活动目录，是 Windows Server 中非常重要的目录服务。Active Directory 用于存储网络上各种对象的相关信息，包括用户账户、组、打印机、共享文件夹等，并把这些信息存储在目录服务数据库中，便于管理员和用户查询及使用。活动目录具有安全、可扩展、可伸缩的特点，与域名系统（Domain Name Systen，DNS）集成在一起，可基于策略进行管理。

AD DS 域服务
相关知识（一）

1.1.1 认识活动目录及意义

什么是活动目录呢？活动目录就是 Windows 网络中的目录服务（Directory Service），即活动目录域服务（Active Directory Domain Service，AD DS）。目录服务包含两方面内容：目录及与目录相关的服务。

活动目录负责目录数据库的保存、新建、删除、修改与查询等服务，用户能很容易地在目录内寻找所需要的数据。

AD DS 的适用范围非常广泛，它可以用在一台计算机、一个小型局域网络（Local Area Network，LAN）或数个广域网（Wide Area Network，WAN）结合的环境中。它包含此范围中的所有对象，如文件、打印机、应用程序、服务器、域控制器和用户账户等。活动目录具有以下意义。

1. 简化管理

活动目录和域密切相关。域是指网络服务器和其他计算机的一种逻辑分组，凡是在共享域逻辑范围内的用户都使用公共的安全机制和用户账户信息，每个使用者在域中只拥有一个账户，每次登录的是整个域。

活动目录用于将域中的资源分层次地组织在一起，每个域都包含一个或多个域控制器（Directory Controller，DC）。域控制器就是安装有活动目录的 Windows Server 2012（R2）计算机，它存储域目录完整的副本。为了简化管理，域中的所有域控制器都是对等的，可以在任意一台域控制器上做修改，更新的内容将被复制到该域中的所有其他域控制器中。活动目录为管理网络上的所有资源提供单一入口，进一步简化了管理，管理员可以登录任意一台计算机管理网络。

2. 安全性

活动目录的安全性通过登录身份验证及目录对象的访问控制来实现。通过单点网络登录，管理员可以管理分散在网络各处的目录数据和组织单位，经过授权的网络用户可以访问网络任意位置的资源，基于策略的管理简化了网络的管理。

活动目录通过对象访问控制列表及用户凭据来保护用户账户和组信息。因为活动目录不但可以保存用户凭据，而且可以保存访问控制信息，所以登录到网络上的用户既能够获得身份验证，又可以获得访问系统资源所需的权限。例如，在用户登录到网络时，安全系统会利用存储在活动目录中的信息验证用户的身份，在用户试图访问网络服务时，系统会检查在服务的自由访问控制列表（Discretionary Access Control List，DACL）中定义的属性。

活动目录允许管理员创建组账户，从而更加有效地保证系统的安全性，通过控制组权限即可控制组成员的访问操作。

3. 改进的性能与可靠性

使用 Windows Server 2012 能够更加有效地管理活动目录的复制与同步，不管是在域内还是在域间，管理员都可以更好地控制要在域控制器间进行同步的信息类型。活动目录还提供了许多技术，可以智能地选择只复制发生更改的信息，而不是机械地复制整个目录的数据库。

1.1.2 名称空间

名称空间（Namespace）是一个界定好的区域（Bounded Area），在此区域内，用户可以利用某个名称找到与此名称有关的信息。例如，一本电话簿就是一个名称空间，在这本电话簿（界定好的区域）内，用户可以利用姓名来找到此人的电话、地址与生日等数据。再如 Windows 操作系统的 NTFS 文件系统也是一个名称空间，在这个文件系统内，用户可以利用文件名来找到此文件的大小、修改日期与文件内容等数据。

AD DS 也是一个名称空间。利用 AD DS，用户可以通过对象名称找到与此对象有关的所有信息。

在 TCP/IP 网络环境下，利用 DNS 可以解析主机名与 IP 地址的对应关系，例如，利用 DNS 来获得主机的 IP 地址。AD DS 也与 DNS 紧密地集成在一起，它的域名空间也采用 DNS 架构，因此域名是采用 DNS 格式来命名的，例如，可以将 AD DS 的域名命名为 long.com。

1.1.3 对象和属性

AD DS 内的资源以对象（Object）的形式存在，例如，用户、计算机等都是对象，而对象是通过属性（Attribute）来描述其特征的，也就是说，对象本身是一些属性的集合。例如，要为使用者张三建立一个账户，需新建一个对象类型（Object Class）为用户的对象（也就是用户账户），然后在此对象内输入张三的姓、名、登录名与地址等，其中的用户账户就是对象，而姓、名与登录名等就是该对象的属性。

1.1.4 容器

容器（Container）与对象类似，它也有自己的名称，也是一些属性的集合，不过容器内可以包含其他对象（如用户、计算机等），也可以包含其他容器。

组织单位是一个比较特殊的容器，其内可以包含其他对象与组织单位。组织单位是应用组策略（Group Policy）和委派责任的最小单位。

AD DS 通过层次式架构（Hierarchical）将对象、容器与组织单位等组合在一起，并将其存储到 AD DS 数据库内。

1.1.5 可重新启动的 AD DS

在旧版 Windows 域控制器内，若要进行 AD DS 数据库维护工作（如数据库脱机重整），就需要重新启动计算机、进入目录服务还原模式（Directory Service Restore Mode）。若这台域控制器同时还提供其他网络服务，例如，它同时也是动态主机配置协议（Dynamic Host Configuration Protocol，DHCP）服务器，则重新启动计算机将造成这些服务暂时中断。

除了进入目录服务还原模式之外，Windows Server 2012 （R2）等域控制器还提供可重新启动的 AD DS（Restartable AD DS）功能。也就是说，要执行 AD DS 数据库维护工作，只需要将 AD DS 服务停止即可，不需要重新启动计算机来进入目录服务还原模式。这样不但可以让 AD DS 数据库的维护工作更容易、更快速地完成，而且其他服务也不会中断，完成维护工作后再重新启动 AD DS 服务即可。

在 AD DS 服务停止的情况下，只要还有其他域控制器在线，就仍然可以在这台 AD DS 服务停止的域控制器上利用域用户账户登录。若没有其他域控制器在线，则在这台 AD DS 服务已停止的域控制器上，默认只能够利用目录服务还原模式的系统管理员账户来进入目录服务还原模式。

1.1.6 Active Directory 回收站

在旧版 Windows 域控制器中，系统管理员若不小心将 AD DS 对象删除，则其恢复过程耗时耗力，例如，误删组织单位，其内所有对象都会丢失，此时虽然系统管理员可以进入目录服务还原模式来恢复被误删的对象，但比较耗费时间，而且在进入目录服务还原模式这段时间内，域控制器会暂时停止对客户端提供服务。Windows Server 2012（R2）具备 Active Directory 回收站功能，它让系统管理员不需要进入目录服务还原模式，就可以快速恢复被删除的对象。

1.1.7 AD DS 的复制模式

AD DS 域服务
相关知识（二）

在域控制器之间复制 AD DS 数据库时，有下面两种复制模式。

- 多主机复制模式（Multi-Master Replication Model）。AD DS 数据库内的大部分数据是使用此模式进行复制的。在此模式下，用户可以直接更新任何一台域控制器内的 AD DS 对象，之后这个更新过的对象会被自动复制到其他域控制器中。例如，在任何一台域控制器的 AD DS 数据库内添加一个用户账户后，此账户会被自动复制到域内的其他域控制器中。
- 单主机复制模式（Single-Master Replication Model）。AD DS 数据库内的少部分数据是采用

单主机复制模式进行复制的。在此模式下，当用户提出修改对象数据的请求时，会由其中一台域控制器（被称为操作主机）负责接收与处理此请求。也就是说，该对象是先在操作主机中被更新，再由操作主机将它复制给其他域控制器。例如，添加或删除一个域时，此变动数据会被先写入扮演域命名操作主机角色的域控制器内，再由它复制给其他域控制器（详见项目 8）。

1.1.8 认识活动目录的逻辑结构

活动目录的结构是指网络中所有用户、计算机和其他网络资源的层次关系，就像一个大型仓库中分出若干个小储藏间，每个小储藏间又分别用来存放东西。活动目录的结构通常可分为逻辑结构和物理结构，它们分别包含不同的对象。

活动目录的逻辑结构非常灵活，目录中的逻辑单元通常包括架构、域、组织单位、域目录树、域目录林、站点和目录分区。

1. 架构

AD DS 对象类型与属性数据是定义在架构（Schema）内的，例如，它定义了用户对象类型内包含哪些属性（姓、名、电话等）、每一个属性的数据类型等信息。

隶属于 Schema Admins 组的用户可以修改架构内的数据，应用程序也可以自行在架构内添加其所需的对象类型或属性。在一个域目录林内的所有域目录树共享相同的架构。

2. 域

域是在 Windows Server 网络环境中组建客户机/服务器网络的实现方式。所谓域，是由网络管理员定义的一组计算机集合，实际上就是一个网络。在这个网络中，至少有一台被称为域控制器的计算机，它充当服务器的角色。域控制器中保存着整个网络的用户账户及目录数据库，即活动目录。管理员可以通过修改活动目录的配置来实现对网络的管理和控制，例如，可以在活动目录中为每个用户创建域用户账户，使他们可登录域并访问域的资源。同时，管理员也可以控制所有网络用户的行为，如控制用户能否登录、在什么时间登录、登录后能执行哪些操作等。而域中的客户计算机要访问域的资源，则必须先加入域，并通过管理员为其创建的域用户账户登录域，同时，也必须接受管理员的控制和管理。构建域后，管理员可以对整个网络实施集中控制和管理。

3. 组织单位

组织单位（Organizational Unit，OU）在活动目录中扮演特殊的角色，它是一个当普通边界不能满足要求时创建的边界。组织单位把域中的对象组织成逻辑管理组，而不是安全组或代表地理实体的组。组织单位是应用组策略和委派责任的最小单位。

组织单位是包含在活动目录中的容器对象。创建组织单位的目的是对活动目录对象进行分类。例如，一个域中的计算机和用户较多，则活动中的对象会非常多。这时，管理员如果想查找某一个用户账户并进行修改是非常困难的。另外，如果管理员只想对某一部门的用户账户进行操作，则实现起来也不太方便。但如果管理员在活动目录中创建了组织单位，所有操作就会变得非常简单。例如，管理员可以按照公司的部门创建不同的组织单位，如财务部组织单位、市场部组织单位、策划部组织单位等，并将不同部门的用户账户建立在相应的组织单位中，以便于管理。除此之外，管理员还可以针对某个组织单位设置组策略，实现对该组织单位内所有对象的管理和控制。

总之，创建组织单位有如下好处。

① 可以将组织对象分类，使所有对象结构更清晰。

② 可以对某些对象配置组策略，实现对这些对象的管理和控制。

③ 可以委派管理控制权，如管理员可以给不同部门的网络主管授权，让他们管理本部门的账户。

组织单位可以将用户、组、计算机和其他单元放入活动目录的容器内，但不能包括来自其他域的对象。组织单位是可以指派组策略设置或委派管理权限的最小作用单位。使用组织单位，用户可在组织单位中代表逻辑层次结构的域中创建容器，这样就可以根据组织模型管理网络资源的配置和使用。可授予用户对域中某个组织单位的管理权限，组织单位的管理员不需要具有域中任何其他组织单位的管理权。

4. 域目录树

当要配置一个包含多个域的网络时，应该将网络配置成域目录树结构，如图1-1所示。

图1-1 域目录树

在图1-1所示的域目录树中，最上层的域名China**.com是这个域目录树的根域，也称为父域。下面两个域Jinan.China**.com和Beijing.China**.com是China**.com域的子域。3个域共同构成了这个域目录树。

活动目录的域名仍然采用DNS域名的命名规则。在图1-1所示的域目录树中，两个子域的域名Jinan.China**.com和Beijing.China**.com中仍包含父域的域名China**.com，因此，它们的名称空间是连续的。这也是判断两个域是否属于同一个域目录树的重要条件。

在整个域目录树中，所有域共享同一个活动目录，即整个域目录树中只有一个活动目录。只不过这个活动目录分散地存储在不同的域中（每个域只负责存储和本域有关的数据），从而在整体上形成一个大的分布式的活动目录数据库。在配置一个较大规模的企业网络时，可以配置为域目录树结构，如将企业总部的网络配置为根域，各分支机构的网络配置为子域，整体上形成一个域目录树，以实现集中管理。

5. 域目录林

如果网络的规模比前面提到的域目录树还要大，甚至包含了多个域目录树，就可以将网络配置为域目录林（也称森林）结构。域目录林由一个或多个域目录树组成，如图1-2所示。域目录林中的每个域目录树都有唯一的名称空间，它们之间并不是连续的，这一点从图1-2中的两个目录树中可以看出。

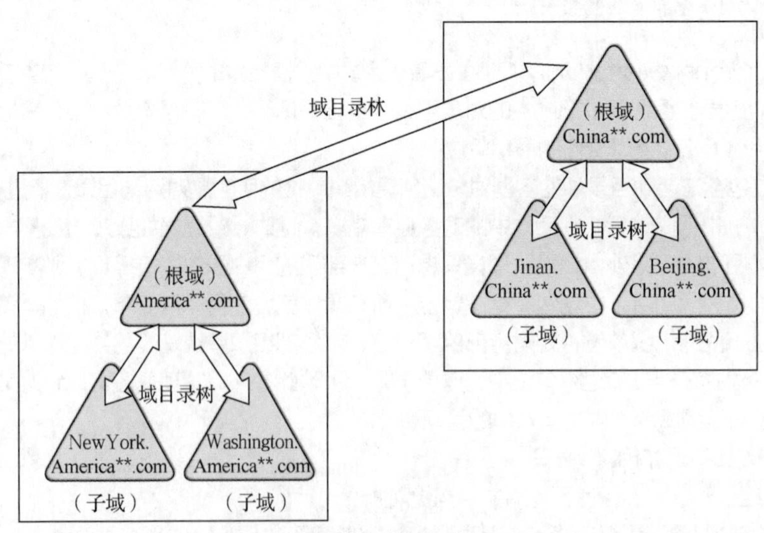

图1-2 域目录林

整个域目录林中也存在一个根域，这个根域是域目录林中最先安装的域。在图1-2所示的域目录林中，China**.com是最先安装的，因此这个域是域目录林的根域。

注意 在创建域目录林时，组成域目录林的两个域目录树的树根之间会自动创建相互的、可传递的信任关系。有了双向的信任关系，域目录林中的每个域中的用户都可以访问其他域的资源，也可以从其他域登录到本域中。

6. 站点

AD DS 域服务相关知识（三）

站点由一个或多个 IP 子网组成，这些子网通过高速网络设备连接在一起。站点往往由企业的物理位置分布情况决定，可以依据站点结构配置活动目录的访问和复制拓扑关系，使得网络更有效地连接，复制策略更合理，用户登录更快速。活动目录中的站点与域是两个完全独立的概念，一个站点中可以有多个域，多个站点也可以位于同一个域中。

活动目录站点和服务可以使用站点来提高大多数配置目录服务的效率。使用活动目录站点和服务来发布站点，并提供有关网络物理结构的信息，可以确定如何复制目录信息和处理服务的请求。计算机站点是根据其在子网或组已连接好子网中的位置指定的，子网用来为网络分组，类似于生活中使用邮政编码划分地址。划分子网可方便发送有关网络与目录连接的物理信息，而且同一子网中计算机的连接情况通常优于不同网络中计算机的连接情况。

使用站点的意义主要有以下 3 点。

① 提高了验证过程的效率。当客户使用域账户登录时，登录机制首先搜索与客户处于同一站点内的域控制器，使用客户站点内的域控制器可以使网络传输本地化，从而加快身份验证的速度，提高验证过程的效率。

② 平衡了复制频率。活动目录信息可在站点内部或站点之间复制信息，但由于网络的原因，活动目录在站点内部复制信息的频率高于站点间的复制频率，这样做可以平衡对最新目录的信息需求和可用网络带宽带来的限制，可以通过站点链接来定制活动目录如何复制信息，以指定站点的连接方法，活动目录使用有关站点如何连接的信息生成连接对象，以便提供有效的复制和容错。

③ 可提供有关站点链接信息。活动目录可使用站点链接信息费用、链接使用次数、链接何时可用和链接使用频度等信息确定应使用哪个站点来复制信息与何时使用该站点。定制复制计划使复制在特定时间（如网络传输空闲时）进行，会使复制更为有效。通常所有域控制器都可用于站点间信息的变换，也可以通过指定桥头服务器优先发送和接收站间复制信息的方法进一步控制复制行为。当希望拥有用于站间复制的特定服务器时，宁愿建立一个桥头服务器而不是使用其他可用服务器。或在配置代理服务器时建立一个桥头服务器，用于通过防火墙发送和接收信息。

7. 目录分区（Directory Partition）

AD DS 数据库按逻辑分为下面 4 个目录分区。

① 架构目录分区（Schema Directory Partition）。它存储着整个域目录林中所有对象与属性的定义数据，也存储着建立新对象与属性的规则。整个域目录林内所有域共享一份相同的架构目录分区，它会被复制到域目录林中的所有域控制器上。

② 配置目录分区（Configuration Directory Partition）。其中存储着整个 AD DS 的结构，例如，有哪些域、哪些站点、哪些域控制器等数据。整个林内所有域共享一份相同的配置目录分区，它会被复制到域目录林中的所有域控制器上。

③ 域目录分区（Domain Directory Partition）。每一个域各有一个域目录分区，其中存储着与该域有关的对象，如用户、组与计算机等。每一个域各自拥有一份域目录分区，它只会被复制到该域内的所有域控制器上，不会被复制到其他域的域控制器上。

④ 应用程序目录分区（Application Directory Partition）。一般来说，应用程序目录分区是由应用

程序建立的，其中存储着与该应用程序有关的数据，例如，由 Windows Server 2012 R2 扮演的 DNS 服务器，若所建立的 DNS 区域为活动目录集成区域，则它会在 AD DS 数据库内建立应用程序目录分区，以便存储该区域的数据。应用程序目录分区会被复制到域目录林中特定的域控制器中，而不是所有的域控制器上。

1.1.9 认识活动目录的物理结构

活动目录的物理结构与逻辑结构是彼此独立的两个概念。逻辑结构侧重于网络资源的管理，而物理结构则侧重于网络的配置和优化。物理结构的 3 个重要概念是域控制器、只读域控制器和全局编录服务器。

1. 域控制器

域控制器是指安装了活动目录 Windows Server 2012 的服务器，它保存了活动目录信息的副本。域控制器管理目录信息的变化，并把这些变化复制到同一个域中的其他域控制器上，使各域控制器上的目录信息同步。域控制器负责用户的登录过程，以及其他与域有关的操作，如身份鉴定、目录信息查找等。一个域可以有多个域控制器，规模较小的域可以只有 2 个域控制器，一个用于实际应用，另一个用于容错性检查；规模较大的域则使用多个域控制器。

域控制器没有主次之分，采用多主机复制方案，每一个域控制器都有一个可写入的目录副本，这为目录信息容错带来了无尽的好处。尽管在某个时刻，不同域控制器中的目录信息可能有所不同，但活动目录中的所有域控制器执行同步操作时，最新的变化信息就会一致。

2. 只读域控制器

只读域控制器（Read-Only Domain Controller，RODC）的 AD DS 数据库只可以读取，不可以修改，也就是说，用户或应用程序无法直接修改 RODC 的 AD DS 数据库。RODC 的 AD DS 数据库内容只能从其他可读写的域控制器复制过来。RODC 主要是为远程分公司网络设计的。因为一般来说，远程分公司的网络规模比较小，用户比较少，此网络的安全措施或许并不如总公司完备，也可能缺乏 IT 技术人员，所以采用 RODC 可避免因其 AD DS 数据库被破坏而影响到整个 AD DS 环境的问题。

（1）RODC 的 AD DS 数据库内容。

除了不存储账户的密码之外，RODC 的 AD DS 数据库内会存储 AD DS 域内的所有对象与属性。远程分公司内的应用程序要读取 AD DS 数据库内的对象时，可以通过 RODC 来快速获取。不过，因为 RODC 并不存储用户账户的密码，所以它在验证用户名称与密码时，需将它们送到总公司的可写域控制器来验证。

由于 RODC 的 AD DS 数据库是只读的，因此如果远程分公司的应用程序要修改 AD DS 数据库的对象或用户要修改密码，则这些变更请求都会被转发到总公司的可写域控制器来处理，总公司的可写域控制器再通过 AD DS 数据库的复制程序将这些变动数据复制到 RODC。

（2）单向复制（Unidirectional Replication）。

总公司的可写域控制器的 AD DS 数据库有变动时，此变动数据会被复制到 RODC。然而因为用户或应用程序无法直接修改 RODC 的 AD DS 数据库，所以总公司的可写域控制器不会向 RODC 索取变动数据，从而可以降低网络的负担。

除此之外，可写域控制器通过分布式文件系统（Distributed File System，DFS）将 SYSVOL 文件夹（用来存储与组策略有关的设置）复制给 RODC 时，也采用单向复制。

（3）认证缓存（Credential Caching）。

RODC 在验证用户的密码时，需要将它们送到总公司的可写域控制器来验证，若希望提高验证速度，则可以选择将用户的密码存储到 RODC 的认证缓存区。可以通过密码复制策略（Password Replication

Policy）来选择可以被 RODC 缓存的账户。建议不要缓存太多账户，因为分公司的安全措施可能比较差，若 RODC 被入侵，则存储在缓存区内的认证信息可能会外泄。

（4）系统管理员角色隔离（Administrator Role Separation）。

可以通过系统管理员角色隔离功能来将任何一位域用户指定为 RODC 的本机系统管理员。本机系统管理员可以在 RODC 这台域控制器上登录并执行管理工作，如更新驱动程序等，但无法登录其他域控制器，也无法执行其他域的管理工作。使用此功能可以将 RODC 的一般管理工作分配给某位用户，而且不会危害到域的安全。

（5）只读域名系统（Read-Only Domain Name System）。

可以在 RODC 上架设 DNS 服务器，RODC 会复制 DNS 服务器的所有应用程序目录分区。客户端可向该扮演 RODC 角色的 DNS 服务器提出 DNS 查询要求。

不过 RODC 的 DNS 服务器不支持客户端动态更新，因此客户端的更新记录请求会被该 DNS 服务器转发到其他 DNS 服务器，让客户端转向该 DNS 服务器进行更新，而 RODC 的 DNS 服务器也会自动从这台 DNS 服务器复制该更新记录。

3. 全局编录服务器

尽管活动目录支持多主机复制方案，然而由于复制会引起通信流量以及网络潜在的冲突，变化的传播并不一定能够顺利进行，因此有必要在域控制器中指定全局编录（Global Catalog，GC）服务器以及操作主机。全局编录是一个信息仓库，包含活动目录中所有对象的部分属性——在查询过程中访问最为频繁的属性。利用这些信息，可以确定任何一个对象实际所在的位置。全局编录服务器是一个域控制器，它保存了全局编录的一份副本，并执行对全局编录的查询操作。全局编录服务器可以提高活动目录中大范围内对象检索的性能，如在域目录林中查询所有的打印机操作。如果没有全局编录服务器，那么必须调动域目录林中每一个域的查询过程。如果域中只有一个域控制器，那么它就是全局编录服务器；如果域中有多个域控制器，那么管理员必须把其中一个域控制器配置为全局编录服务器。

1.2 实践项目设计与准备

1. 项目设计

下面通过图 1-3 来说明如何建立第 1 个林中的第 1 个域（根域）：先安装一台 Windows Server 2012 R2 服务器，将其升级为域控制器并建立域，然后架设此域的第 2 台域控制器（Windows Server 2012 R2）、第 3 台域控制器（Windows Server 2012 R2）、一台成员服务器（Windows Server 2012 R2）和一台加入 AD DS 域的 Windows 10 计算机，如图 1-3 所示。

提示  建议利用 VMware Workstation 或 Windows Server 2012 R2 Hyper-V 等提供虚拟环境的软件来搭建图 1-3 中的网络环境。若复制现有虚拟机，则记得要执行 Sysprep.exe 并勾选“通用”。

2. 项目准备

将图 1-3 左上角的服务器升级为域控制器（安装 AD DS），因为它是第 1 台域控制器，所以这个升级操作会同时完成下面的工作。

① 建立第 1 个新林。

② 建立此新林中的第 1 个域树。

③ 建立此新域树中的第 1 个域。

④ 建立此新域中的第 1 台域控制器。

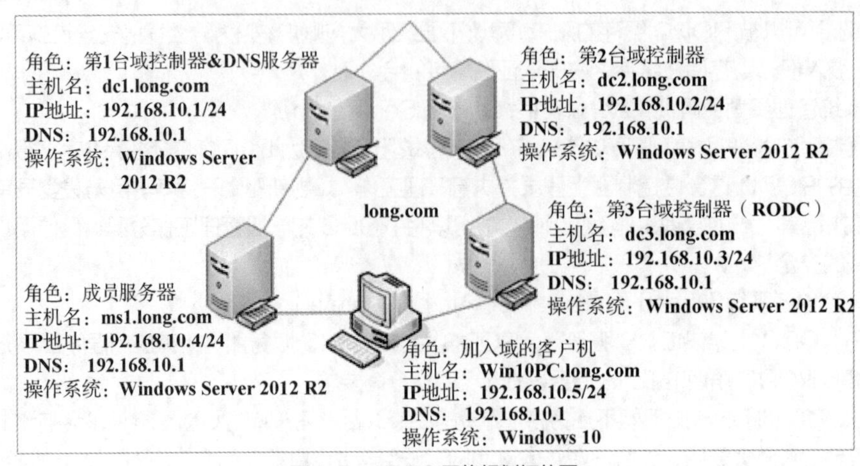

图 1-3　AD DS 网络规划拓扑图

换句话说，在建立图 1-3 中的第 1 台域控制器 dcl.long.com 时，它会同时建立此域控制器所隶属的域 long.com、建立域 long.com 所隶属的域树，而域 long.com 也是此域树的根域。由于是第 1 个域树，因此它会同时建立一个新林，林的名称就是第 1 个域树根域的域名 long.com，域 long.com 就是整个林的林根域。

接下来通过新建服务器角色的方式，将图 1-3 中左上角的服务器 dc1.long.com 升级为网络中的第 1 台域控制器。

注意　超过一台的计算机参与环境部署时，一定要保证各计算机间的通信畅通，否则无法进行后续的工作。当执行 ping 命令测试失败时，有两种可能：一是计算机间配置确实存在问题，如 IP 地址、子网掩码等；二是本身计算机间通信是畅通的，但对方的防火墙等阻挡了 ping 命令的执行。第二种情况可以参考《Windows Server 2012 网络操作系统项目教程（第 4 版）》（ISBN: 978-7-115-42210-1，人民邮电出版社）中“2.3.2　任务 2　配置 Windows Server 2012 R2”中的“配置防火墙，放行 ping 命令”相关内容进行相应处理，或者关闭防火墙。

1.3 实践项目实施

任务 1-1　创建第 1 个域（目录林根级域）

创建第 1 个域

由于域控制器使用的活动目录和 DNS 有着非常密切的关系，因此网络中要求有 DNS 服务器存在，并且 DNS 服务器要支持动态更新。如果没有 DNS 服务器存在，则可以在创建域时一起把 DNS 安装上。这里假设图 1-3 中的 dc1 服务器未安装 DNS，并且是该域林中的第 1 台域控制器。

1. 安装 AD DS

活动目录在整个网络中的重要性不言而喻。经过 Windows Server 2003 和 Windows Server 2008 的不断完善，Windows Server 2012 中的活动目录服务功能更加强大，管理更加方便。在 Windows Server 2012 中安装活动目录时，需要先安装 AD DS，然后“将此服务器提升为域控制器”，完成活动目录的安装。

AD DS 的主要作用是存储目录数据并管理域之间的通信，包括用户登录处理、身份验证和目录搜索等。

STEP 1 在图 1-3 中左上角的服务器 dc1.long.com 上安装 Windows Server 2012 R2，将其计算机名称设置为 DC1，IPv4 地址等按图 1-3 所示进行配置（图中采用 TCP/IPv4）。注意将计算机名称设置为 DC1 即可，等升级为域控制器后，它会自动被改为 dc1.long.com。

STEP 2 以管理员用户身份登录到 DC1，单击【开始】菜单→选择【管理工具】选项→选择【服务器管理器】选项→选择【仪表板】选项。单击【添加角色和功能】按钮，打开图 1-4 所示的【添加角色和功能向导】窗口。

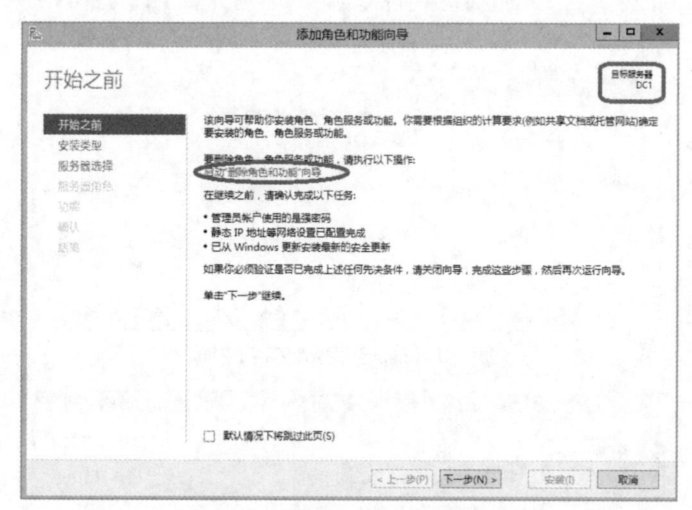

图 1-4 【添加角色和功能向导】窗口

提示 注意图 1-4 所示的【启动“删除角色和功能”向导】链接。如果安装完 AD 服务后，需要删除该服务器角色，则在此单击【启动“删除角色和功能”向导】链接，完成 AD DS 的删除。

STEP 3 依次进行设置，直到显示图 1-5 所示的【选择服务器角色】界面，勾选【Active Directory 域服务】复选框，单击【添加功能】按钮。

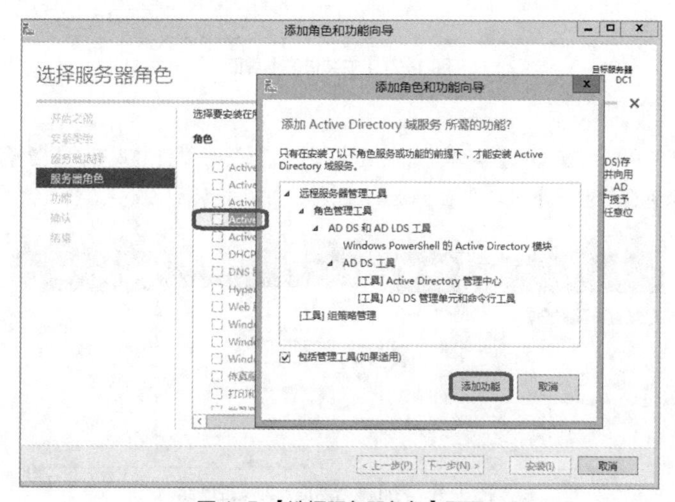

图 1-5 【选择服务器角色】界面

STEP 4　依次单击【下一步】按钮，直到显示图 1-6 所示的【确认安装所选内容】界面。

STEP 5　单击【安装】按钮即可开始安装。安装完成后会显示图 1-7 所示的【安装进度】界面，提示 Active Directory 域服务已经成功安装，单击【将此服务器提升为域控制器】链接。

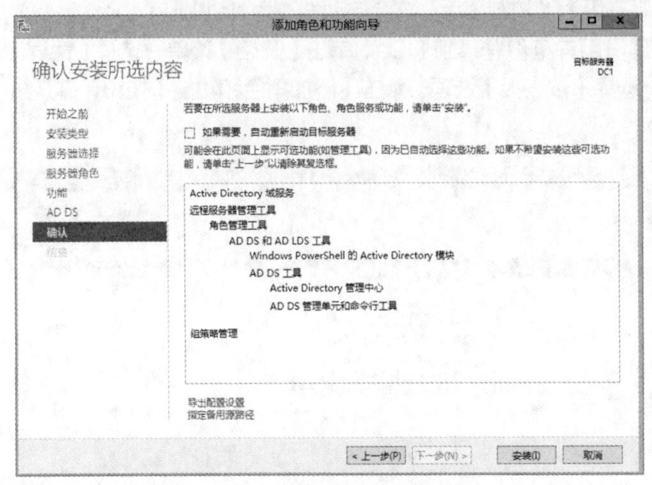

图 1-6　【确认安装所选内容】界面

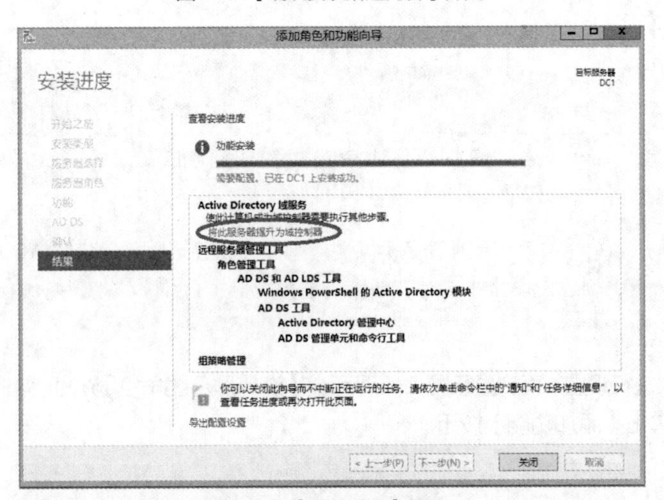

图 1-7　【安装进度】界面

提示　如果在图 1-7 所示的窗口中直接单击【关闭】按钮，则之后要将其提升为域控制器，可单击图 1-8 所示的【服务器管理器】窗口右上方的旗帜图标，再单击【将此服务器提升为域控制器】链接。

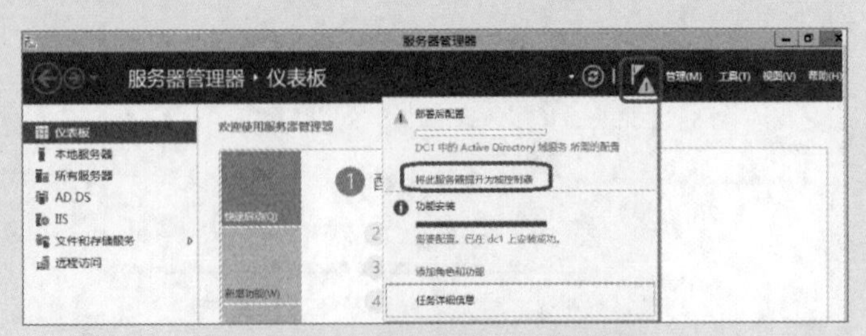

图 1-8　将此服务器提升为域控制器

2. 安装活动目录

STEP 1 在图 1-7 或图 1-8 所示的窗口中单击【将此服务器提升为域控制器】链接，弹出图 1-9 所示的【部署配置】界面，选择【添加新林】单选项，设置根域名（本例为 long.com），创建一台全新的域控制器。如果网络中已经存在其他域控制器或林，则可以选择【将新域添加到现有林】单选项，在现有林中安装。

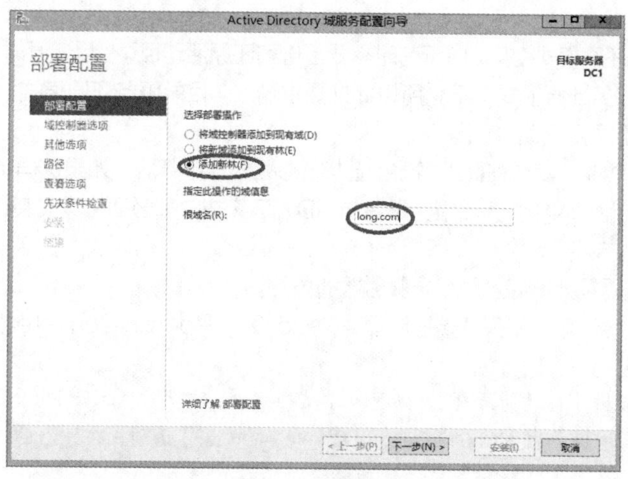

图 1-9 部署配置

部署配置的 3 个单选项的具体含义如下。

① 将域控制器添加到现有域：向现有域添加第 2 台或更多域控制器。

② 将新域添加到现有林：在现有林中创建现有域的子域。

③ 添加新林：新建全新的域。

> **提示** 在网络中既可以配置一台域控制器，也可以配置多台域控制器，以分担用户的登录和访问。多个域控制器可以一起工作，并会自动备份用户账户和活动目录数据；即使部分域控制器瘫痪，网络访问也不受影响，从而提高了网络安全性和稳定性。

STEP 2 单击【下一步】按钮，显示图 1-10 所示的【域控制器选项】界面，在其中进行相关设置。

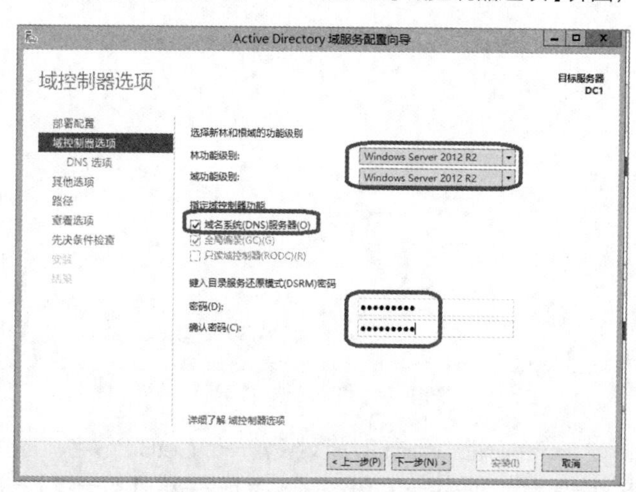

图 1-10 【域控制器选项】界面

① 设置林功能级别和域功能级别。不同的林功能级别可以向下兼容不同平台的 Active Directory 服务功能。选择【Windows 2008】选项可以提供 Windows 2008 平台以上的所有 Active Directory 功能；选择【Windows Server 2012 R2】选项则可提供 Windows Server 2012 R2 平台以上的所有 Active Directory 功能。用户可以根据自己实际的网络环境选择合适的功能级别。设置不同的域功能级别主要是为兼容不同平台下的网络用户和子域控制器，在此只能设置“Windows Server 2012 R2”版本的域控制器。

② 设置目录服务还原模式密码。由于有时需要备份和还原活动目录，且还原时（启动系统时按<F8>键）必须进入“目录服务还原模式”下，所以此处要求输入“目录服务还原模式”时使用的密码。该密码和管理员密码可能不同，一定要牢记。

③ 指定域控制器功能。默认在此服务器上直接安装 DNS 服务器。如果这样做，则该向导将自动创建 DNS 区域委派。无论 DNS 服务器服务是否与 AD DS 集成，都必须将其安装在部署的 AD DS 目录林根级域的第 1 台域控制器上。

④ 第 1 台域控制器需要扮演全局编录服务器的角色。

⑤ 第 1 台域控制器不可以是只读域控制器（Read Only Domain Controller，RODC）。

提示 安装后若要设置【林功能级别】，则可登录域控制器，打开【Active Directory 域和信任关系】窗口，用鼠标右键单击【Active Directory 域和信任关系】选项，在弹出的快捷菜单中选择【提升林功能级别】命令，选择相应的林功能级别即可。

STEP 3　单击【下一步】按钮，显示图 1-11 所示的【DNS 选项】界面，其中显示了一些警告信息。目前不会有影响，因此不必理会它，直接单击【下一步】按钮。

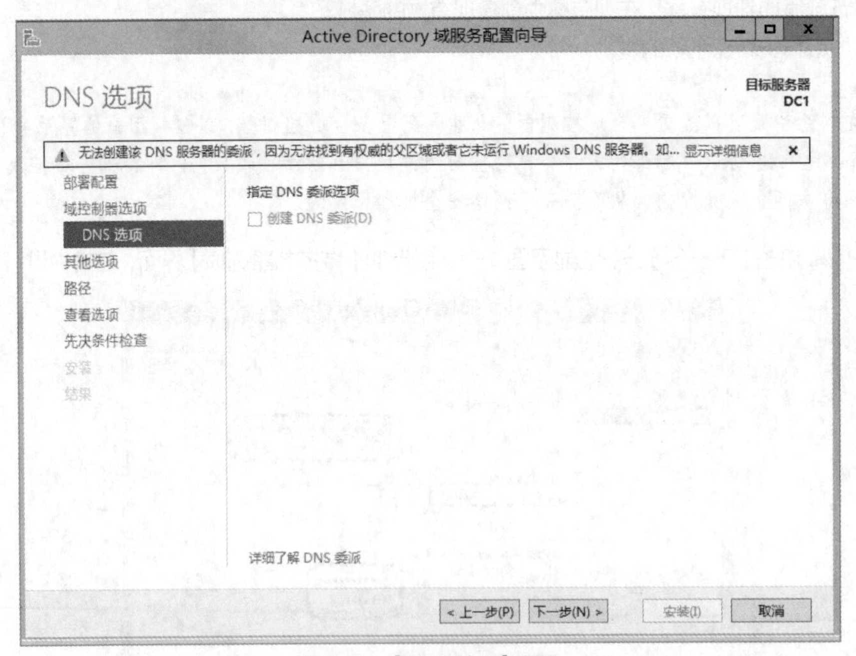

图 1-11 【DNS 选项】界面

STEP 4　在图 1-12 所示的界面中会自动为此域设置一个 NetBIOS 名称，也可以更改名称。如果此名称已被占用，则安装程序会自动指定一个建议名称。完成后单击【下一步】按钮。

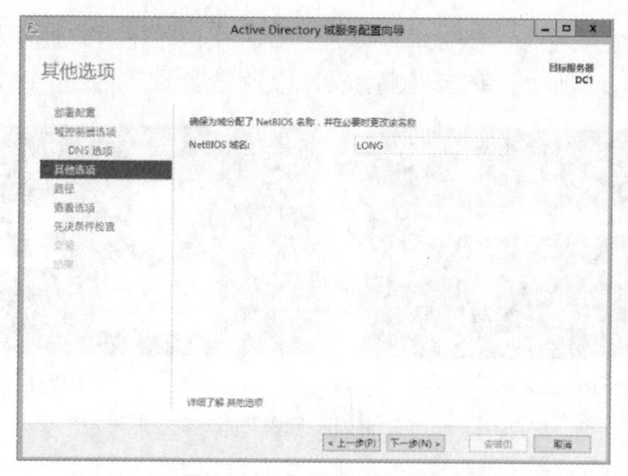

图 1-12 “其他选项”界面

STEP 5　显示图 1-13 所示的【路径】界面，可以单击【浏览】按钮更改为其他路径。其中，数据库文件夹用来存储互动目录数据库；日志文件文件夹用来存储活动目录数据库的变更日志，以便于日常管理和维护。需要注意的是，SYSVOL 文件夹必须保存在 NTFS 格式的分区中。

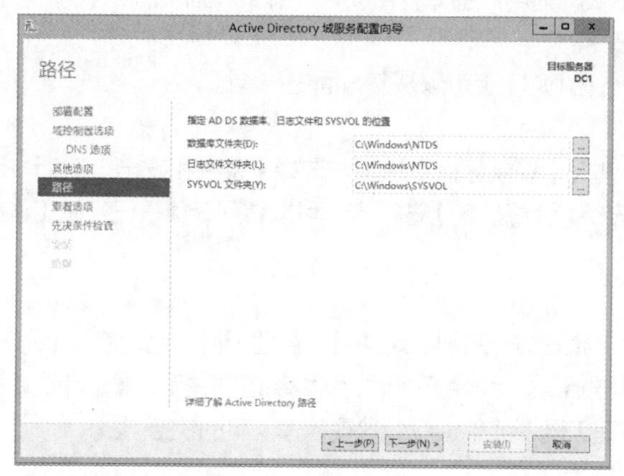

图 1-13　数据库、日志文件和 SYSVOL 的位置

STEP 6　出现【查看选项】界面，单击【下一步】按钮。

STEP 7　在图 1-14 所示的【先决条件检查】界面中，如果顺利通过检查，就直接单击【安装】按钮，否则要按提示先排除问题。安装完成后会自动重新启动计算机。

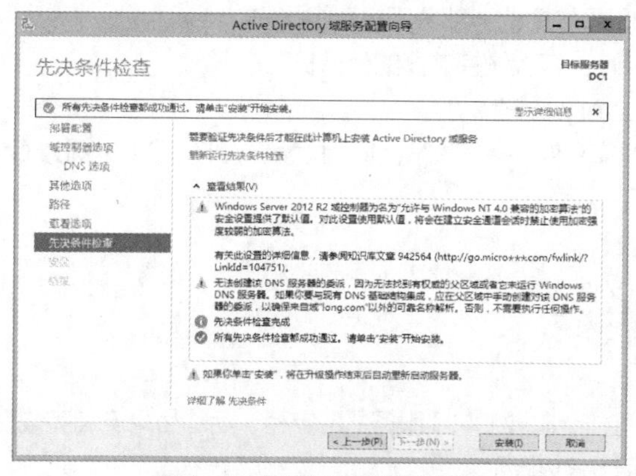

图 1-14 【先决条件检查】界面

STEP 8　计算机升级为 Active Directory 域控制器之后，必须使用域用户账户登录，格式为“域名\用户账户”，如图 1-15（a）所示。单击左侧箭头可以更换登录用户，如图 1-15（b）所示。

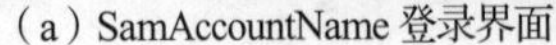
（a）SamAccountName 登录界面　　（b）UPN 登录界面

图 1-15　登录界面

- 用户名 SamAccountName 登录。用户可以利用此名称（LONG\Administrator）来登录。其中 LONG 是 NetBIOS 名。同一个域中此登录名必须是唯一的。Windows NT、Windows 98 等旧版系统不支持 UPN，因此在这些计算机登录时，只能使用此方式登录。
- 用户 UPN 登录。用户可以利用这个与电子邮箱格式相同的名称（administrator@long.com）来登录域，此名称被称为用户主体名（User Principal Name，UPN）。此名在林中是唯一的。

3. 验证 AD DS 的安装

活动目录安装完成后，在 DC1 上可以从各方面进行验证。

（1）查看计算机名。

单击【开始】菜单→选择【控制面板】选项→选择【系统和安全】选项→选择【系统】选项→选择【高级系统设置】选项→选择【计算机名】选项卡，可以看到计算机已经由工作组成员变成了域成员，而且是域控制器。

（2）查看管理工具。

活动目录安装完成后，会添加一系列的活动目录管理工具，包括“Active Directory 用户和计算机”“Active Directory 站点和服务”“Active Directory 域和信任关系”等。单击【开始】菜单→选择【管理工具】选项，可以在【管理工具】菜单中找到这些管理工具的快捷方式。

（3）查看活动目录对象。

打开“Active Directory 用户和计算机”管理工具，可以看到企业的域名 long.com。单击该域，窗口右侧的详细信息窗格中会显示域中的各个容器。其中包括一些内置容器，主要有以下几种。

- built-in：存放活动目录域中的内置组账户。
- computers：存放活动目录域中的计算机账户。
- users：存放活动目录域中的一部分用户和组账户。
- Domain Controllers：存放域控制器的计算机账户。

（4）查看 Active Directory 数据库。

Active Directory 数据库文件保存在%SystemRoot%\NTDS（本例为 C:\Windows\NTDS）文件夹中，其中主要的文件如下。

- ntds.dit：数据库文件。
- edb.chk：检查点文件。
- Temp.edb：临时文件。

（5）查看 DNS 记录。

为了让活动目录正常工作，需要 DNS 服务器的支持。活动目录安装完成后，重新启动 DC1 时会在指定的 DNS 服务器上注册 SRV 记录。

单击【开始】菜单→选择【管理工具】选项→选择【DNS】选项，或者在【服务器管理器】窗口中单击右上方的【工具】菜单，选择【DNS】命令，打开【DNS 管理器】窗口。一个注册了 SRV 记录的 DNS 服务器如图 1-16 所示。

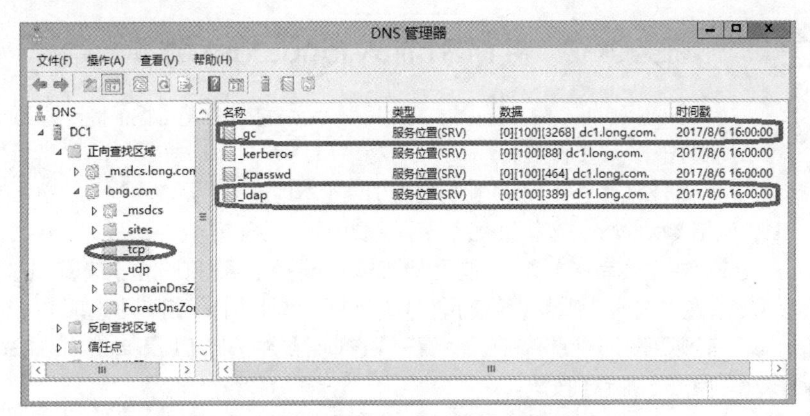

图 1-16　注册了 SRV 记录的 DNS 服务器

如果因为域成员本身的设置有误或者网络问题，造成它们无法将数据注册到 DNS 服务器，则可以在问题解决后，重新启动这些计算机或利用以下方法来手动注册。

- 如果某域成员计算机的主机名与 IP 地址没有正确注册到 DNS 服务器，则可到此计算机上运行 ipconfig /registerdns 来手动注册，完成后到 DNS 服务器检查是否已有正确记录。例如，域成员主机名为 dc1.long.com，IP 地址为 192.168.10.1，则请检查域 long.com 内是否有 DC1 的主机记录，其 IP 地址是否为 192.168.10.1。
- 如果发现域控制器并没有将其扮演的角色注册到 DNS 服务器内，也就是并没有类似图 1-16 所示的_tcp 等文件夹与相关记录，则到此台域控制器上单击【开始】菜单→选择【管理工具】选项→选择【服务】选项，打开图 1-17 所示的【服务】窗口，选中【Netlogon】并单击鼠标右键，在弹出的快捷菜单中选择【重新启动】选项来注册。具体操作也可以执行如下命令来完成。

```
net stop netlogon
net start netlogon
```

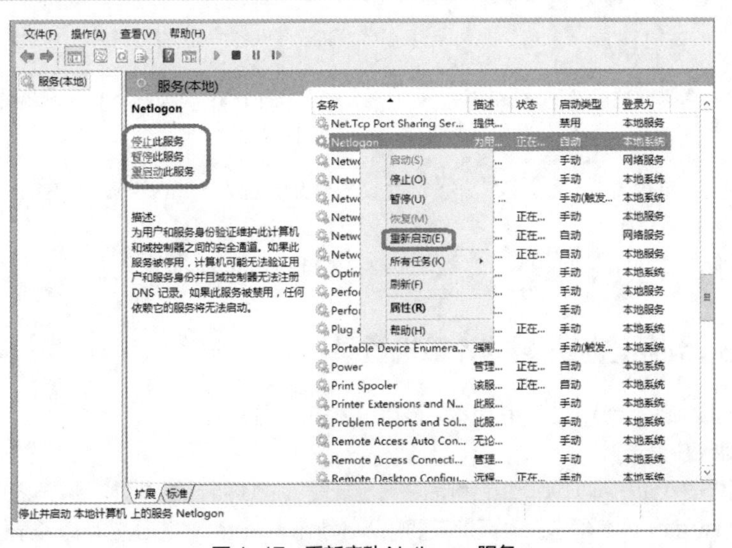

图 1-17　重新启动 Netlogon 服务

试一试：将注册成功的DNS服务器中long.com域下面的SRV记录删除一些，试着在域控制器上通过窗口中的命令恢复被删除的内容，命令执行后用鼠标右键单击空白处，在弹出的快捷菜单中选择【刷新】选项即可。操作成功了吗？

任务1-2　将MS1加入long.com域

下面将MS1独立服务器加入long.com域，并将MS1提升为long.com的成员服务器。其步骤如下。

STEP 1　在MS1服务器上确认【本地连接】属性中的TCP/IP首选DNS指向了long.com域的DNS服务器，即192.168.10.1。

STEP 2　单击【开始】菜单→选择【控制面板】选项→选择【系统和安全】选项→选择【系统】选项→选择【高级系统设置】选项，弹出【系统属性】对话框，选择【计算机名】选项卡，单击【更改】按钮，弹出【计算机名/域更改】对话框，在【隶属于】选项区域中选择【域】单选项，并输入要加入的域的名字long.com，单击【确定】按钮。

STEP 3　弹出【Windows安全】对话框，输入有权限加入该域的账户名称和密码，如该域控制器的管理员账户，如图1-18所示，单击【确定】按钮后重新启动计算机。

STEP 4　加入域后，其计算机全名就会包含域名，如图1-19所示的ms1.long.com。单击【关闭】按钮，按照界面提示重新启动计算机。

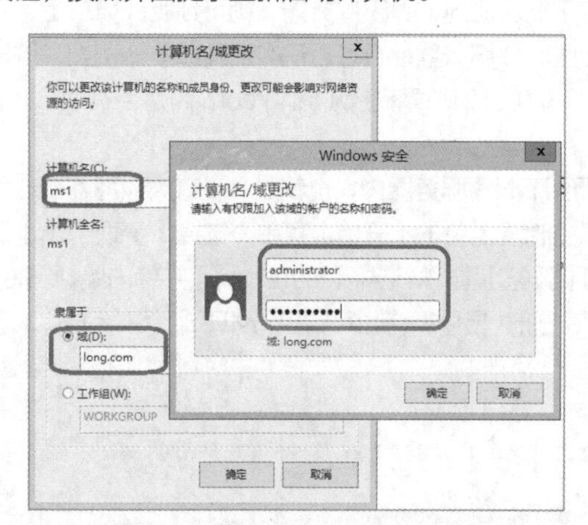

图1-18　将MS1加入long.com域

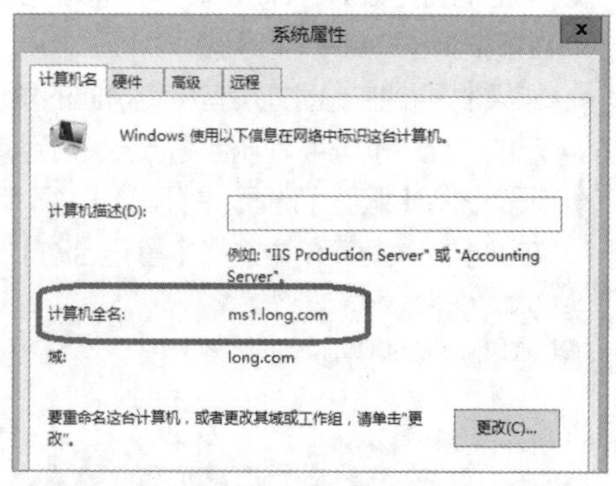

图1-19　加入long.com域后的系统属性

> **提示**　① 安装了Windows 10的计算机加入域的步骤和安装了Windows Server 2012 R2的计算机加入域的步骤是一样的。
> ② 这些加入域的计算机，其计算机账户会被创建在Computers窗口内。

任务1-3　利用已加入域的计算机登录

可以在已经加入域的计算机上，利用本地域用户账户进行登录。

1. 利用本地账户登录

在登录界面中按<Ctrl+Alt+Del>组合键后，将出现图1-20所示的界面，图1-20中默认以本地系统管理员Administrator的身份登录，因此只要输入Administrator的密码就可以登录。

此时，系统会利用本地安全性数据库来检查账户与密码是否正确，如果正确，就可以成功登录，用户可以访问计算机内的资源（若有权限），不过无法访问域内其他计算机的资源，除非在连接其他计算机时再输入有权限的用户名与密码。

2. 利用域用户账户登录

如果想利用域系统管理员 Administrator 的身份登录，则单击图 1-20 所示的人像左侧的箭头图标，然后单击【其他用户】链接，打开图 1-21 所示的登录界面，输入域系统管理员的账户（long\administrator）与密码，单击登录按钮进行登录。

图 1-20 本地用户登录

图 1-21 域用户登录

> **注意** 账户名前面要附加域名，如 long.com\Administrator 或 long\Administrator。账户名与密码输入完成后，账户与密码会被发送给域控制器，并利用 Active Directory 数据库来检查账户与密码是否正确，如果正确，就可以登录成功，此时用户可以直接连接域内任何一台计算机并访问其中的资源（如果被赋予权限），不需要手动输入用户名与密码。当然，也可以用 UPN 登录，如 administrator@long.com。

试一试：在图1-20中，如何进行本地用户登录？输入用户名“ms1\administrator”及相应密码可以吗？

任务 1-4 安装额外的域控制器与 RODC

一个域内若有多台域控制器，便可以拥有下面的优势。

- 提高用户登录的效率：若同时有多台域控制器来为客户端提供服务，则可以分担用户身份验证（账户与密码）的负担，提高用户登录的效率。
- 容错功能：若有域控制器发生故障，则可以由其他正常的域控制器来继续提供服务，因此对用户的服务并不会停止。

在安装额外的域控制器（Additional Domain Controller）时，需要将 AD DS 数据库从现有的域控制器复制到这台新的域控制器。系统提供了两种复制 AD DS 数据库的方式。

- 通过网络直接复制。若 AD DS 数据库庞大，则这种复制操作势必会增加网络负担，影响网络效率。
- 通过安装介质复制。具体操作是先到一台域控制器内制作安装介质（Installation Media），其中包含 AD DS 数据库；接着将安装介质复制到 U 盘、CD 或 DVD 等媒体或共享文件夹内；然后在安装额外域控制器时，要求安装向导到这个媒体内读取安装介质内的 AD DS 数据库。这种方式可以大幅降低对网络造成的负担。若在安装介质制作完成之后，现有域控制器的 AD DS 数据库内有新变动数据，则这些少量数据可以在完成额外域控制器的安装后，通过网络复制过来。

利用网络直接复制安装额外域控制器

下面说明如何将图 1-22 中右上角的 dc2.long.com 升级为常规额外域控制器（可写域控制器），以及如何将右下角的 dc3.long.com 升级为只读域控制器（RODC）。

1. 利用网络直接复制方法来安装额外域控制器

STEP 1 在图 1-22 中的服务器 dc2.long.com 与 dc3.long.com 上安装

Windows Server 2012 R2，将计算机名称分别设定为 DC2 与 DC3，IPv4 地址等按照图 1-22 所示来设置（图 1-22 中采用 TCP/IPv4）。

注意 将计算机名称分别设置为 DC2 与 DC3 即可，将它们升级为域控制器后，它们的名称会被自动改为 dc2.long.com 与 dc3.long.com。

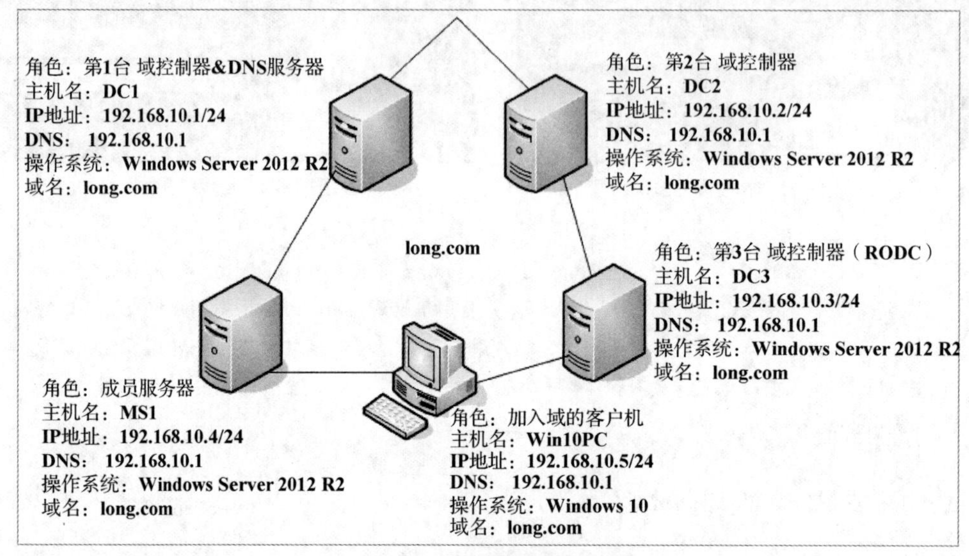

图 1-22 AD DS 网络规划拓扑图

STEP 2 安装 AD DS。操作方法与安装第 1 台域控制器的方法完全相同。

STEP 3 启动 Active Directory 安装向导，当显示【部署配置】界面时，选择【将域控制器添加到现有域】单选项，单击【更改】按钮，弹出【Windows 安全】对话框，需要指定可以通过相应主域控制器验证的用户账户凭据，该用户账户必须是 Domain Admins 组，拥有域管理员权限，如根域控制器的管理员账户 long\Administrator，如图 1-23 所示，最后单击【确定】按钮。

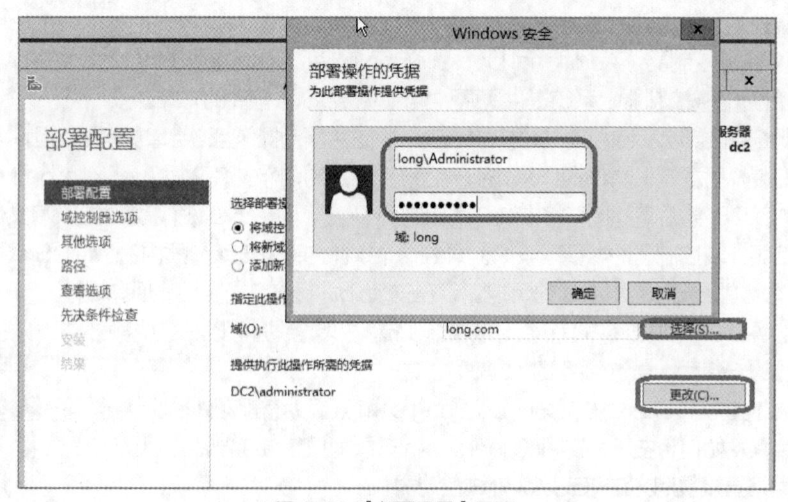

图 1-23 【部署配置】界面

注意 只有 Enterprise Admins 或 Domain Admins 内的用户有权限建立其他域控制器。若所登录的账户不隶属于这两个组（例如，现在所登录的账户为本机 Administrator），则需另外指定有权限的用户账户。

STEP 4　单击【下一步】按钮，显示图 1-24 所示的【域控制器选项】界面。

① 选择是否在此服务器上安装 DNS 服务器（默认会）。

② 选择是否将其设定为全局编录服务器（默认会）。

③ 选择是否将其设置为只读域控制器（默认不会）。

④ 设置目录服务还原模式的密码。

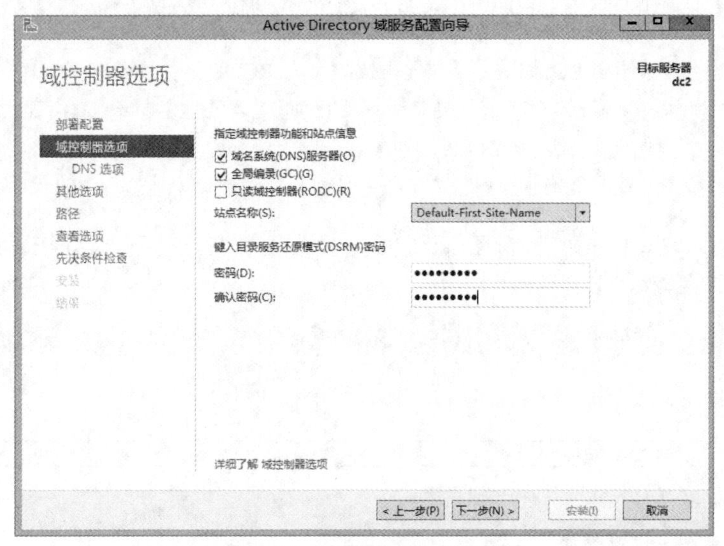

图 1-24 【域控制器选项】界面

STEP 5　若在图 1-24 中未勾选【只读域控制器（RODC）】复选框，则可直接单击【下一步】按钮。若勾选，则会出现图 1-25 所示的界面，在完成设定后单击【下一步】按钮，会跳到 STEP 7。

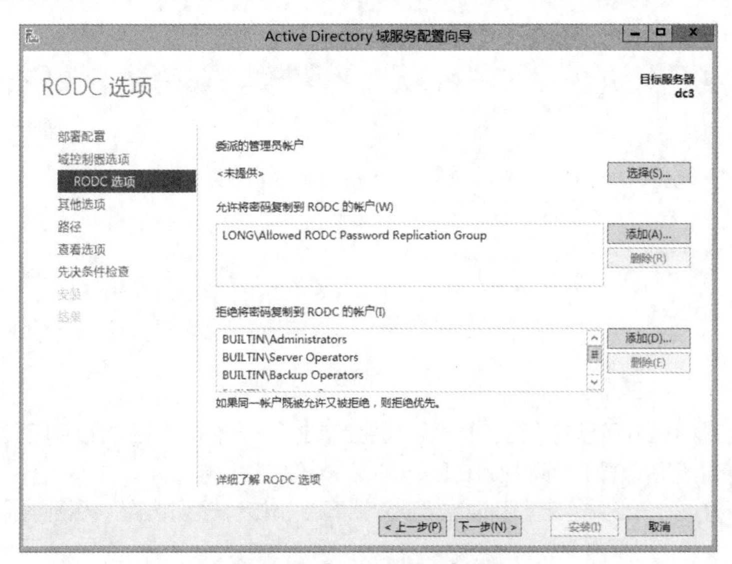

图 1-25 【RODC 选项】界面

① 委派的管理员账户。可通过【选择】按钮来选取被委派的用户或组，他们在这台 RODC 将拥有本地系统管理员的权限，且若采用阶段式安装 RODC，则他们也可将此 RODC 服务器附加到 AD DS 数据库内的计算机账户。默认仅 Domain Admins 或 Enterprise Admins 组内的用户有权管理此 RODC 与执行附加操作。

② 允许将密码复制到 RODC 的账户。默认仅允许 Allowed RODC Password Replication Group 组内的用户密码可被复制到 RODC（此组默认无任何成员），可通过【添加】按钮来添加用户或组账户。

③ 拒绝将密码复制到 RODC 的账户。此处的用户账户的密码会被拒绝复制到 RODC。此处的设置较允许将密码复制到 RODC 的账户的设置优先级高。部分内置的组账户（如 Administrators、Server Operators 等）默认在此列表内。可通过【添加】按钮来添加用户或组账户。

> **注意** 在安装域中的第 1 台 RODC 时，系统会自动建立与 RODC 有关的组账户；这些账户会被自动复制给其他域控制器，不过可能需要花费一段时间，尤其是被复制给位于不同站点的域控制器时。之后在其他站点安装 RODC 时，若安装向导无法从这些域控制器得到这些域信息，则会显示警告信息，此时请等待这些组信息完成复制后，再继续安装这台 RODC。

STEP 6　若未勾选【只读域控制器（RODC）】复选框，则单击【下一步】按钮后会出现图 1-26 所示的界面，此时请直接单击【下一步】按钮。

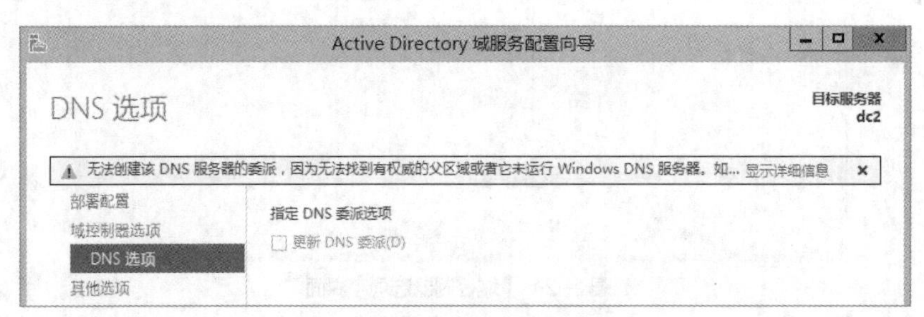

图 1-26 【DNS 选项】界面

STEP 7　在图 1-27 所示界面中单击【下一步】按钮，它会直接从其他任何一台域控制器复制 AD DS 数据库。

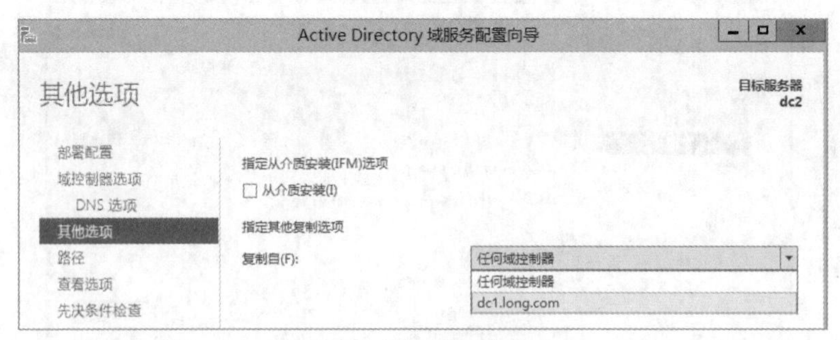

图 1-27 【其他选项】界面

STEP 8　在图 1-28 所示的【路径】界面中直接单击【下一步】按钮，出现【查看选项】界面。

STEP 9　在【查看选项】界面中单击【下一步】按钮。

STEP 10　在图 1-29 中，若顺利通过检查，就直接单击【安装】按钮，否则请根据界面提示排除问题。

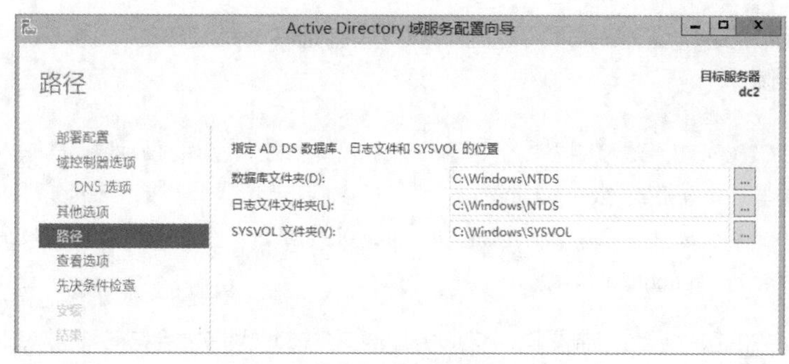

图 1-28 【路径】界面

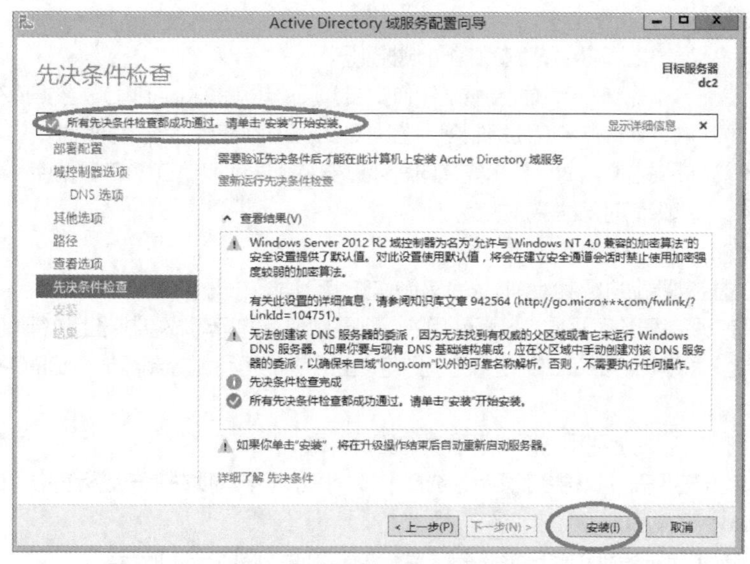

图 1-29 【先决条件检查】界面

STEP 11　安装完成后会自动重新启动计算机，请重新登录。

STEP 12　分别打开 DC1、DC2、DC3 的 DNS 服务器管理器，检查 DNS 服务器内是否有域控制器 dc2.long.com 与 dc3.long.com 的相关记录，如图 1-30 所示（DC2、DC3 上的 DNS 服务器类似）。

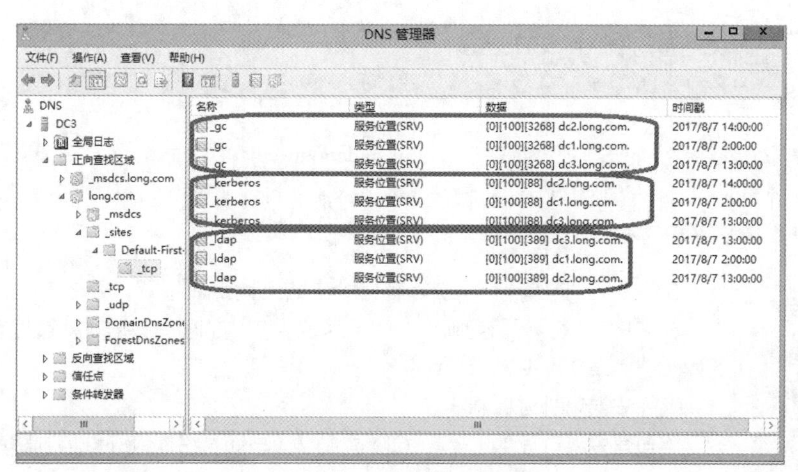

图 1-30　检查 DNS 服务器

这两台域控制器的AD DS数据库内容是从其他域控制器中复制过来的，而原本这两台计算机内的本地用户账户会被删除。

注意 服务器DC1（第1台域控制器）上原本位于本地安全性数据库内的本地账户，会在DC1升级为域控制器后被转移到Active Directory数据库内，而且是被放置到Users容器内。并且这台域控制器的计算机账户会被放置到Domain Controllers组织单位内，其他加入域的计算机账户默认会被放置到Computers容器内。

只有在创建域内的第1台域控制器时，该服务器原来的本地账户才会被转移到Active Directory数据库，其他域控制器（如本范例中的DC2、DC3）原来的本地账户并不会被转移到Active Directory数据库内，而是被删除。

利用介质安装额外域控制器

2. 利用介质安装额外域控制器

先到一台域控制器上制作安装介质，也就是将AD DS数据库存储到安装介质内，并将安装介质复制到U盘、CD、DVD等媒体或共享文件夹内。然后在安装额外域控制器时，要求安装向导通过安装介质读取AD DS数据库，这种方式可以大幅降低对网络造成的负担。

（1）制作安装介质。

请到现有的域控制器上执行ntdsutil命令来制作安装介质。

- 若此安装介质是要给可写域控制器使用的，则需到现有的可写域控制器上执行ntdsutil命令。
- 若此安装介质是要给RODC使用的，则可以到现有的可写域控制器或RODC上执行ntdsutil命令。

STEP 1　到域控制器上利用域系统管理员的身份登录。

STEP 2　单击左下角的【开始】菜单，选择【命令提示符】选项并单击鼠标右键（或单击左下方任务栏中的Windows PowerShell图标）。

STEP 3　输入以下命令后按<Enter>键，部分操作界面如图1-31所示。

```
ntdsutil
```

STEP 4　在ntdsutil：提示符下执行以下命令。

```
activate   instance   ntds
```

它会将域控制器的AD DS数据库设置为使用中。

STEP 5　在ntdsutil：提示符下执行以下命令。

```
ifm
```

STEP 6　在ifm：提示符下执行以下命令。

```
create   sysvol   full   c:\installationmedia
```

注意 此命令假设要将安装介质的内容存储到C:\InstallationMedia文件夹内。其中的sysvol表示要制作包含ntds.dit与SYSVOL的安装介质；full表示要制作供可写域控制器使用的安装介质；若是要制作供RODC使用的安装介质，则将full改为rodc。

安装RODC额外控制器

STEP 7　连续执行两次quit命令来结束ntdsutil。

STEP 8　将C:\InstallationMedia文件夹内的所有数据复制到U盘、CD、DVD等媒体或共享文件夹内。

（2）安装额外域控制器。

将包含安装介质的U盘、CD或DVD与即将扮演额外域控制器角色的计算机连接。

```
管理员: C:\Windows\system32\cmd.exe - ntdsutil
ifm: create sysvol full c:\installationmedia
正在创建快照...
成功生成快照集 {f629ef7c-ad28-490e-9aa8-f43d48468486}。
快照 {021b32be-c2fe-4909-b4d2-535694c5a8e6} 已作为 C:\$SNAP_201708071534_VOLUMEC
$\ 装载
已装载快照 {021b32be-c2fe-4909-b4d2-535694c5a8e6}。
已装载快照 {021b32be-c2fe-4909-b4d2-535694c5a8e6}。
正在启动碎片整理模式...
     源数据库: C:\$SNAP_201708071534_VOLUMEC$\Windows\NTDS\ntds.dit
     目标数据库: c:\installationmedia\Active Directory\ntds.dit

                  Defragmentation  Status (% complete)

          0    10   20   30   40   50   60   70   80   90  100
          |----|----|----|----|----|----|----|----|----|----|
          ...................................................

正在复制注册表文件...
正在复制 c:\installationmedia\registry\SYSTEM
正在复制 c:\installationmedia\registry\SECURITY
正在复制 SYSVOL...
正在复制 c:\installationmedia\SYSVOL
正在复制 c:\installationmedia\SYSVOL\long.com
正在复制 c:\installationmedia\SYSVOL\long.com\Policies
正在复制 c:\installationmedia\SYSVOL\long.com\Policies\{31B2F340-016D-11D2-945F-
```

图 1-31　制作安装介质

由于利用安装介质来安装额外域控制器的方法与前面的操作大致相同，下面仅列出不同之处。下面假设安装介质被复制到即将升级为额外域控制器的服务器的 C:\InstallationMedia 文件夹内，在图 1-32 所示界面中勾选【从介质安装】复选框，并在路径处指定存储安装介质的文件夹 C:\InstallationMedia。

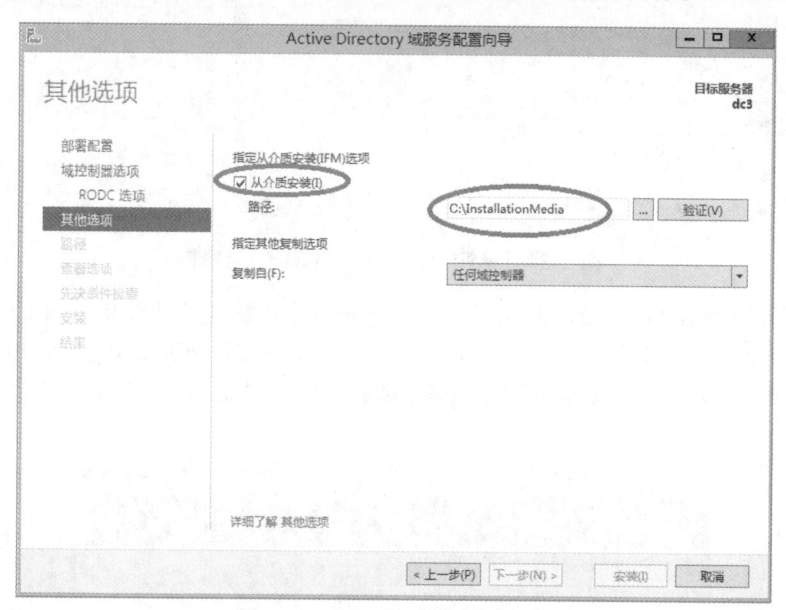

图 1-32　勾选【从介质安装】复选框

在安装过程中会从安装介质所在的文件夹 C:\InstallationMedia 中复制 AD DS 数据库。若在安装介质制作完成之后，现有域控制器的 AD DS 数据库更新了数据，则这些少量数据会在完成额外域控制器安装后，再通过网络自动复制过来。

3. 修改 RODC 的委派设置与密码复制策略设置

要修改密码复制策略设置或 RODC 系统管理工作的委派设置，可在打开【Active Directory 用户和计算机】窗口（见图 1-33）后，单击容器【Domain Controllers】中扮演 RODC 角色的域控制器→单击上方的属性图标→通过图 1-34 中的【密码复制策略】与【管理者】选项卡来设置。

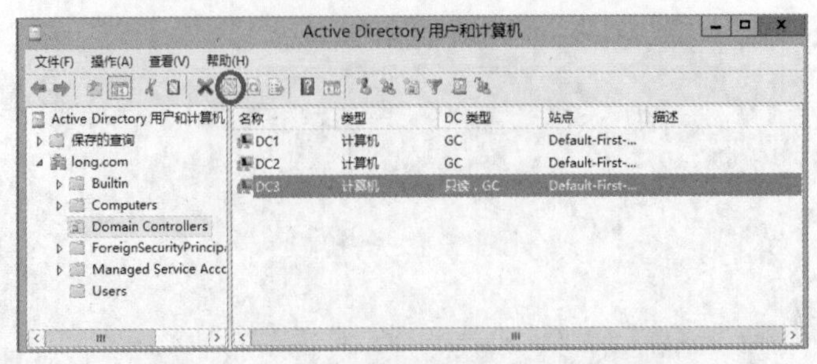
图 1-33 【Active Directory 用户和计算机】窗口

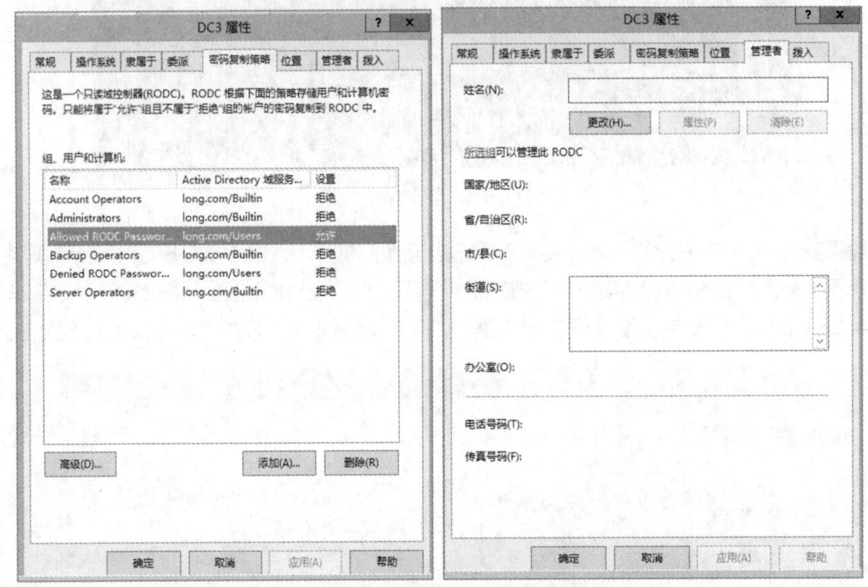
图 1-34 【密码复制策略】和【管理者】选项卡

也可以通过【Active Directory 管理中心】窗口来修改上述设置：打开【Active Directory 管理中心】窗口，如图 1-35 所示，单击容器【Domain Controllers】中扮演 RODC 角色的域控制器→选择右侧的【属性】选项→通过图 1-36 中的【管理者】选项与【扩展】选项中的【密码复制策略】选项卡来设定。

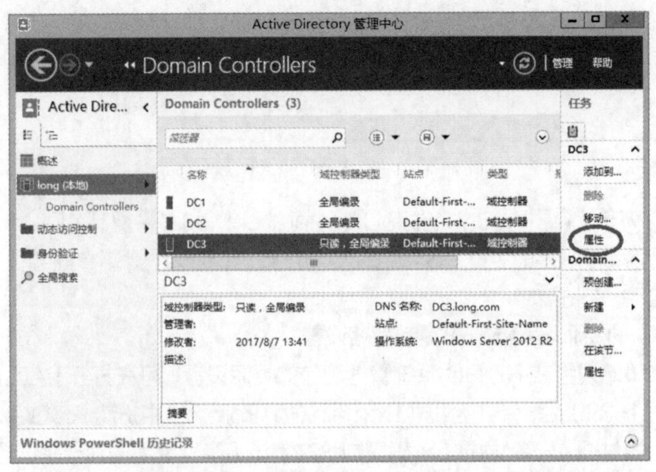
图 1-35 【Active Directory 管理中心】→【Domain Controllers】

图 1-36 【管理者】选项和【扩展】选项中的【密码复制策略】选项卡

4. 验证额外域控制器运行正常

DC1 是第 1 台域控制器，DC2 服务器已经提升为额外域控制器，现在可以将成员服务器 MS1 的首选 DNS 指向 DC1 域控制器，备用 DNS 指向 DC2 额外域控制器，当 DC1 域控制器发生故障时，DC2 额外域控制器可以负责域名解析和身份验证等工作，从而实现不间断服务。

STEP 1 在 MS1 上配置【首选 DNS】为“192.168.10.1”，【备用 DNS】为“192.168.10.2”。

STEP 2 利用 DC1 域控制器的【Active Directory 用户和计算机】窗口建立供测试用的域用户 domainuser1。刷新 DC2、DC3 的【Active Directory 用户和计算机】中的 users 容器，发现 domainuser1 几乎同时同步到了这两台域控制器上。

STEP 3 将 DC1 域控制器暂时关闭，在 VMware Workstation 中也可以将 DC1 域控制器暂时挂起。

STEP 4 在 MS1 上使用“domainuser1”登录域，观察是否能够登录，结果是可以登录成功，这样就可以提供 AD 的不间断服务了，此操作同时验证了额外域控制器安装成功。

STEP 5 在【服务器管理器】窗口中选择【工具】菜单中的【Active Directory 站点和服务】选项，打开相应对话框，依次展开【Sites】→【Default- First- Site- Name】→【Servers】→【DC3】→【NTDS Settings】，单击鼠标右键，在弹出的快捷菜单中选择【属性】选项，如图 1-37 所示。

STEP 6 在弹出的对话框中取消勾选【全局编录】复选框，如图 1-38 所示。

STEP 7 在【服务器管理器】窗口中选择【工具】菜单中的【Active Directory 用户和计算机】选项，打开相应对话框，展开【Domain Controllers】，可以看到 DC2 的【DC 类型】由之前的【GC】变为现在的【DC】，如图 1-39 所示。

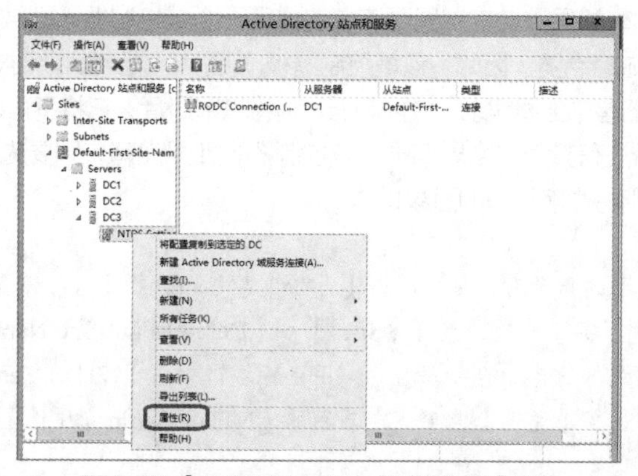

图 1-37 【Active Directory 站点和服务】窗口

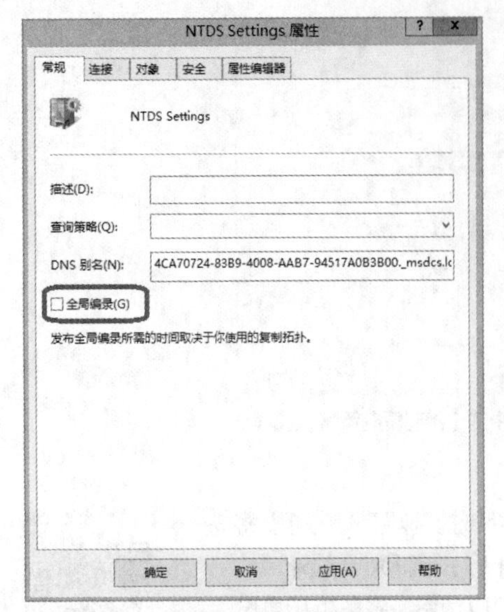

图1-38　取消勾选【全局编录】复选框

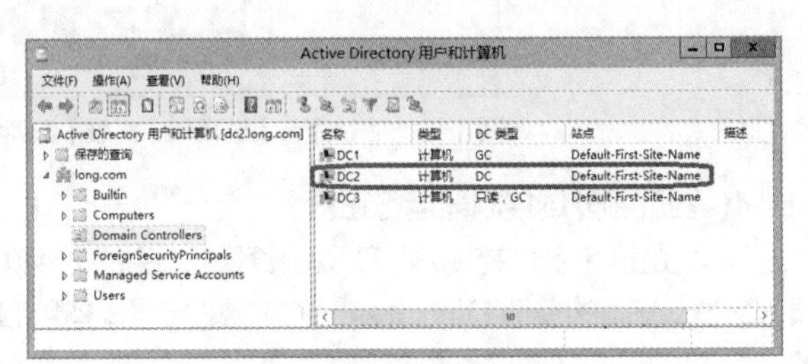

图1-39　查看【DC类型】

任务1-5　转换服务器角色

Windows Server 2012 服务器在域中可以有3种角色：域控制器、成员服务器和独立服务器。当一台Windows Server 2012成员服务器安装了活动目录后，服务器就成为域控制器，域控制器可以对用户的登录等进行验证。Windows Server 2012成员服务器可以仅加入域中，而不安装活动目录，这时服务器的主要目的是提供网络资源。严格说来，独立服务器和域没有什么关系，如果服务器不加入域中，也不安装活动目录，服务器就称为独立服务器。服务器的3种角色的关系如图1-40所示。

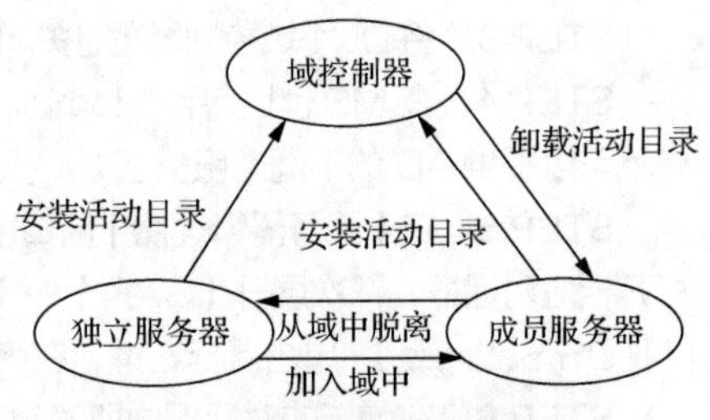

图1-40　服务器的3种角色的关系

1. 域控制器降级为成员服务器

用户将域控制器上的活动目录删除，服务器就降级为成员服务器了。下面以图1-3中的DC2降级为例，介绍具体步骤。

（1）删除活动目录的注意要点。

降级时要注意以下3点。

① 如果该域内还有其他域控制器，则该计算机会被降级为该域的成员服务器。

② 如果该域控制器是该域的最后一个域控制器，则被降级后，该域内将不存在任何域控制器。因此，该域控制器被删除后，该计算机会被降级为独立服务器。

③ 如果这台域控制器是“全局编录”域控制器，则将其降级后，它将不再担当“全局编录”的角色。因此要先确定网络上是否还有其他“全局编录”域控制器，如果没有，则要先指定一台域控制器来担当“全局编录”的角色，否则将影响用户的登录操作。

> **提示**　指定“全局编录”的角色时，可以单击【开始】菜单→选择【管理工具】选项→选择【Active Directory站点和服务】选项，展开【Sites】→【Default-First-Site-Name】→【Servers】，展开要担当“全局编录”角色的服务器名称，用鼠标右键单击【NTDS Settings属性】选项，在弹出的快捷菜单中选择【属性】选项，在显示的【NTDS Settings属性】对话框中勾选【全局编录】复选框。

（2）删除活动目录。

STEP 1 以管理员身份登录 DC2，单击左下角的服务器管理器图标，弹出相应窗口，如图 1-41 所示，选择右上方的【管理】菜单中的【删除角色和功能】选项。

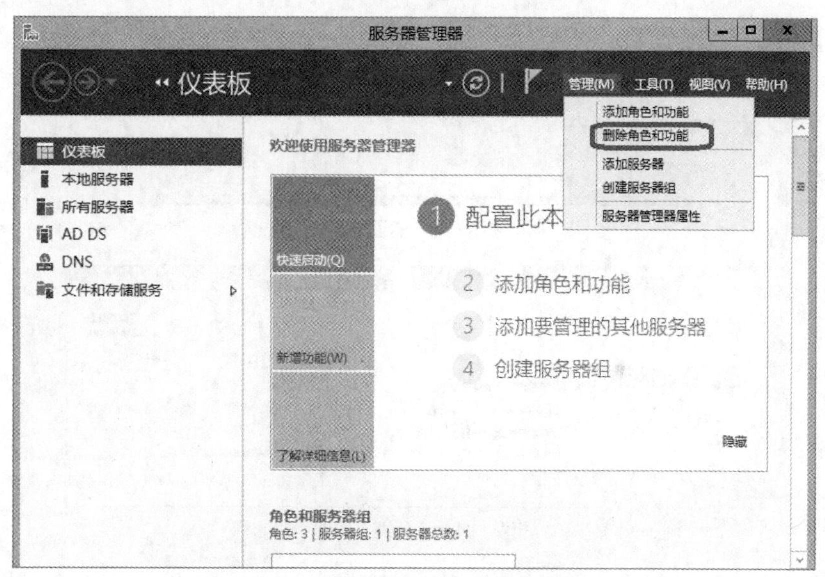

图 1-41 选择【删除角色和功能】选项

STEP 2 在图 1-42 所示的窗口中取消勾选【Active Directory 域服务】复选框，在弹出的对话框中单击【删除功能】按钮，以删除服务器角色和功能。

STEP 3 出现图 1-43 所示的【验证结果】界面时，单击【将此域控制器降级】链接。

STEP 4 如果在图 1-44 所示的【凭据】界面中当前的用户有权删除此域控制器，则单击【下一步】按钮，否则单击【更改】按钮来输入新的账户与密码。

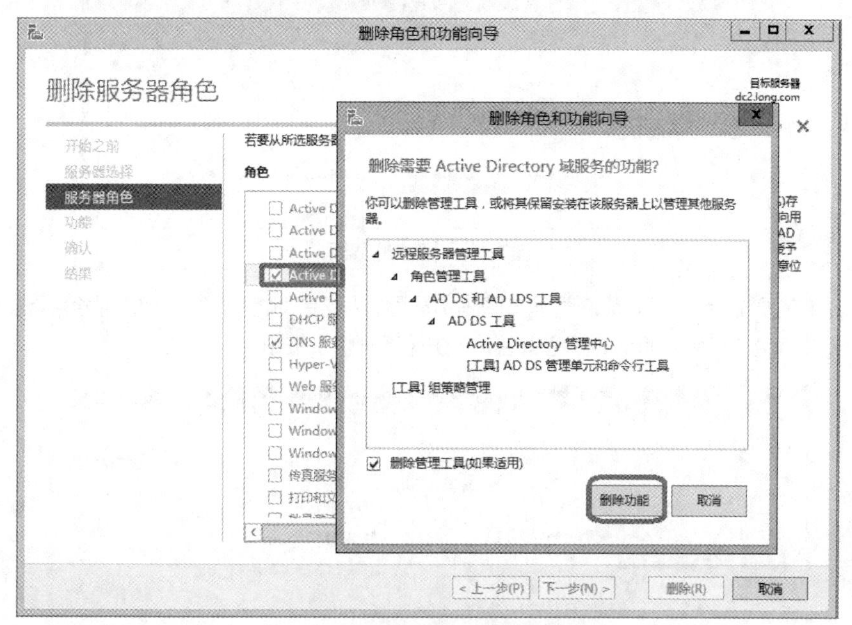

图 1-42 删除服务器角色和功能

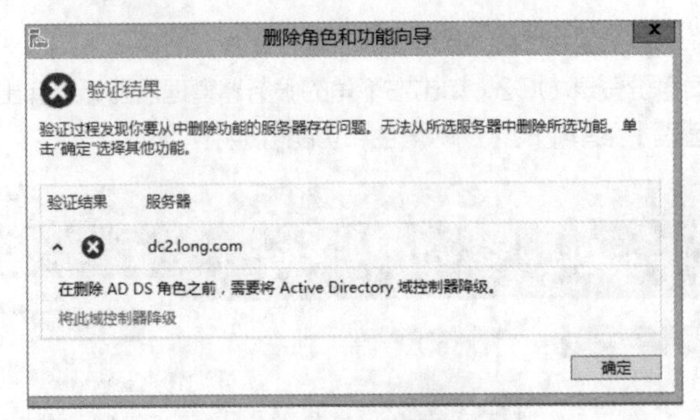

图 1-43　验证结果

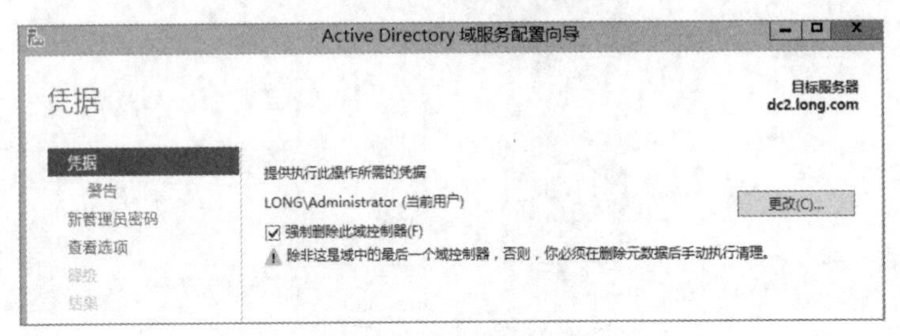

图 1-44 【凭据】界面

提示　如果因故无法删除此域控制器（例如，在删除域控制器时，需要能够先连接到其他域控制器，却一直无法连接），或者要删除的是最后一个域控制器，则可勾选图 1-44 中的【强制删除此域控制器】复选框。

STEP 5　在图 1-45 所示的【警告】界面中勾选【继续删除】复选框后，单击【下一步】按钮。

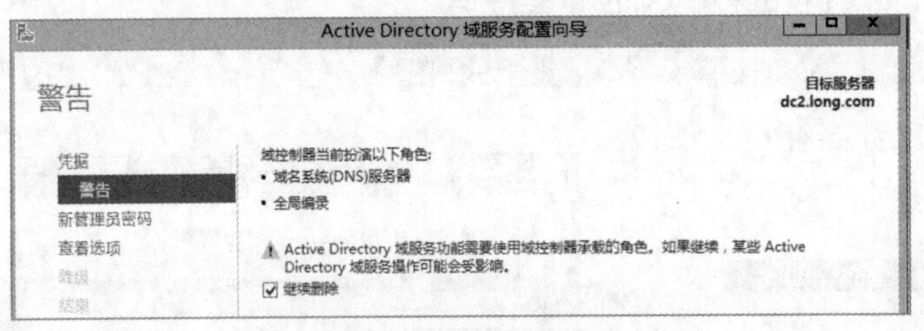

图 1-45 【警告】界面

STEP 6　在图 1-46 所示的【新管理员密码】界面中为这台即将被降级为独立服务器或成员服务器的计算机设置本地 Administrator 的新密码后，单击【下一步】按钮。

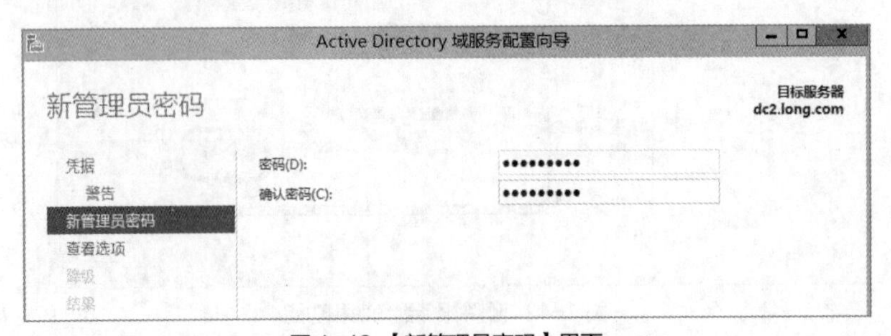

图 1-46 【新管理员密码】界面

STEP 7　在【查看选项】界面中单击【降级】按钮。

STEP 8　完成后会自动重新启动计算机，请重新登录（以域管理员身份登录，图 1-46 所示设置的是计算机的本地管理员密码）。

注意　虽然这台服务器已经不再是域控制器了，但此时其 AD DS 组件仍然存在，并没有被删除。因此，如果现在要将其升级为域控制器，则可以参考前面的说明。

STEP 9　在【服务器管理器】窗口中选择【管理】菜单中的【删除角色和功能】选项。

STEP 10　出现【开始之前】界面，单击【下一步】按钮。

STEP 11　在【选择目标服务器】界面中确认选择的服务器无误后单击【下一步】按钮。

STEP 12　在图 1-47 所示的界面中取消勾选【Active Directory 域服务】复选框，单击【删除功能】按钮，以删除服务器角色和功能。

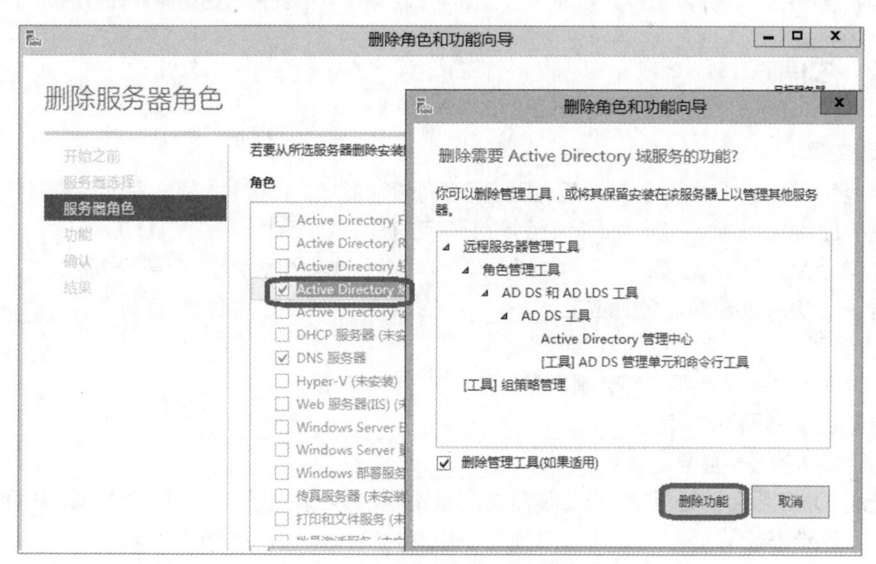

图 1-47　删除服务器角色和功能

STEP 13　回到【删除服务器角色】界面时，确认【Active Directory 域服务】已经被取消勾选（也可以一起取消勾选【DNS 服务器】）后，单击【下一步】按钮。

STEP 14　出现【删除功能】界面时，单击【下一步】按钮。

STEP 15　在【确认删除所选内容】界面中单击【删除】按钮。

STEP 16　完成后，重新启动计算机。

2. 成员服务器降级为独立服务器

DC2 删除 AD DS 后，降级为域 long.com 的成员服务器。接下来将该成员服务器继续降级为独立服务器。

首先在 DC2 上以域管理员（long\administrator）或本地管理员（dc2\administrator）身份登录。登录成功后，单击【开始】菜单→选择【控制面板】选项→选择【系统和安全】选项→选择【系统】选项→选择【更改设置】选项，弹出【系统属性】对话框，选择【计算机名】选项卡，单击【更改】按钮；弹出【计算机名/域更改】对话框，在【隶属于】选项区域中选择【工作组】单选项，并输入从域中脱离后要加入的工作组的名字（本例为 WORKGROUP），单击【确定】按钮；输入有权限脱离该域的账户的名称和密码，确定后重新启动计算机即可。

1.4 【拓展阅读】“核高基”与国产操作系统

“核高基”是“核心电子器件、高端通用芯片及基础软件产品”的简称，是国务院于 2006 年发布的《国家中长期科学和技术发展规划纲要（2006—2020 年）》中与载人航天、探月工程并列的 16 个重大科技专项之一。近年来，一批国产基础软件的领军企业的强势发展给中国软件市场增添了几许信心，而“核高基”犹如助推器，给了国产基础软件更强劲的发展支持力量。

自 2008 年 10 月 21 日起，微软公司对部分盗版 Windows 和 Office 用户进行警告性“黑屏”提示。自该事件发生之后，我国大量的计算机用户将目光转移到 Linux 操作系统和国产办公软件上，国产操作系统和办公软件的下载量一时间以几倍的速度增长，国产 Linux 操作系统和办公软件的发展也引起了大家的关注。

随着国产软件技术的不断进步，我国的信息化建设也会朝着更安全、更可靠、更可信的方向发展。

1.5 习题

一、填空题

1. 通过 Windows Server 2012 R2 组建客户机/服务器模式的网络时，应该将网络配置为______。
2. 在 Windows Server 2012 R2 中活动目录存放在______中。
3. 在 Windows Server 2012 R2 中安装______后，计算机即成为一台域控制器。
4. 同一个域中的域控制器的地位是______。在域树中，子域和父域的信任关系是______。独立服务器上安装了______就升级为域控制器。
5. Windows Server 2012 R2 服务器在域中的 3 种角色是______、______、______。
6. 活动目录的逻辑结构包括______、______、______和______。
7. 物理结构的 3 个重要概念是______、______和______。
8. 无论 DNS 服务器是否与 AD DS 集成，都必须将其安装在部署的 AD DS 目录林根级域的第______个域控制器上。
9. Active Directory 数据库文件保存在______。
10. 解决在 DNS 服务器中未能正常注册 SRV 记录的问题，需要重新启动______服务。

二、判断题

1. 在一台 Windows Server 2012 R2 计算机上安装 AD 后，计算机就成了域控制器。 （ ）
2. 客户机在加入域时，需要正确设置首选 DNS 服务器地址，否则无法加入。 （ ）
3. 在一个域中，至少有一个域控制器（服务器），也可以有多个域控制器。 （ ）
4. 管理员只能在服务器上对整个网络实施管理。 （ ）
5. 域中所有账户信息都存储于域控制器中。 （ ）
6. 组织单位是可以应用组策略和委派责任的最小单位。 （ ）
7. 一个组织单位只指定一个受委派管理员，不能为一个组织单位指定多个管理员。 （ ）
8. 同一域林中的所有域都显式或者隐式地相互信任。 （ ）
9. 一个域目录树不能称为域目录林。 （ ）

三、简答题

1. 什么时候需要安装多个域树？
2. 简述什么是活动目录、域、活动目录树和活动目录林。
3. 简述什么是信任关系。

4. 为什么在域中常常需要 DNS 服务器?
5. 活动目录中存放了什么信息?

1.6 项目实训　部署与管理活动目录

一、项目实训目的

- 掌握规划和安装局域网中的活动目录的方法。
- 掌握创建目录林根级域的方法。
- 掌握安装额外域控制器的方法。
- 掌握服务器在域中 3 种角色相互转换的方法。

二、项目背景

随着公司的发展壮大，现有的工作组式的网络已经不能满足公司的业务需要，因此需要构筑新的网络结构。经过多方论证，确定了公司新的服务器拓扑结构，如图 1-48 所示。

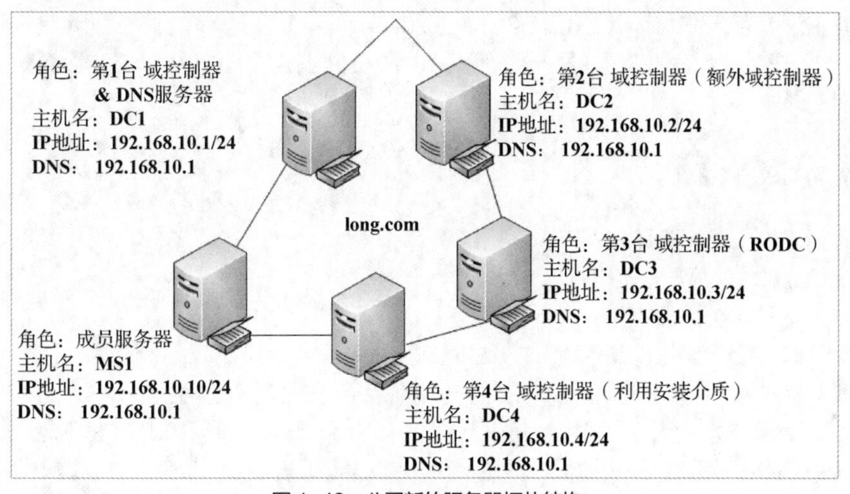

图 1-48　公司新的服务器拓扑结构

三、项目要求

根据图 1-48 所示的服务器拓扑结构，构建满足公司需要的域环境。具体要求如下。

- 创建域 long.com，域控制器的计算机名称为 DC1。
- 检查安装好的域控制器。
- 安装域 long.com 的额外域控制器，额外域控制器的计算机名称为 DC2。
- 利用安装介质创建 RODC 域控制器，其计算机名称为 DC3。
- 验证额外域控制器是否工作正常。
- 转换 DC2 域控制器为独立服务器。

四、做一做

本项目实录融入行业新技术、新规范和新标准，以 Windows Server 2016 网络操作系统为例，同时兼容 Windows Server 2012/2019 网络操作系统。

根据项目实录慕课进行项目的实训，检查学习效果。

项目2
建立域树和林

02

学习背景

未名公司不断发展壮大，并且兼并了中国台湾省的一家公司。现需要在北京、济南和台湾设立分公司。但台湾分公司有自己的域环境，不想重新建立新的域环境。从管理的角度，公司希望实现对各分公司资源的统一管理。作为信息部门领导，您需要考虑并确定未名公司的域环境。在这个企业案例中，必然需要子域和域林。

学习目标和素养目标

- 掌握建立第 1 个域和子域的方法。
- 掌握建立林中的第 2 个域树的方法和技巧。
- 掌握删除子域与域树的方法。
- 掌握更改域控制器的计算机名称的方法和技巧。
- 明确职业技术岗位所需的职业规范和精神，树立社会主义核心价值观。
- “大学之道，在明明德，在亲民，在止于至善。”“‘高山仰止，景行行止。’虽不能至，然心乡往之。”了解计算机的主要奠基人——华罗庚教授，知悉读大学的真正含义，激发科学精神和爱国情怀。

2.1 相关知识

创建子域通常适用于以下几种情况。

- 一个已经从公司中分离出来的独立经营的子公司。
- 有些公司的部门或小组基于对特殊技术的需要，而与其他部门相对独立地运行。
- 基于安全的考虑。

创建子域的好处主要有以下几个方面。

- 便于管理自身的用户和计算机，并允许采用不同于父域的管理策略。
- 有利于子域资源的安全管理。

在父子域环境中，由于父子域间会建立双向可传递的父子信任关系，因此父域用户默认可以使用子域的计算机；同理，子域用户也可以使用父域的计算机。图 1-2 所示是子域和目录林的示意图。

2.2 实践项目设计与准备

基于未名公司的情况，构建图 2-1 所示的林结构，此林包含两个域树。

- 左边的域树是这个林的第 1 个域树，其根域的域名为 long.com。根域下有两个子域，分别是 beijing.long.com 与 jinan.long.com，林名称以第 1 个域树的根域名称来命名，所以这个林的名称就是 long.com。
- 右边的域树是这个林的第 2 个域树，其根域的域名为 smile.com。根域下只有一个子域 tw.smile.com。

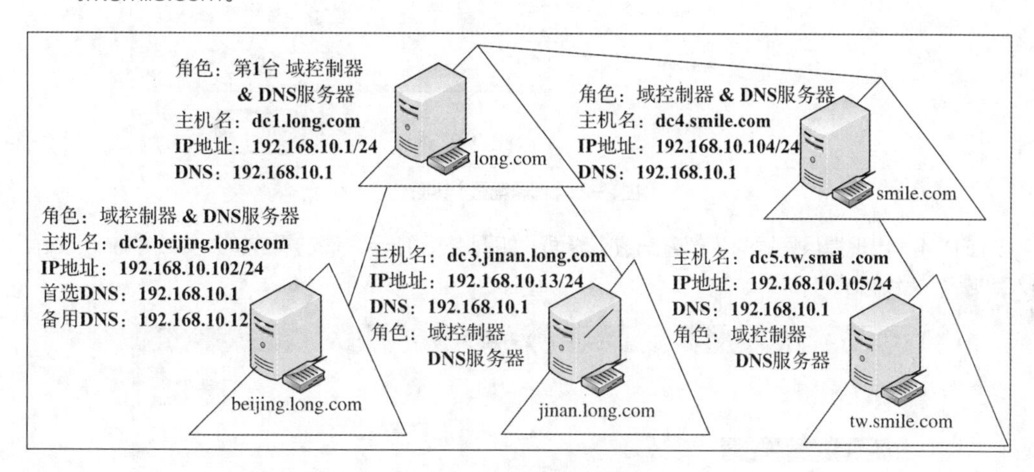

图 2-1　AD DS 网络规划拓扑图

建立域之前的准备工作与建立第 1 个域 long.com 的方法，都已经在项目 1 中介绍过了。本项目只介绍如何建立子域（例如，图 2-1 中的 beijing.long.com）与第 2 个域树（例如，图 2-1 中的 smile.com）。

2.3 实践项目实施

任务 2-1　创建子域及验证

下面通过将图 2-1 中的 dc2.beijing.long.com 升级为域控制器的方式来建立子域 beijing.long.com，这台服务器可以是独立服务器，也可以是隶属于其他域的现有成员服务器。请先确定图 2-1 中的根域 long.com 已经建立完成。

1. 创建子域

STEP 1　在 DC2 上用管理员账户登录，打开【Internet 协议版本 4（TCP/IPv4）属性】对话框，按图 2-1 所示配置 DC2 计算机的 IP 地址、子网掩码和 DNS 服务器，其中 DNS 服务器一定要设置为自身的 IP 地址和父域的域控制器的 IP 地址。

STEP 2　添加 AD DS 角色和功能，具体过程请参见前文关于安装 AD DS 的内容，这里不再赘述。

STEP 3　启动 Active Directory 安装向导（启动方法请参考前文关于安装活动目录的内容），当显示【部署配置】界面时，选择【将新域添加到现有林】单选项，单击【更改】按钮，出现【Windows

安全】对话框，输入有权限的用户“long\administrator”及其密码，如图2-2所示，单击【确定】按钮。

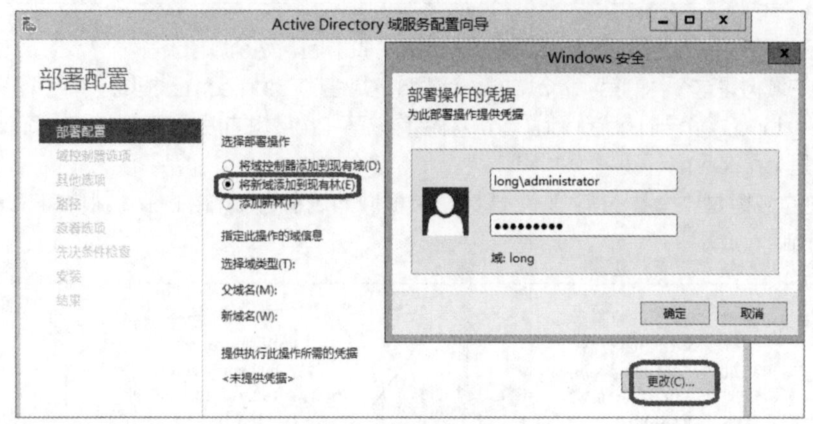

图2-2 【部署配置】界面

STEP 4　出现提供凭据的【部署配置】界面，如图2-3所示。请选择或输入父域“long.com”，输入新域名“beijing”。

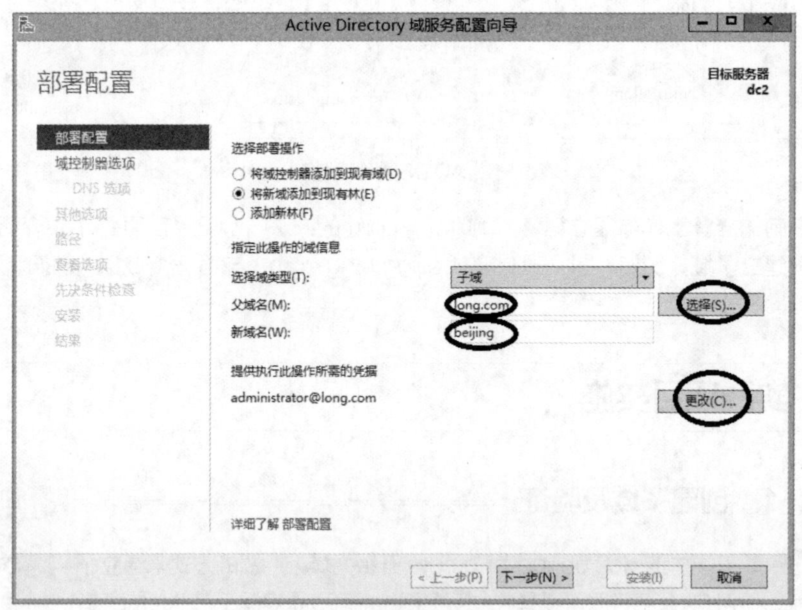

图2-3 提供凭据的【部署配置】界面

STEP 5　单击【下一步】按钮，显示【域控制器选项】界面。

① 选择是否在此服务器上安装DNS服务器（默认会）。

② 选择是否将其设定为全局编录服务器（默认会）。

③ 选择是否将其设置为只读域控制器（默认不会）。

④ 设置目录服务还原模式的密码。

STEP 6　单击【下一步】按钮，显示图2-4所示的【DNS选项】界面，默认勾选【创建DNS委派】复选框。单击【下一步】按钮，设置“NetBIOS”名称，单击【下一步】按钮。

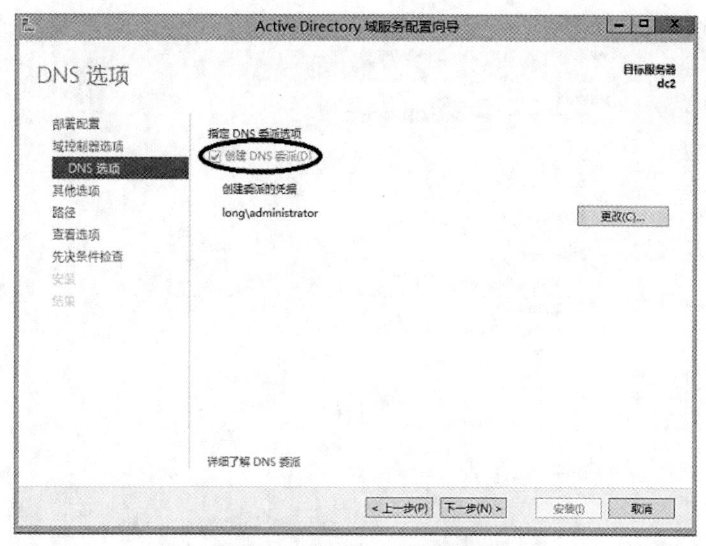

图2-4　指定DNS委派选项

注意　(1)此处勾选【创建DNS委派】复选框，在域中划分多个区域的主要目的是简化DNS的管理任务，即委派一组权威名称服务器来管理每个区域。采用这样的分布式结构，当域名称空间不断扩展时，各个域的管理员可以有效地管理各自的子域。在本例中，安装完成后，“beijing”子域的管理员会被委派管理“beijing.long.com”子域。

(2)如果此处不勾选【创建DNS委派】复选框，则创建子域完成后，打开long.com域的【DNS管理器】窗口→用鼠标右键单击【long.com】→选择【新建委派】选项(见图2-5)→输入被委派的子域名称“beijing”(见图2-6)→单击【添加】按钮→输入“dc2.beijing.long.com”→单击【解析】按钮→自动解析出此NS记录的IP地址→单击【确定】按钮(见图2-7)，按提示完成DNS的区域委派。

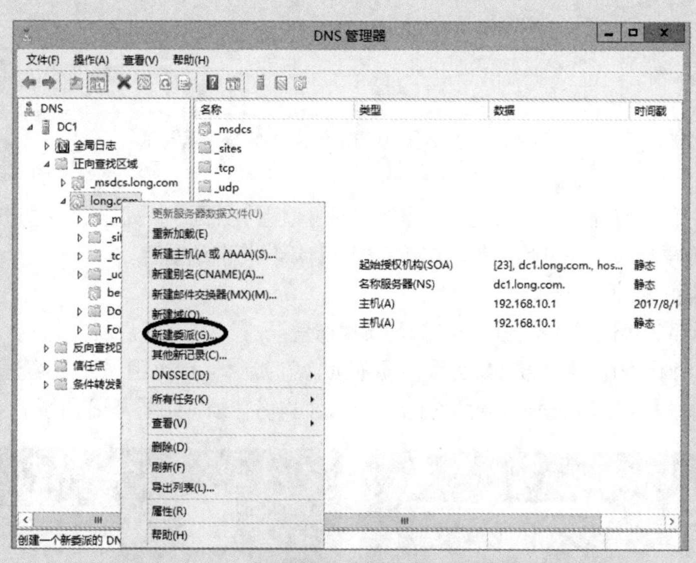

图2-5　新建委派

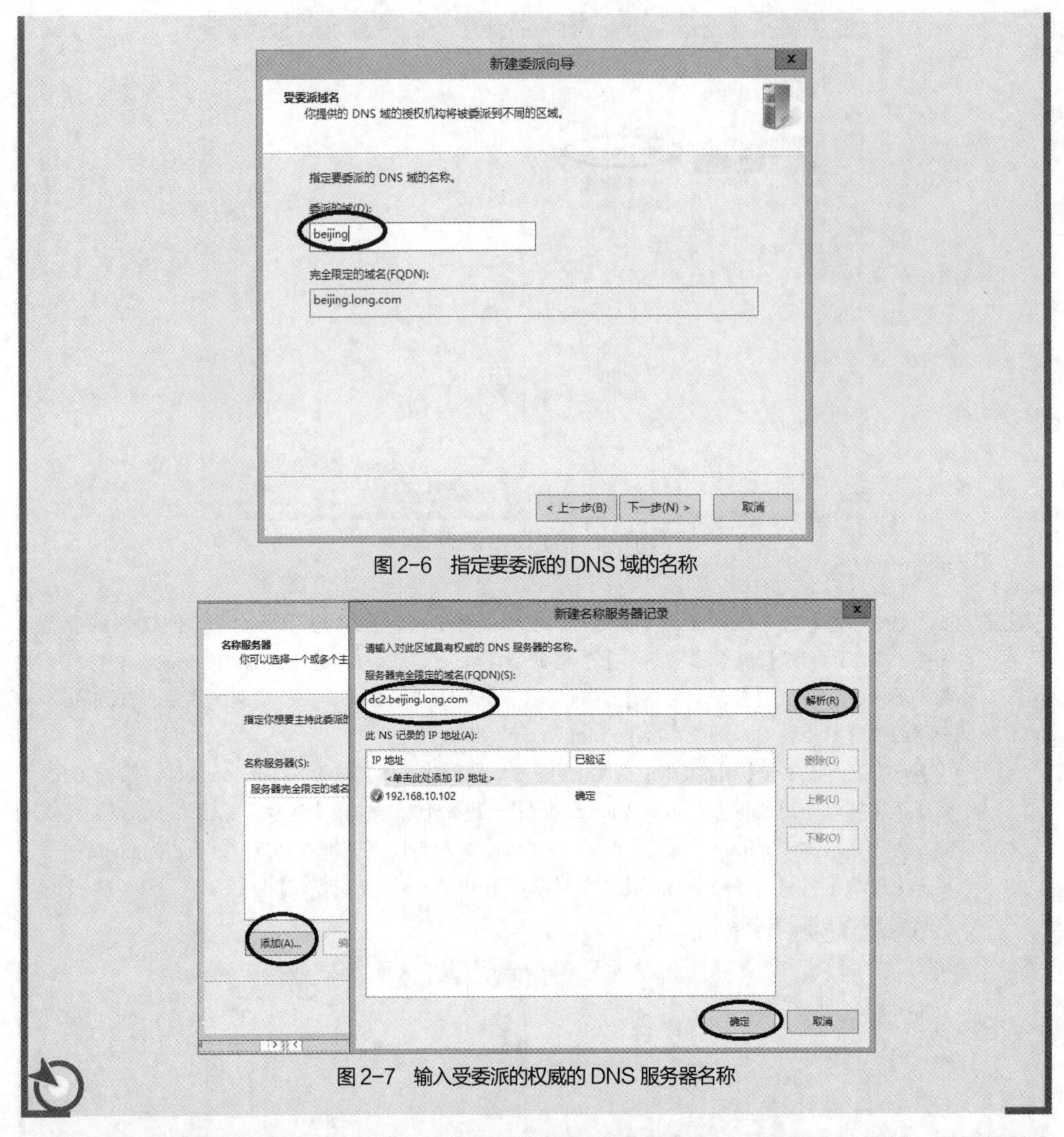

图2-6　指定要委派的DNS域的名称

图2-7　输入受委派的权威的DNS服务器名称

STEP 7　依次单击【下一步】按钮，在【先决条件检查】界面中，如果顺利通过检查，就直接单击【安装】按钮，否则要按提示先排除问题。安装完成后计算机将自动重启。

2. 创建子域后的验证

（1）利用子域系统管理员或林根域系统管理员身份登录。

dc2.beijing.long.com 计算机重启后，可在此域控制器上利用子域系统管理员 BEIJING\Administrator 或林根域系统管理员 long\administrator 身份登录，如图2-8所示。

图2-8　利用子域系统管理员或林根域系统管理员身份登录

（2）查看 DNS 管理器。

① 完成域控制器的安装后，因为它是此域中的第 1 台域控制器，所以原本这台计算机内的本地用户账户会被转移到此域的 AD DS 数据库内。由于这台域控制器同时也安装了 DNS 服务器，因此其中会自动建立图 2-9 所示的区域 beijing.long.com，用来提供此区域的查询服务。

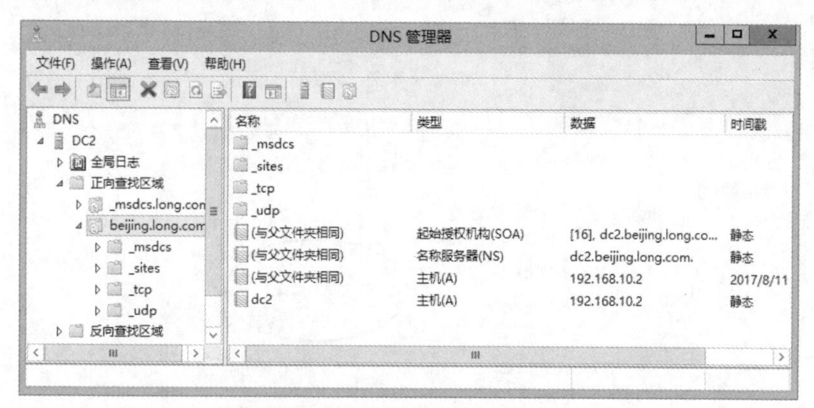

图 2-9　区域 beijing.long.com

② 此台 DNS 服务器（dc2.beijing.long.com）会将非 beijing.long.com 域（包含 long.com）的查询请求，通过转发器转给 long.com 的 DNS 服务器 dc1.long.com（192.168.10.1）来处理，可以在 dc2 的【DNS 管理器】窗口中单击【DC2】→单击上方的属性图标→通过【转发器】选项卡来查看此设置，如图 2-10 所示。

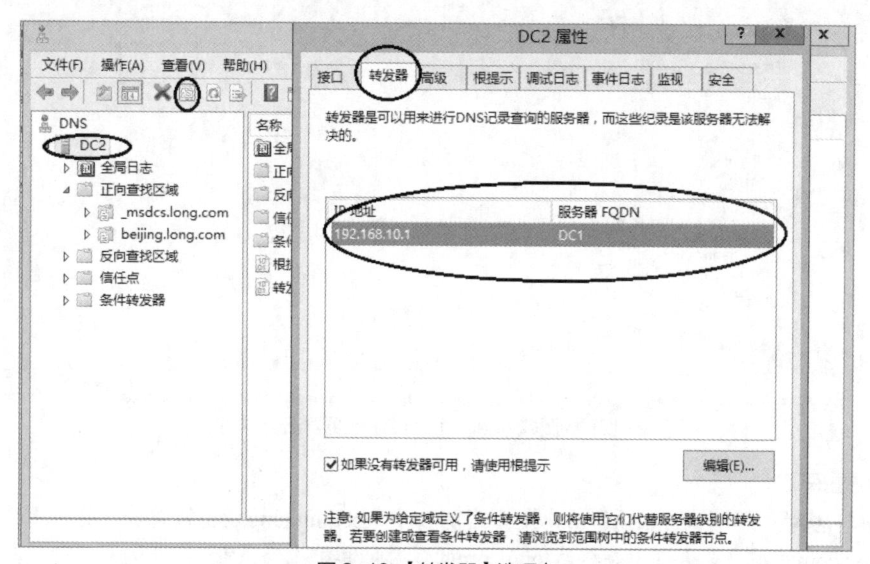

图 2-10 【转发器】选项卡

③ 此服务器的首选 DNS 服务器会被改为指向自己（127.0.0.1），如图 2-11 所示，其他 DNS 服务器指向 long.com 的 DNS 服务器 dc1.long.com（192.168.10.1）。

④ 在 long.com 的 DNS 服务器 dc1.long.com 内也会自动在区域 long.com 下建立图 2-12 所示的委派域（beijing）与名称服务器记录（NS），以便当它接收到查询 beijing.long.com 的请求时，可将其转发给服务器 dc2.beijing.long.com 来处理。

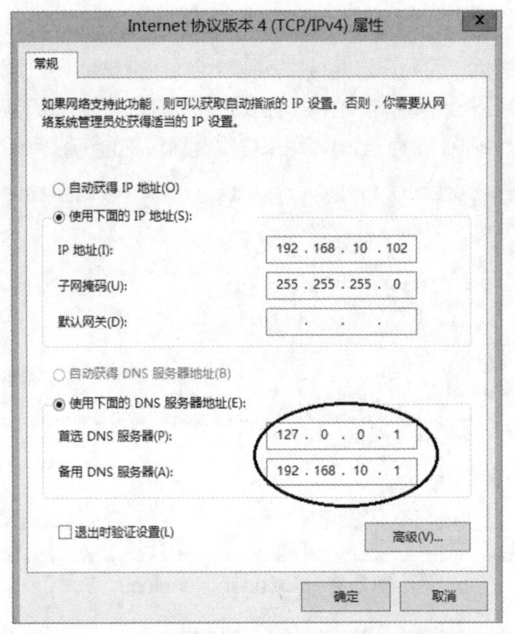

图2-11　DC2安装完成后DNS服务器设置的变化

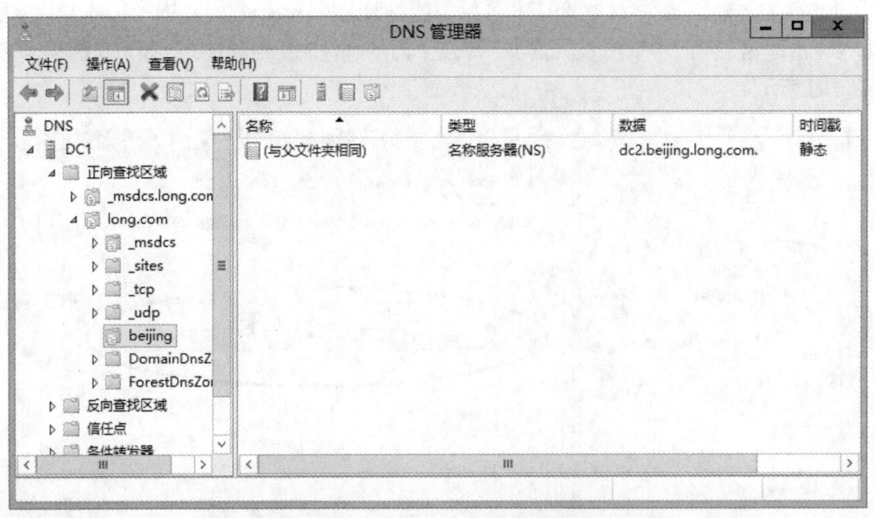

图2-12　委派域（beijing）与名称服务器记录（NS）

3. 问题探究

问题与思考：根域long.com的用户是否可以在子域beijing.long.com的成员计算机上登录？子域beijing.long.com的用户是否可以在根域long.com的成员计算机上登录？

参考答案：都可以。任何域的所有用户，默认都可在同一个林的其他域的成员计算机上登录，但域控制器除外，因为默认只有隶属于Enterprise Admins组（位于林根域long.com内）的用户才有权限在所有域内的域控制器上登录。每一个域的系统管理员（Domain Admins）虽然可以在所属域的域控制器上登录，但无法在其他域的域控制器上登录，除非被赋予允许本地登录的权限。

试一试：不妨在ms1.long.com成员计算机上利用子域的用户账户登录，看一下会有什么结果。（先在beijing.long.com上新建用户jane，然后在MS1上使用子域用户jane登录。）登录界面如图2-13所示。（看登录是否成功。只要子域安装成功，且委派正确，就一定会登录成功！）

图 2-13　在 MS1 上使用子域账户登录

任务 2-2　创建林中的第 2 个域树

在现有林中新建第 2 个（或更多个）域树需要先建立此域树中的第 1 个域，而建立第 1 个域的方法是通过建立第 1 台域控制器的方式来实现的。

假设要新建一个图 2-1 右侧所示的域 smile.com，由于这是该域树中的第 1 个域，所以它是这个新域树的根域。接下来要将 smile.com 域树加入林 long.com 中（long.com 是第 1 个域树的根域的域名，也是整个林的林名称）。

可以通过建立图 2-1 中域控制器 dc4.smile.com 的方式，来建立第 2 个域树。但在建立第 2 个域树前，更重要的工作是一定要熟悉 DNS 服务器相关内容，特别是 DNS 服务器架构。

1. 选择适当的 DNS 服务器架构

若要将 smile.com 域树加入林 long.com 中，就必须在建立域控制器 dc4.smile.com 时能够通过 DNS 服务器来找到林中的域命名操作主机（Domain Naming Operations Master），否则无法建立域 smile.com。域命名操作主机默认由林中第 1 台域控制器扮演（详见后面内容），以图 2-1 来说，就是 dc1.long.com。

另外，在 DNS 服务器内必须有一个名称为 smile.com 的主要查找区域，以便让域 smile.com 的域控制器能够将自己登记到此区域内。域 smile.com 与 long.com 可以使用同一台 DNS 服务器，也可以各自使用不同的 DNS 服务器。

（1）若使用同一台 DNS 服务器，则需在此台 DNS 服务器内另外建立一个名称为 smile.com 的主要区域，并启用动态更新功能。此时这台 DNS 服务器内同时拥有 long.com 与 smile.com 两个区域，这样，long.com 和 smile.com 的成员计算机都可以通过此台 DNS 服务器来找到对方。

（2）若各自使用不同的 DNS 服务器，并通过区域传送来复制记录，则需在域 smile.com 使用的 DNS 服务器（见图 2-14 右侧）内建立一个名称为 smile.com 的主要区域，并启用动态更新功能，还需要在此台 DNS 服务器内另外建立一个名称为 long.com 的辅助区域，此区域内的记录需要通过区域传送从域 long.com 的 DNS 服务器（见图 2-14 左侧）中复制过来，这样可以让域 smile.com 的成员计算机找到域 long.com 的成员计算机。

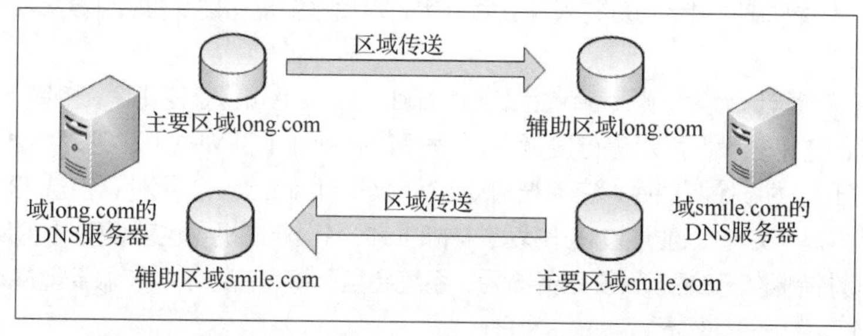

图 2-14　各自使用不同的 DNS 服务器，并通过区域传送来复制记录

同时也需要在域 long.com 的 DNS 服务器内另外建立一个名称为 smile.com 的辅助区域，此区域内的记录也需要通过区域传送从域 smile.com 的 DNS 服务器复制过来，这样可以让域 long.com 的成员计算机找到域 smile.com 的成员计算机。

（3）其他情况。前面搭建的 long.com 域环境是将 DNS 服务器直接安装到域控制器上，因此其内会自动建立一个 DNS 区域 long.com，如图 2-15 中左侧的 Active Directory 集成区域 long.com。接下来当要安装 smile.com 的第 1 台域控制器时，其默认也会在这台服务器上安装 DNS 服务器，并自动建立一个 DNS 区域 smile.com，如图 2-15 中右侧的 Active Directory 集成区域 smile.com，而且会自动配置转发器来将其他区域（包含 long.com）的查询请求转给图 2-15 中左侧的 DNS 服务器，因此 smile.com 的成员计算机可以通过右侧的 DNS 服务器来同时查询 long.com 与 smile.com 区域的成员计算机。

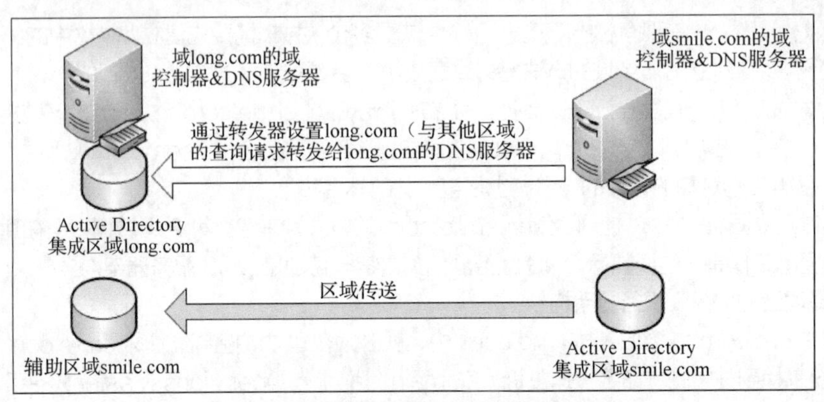

图 2-15　其他情况下的 DNS 服务器架构

不过还必须在图 2-15 左侧所示的 DNS 服务器内自行建立一个 smile.com 辅助区域，此区域内的记录需要通过区域传递从右侧的 DNS 服务器复制过来，这样可以让域 long.com 的成员计算机找到域 smile.com 的成员计算机。

注意　也可以在左侧的 DNS 服务器内，通过条件转发器只将 smile.com 的查询转发给右侧的 DNS 服务器，这样就不需要建立辅助区域 smile.com，也不需要区域传送。注意，由于右侧的 DNS 服务器已经使用转发器设置将 smile.com 之外的所有其他区域的查询转发给左侧的 DNS 服务器，因此左侧的 DNS 服务器要使用条件转发器，而不要使用普通的转发器，否则除了 long.com 与 smile.com 这两个区域之外，其他区域的查询将会在这两台 DNS 服务器之间循环。

2. 建立第 2 个域树

下面采用图 2-15 所示的 DNS 服务器架构来建立林中第 2 个域树 smile.com，采用将图 2-1 中的 dc4.smile.com 升级为域控制器的方式来建立此域树。这台服务器可以是独立服务器或隶属于其他域的现有成员服务器。

STEP 1　在服务器 dc4.smile.com 上安装 Windows Server 2012 R2，将其计算机名称设置为 DC5，IPv4 地址等按图 2-1 所示进行设置（图 2-14 中采用 TCP/IPv4）。注意将计算机名称设置为 DC5 即可，将其升级为域控制器后，它会被自动改为 dc4.smile.com。另外，首选 DNS 服务器的 IP 地址请指向 192.168.10.1，以便通过它来找到林中的域命名操作主机（也就是第 1 台域控制器 DCI），当 DC4 升级为域控制器与安装 DNS 服务器后，系统会自动将其首选 DNS 服务器的地址改为本机 IP 地址（127.0.0.1）。

STEP 2　在 DC4 上打开【服务器管理器】窗口，单击仪表板处的【添加角色和功能】按钮。

STEP 3　依次单击【下一步】按钮，在图 2-16 中勾选【Active Directory 域服务】复选框。

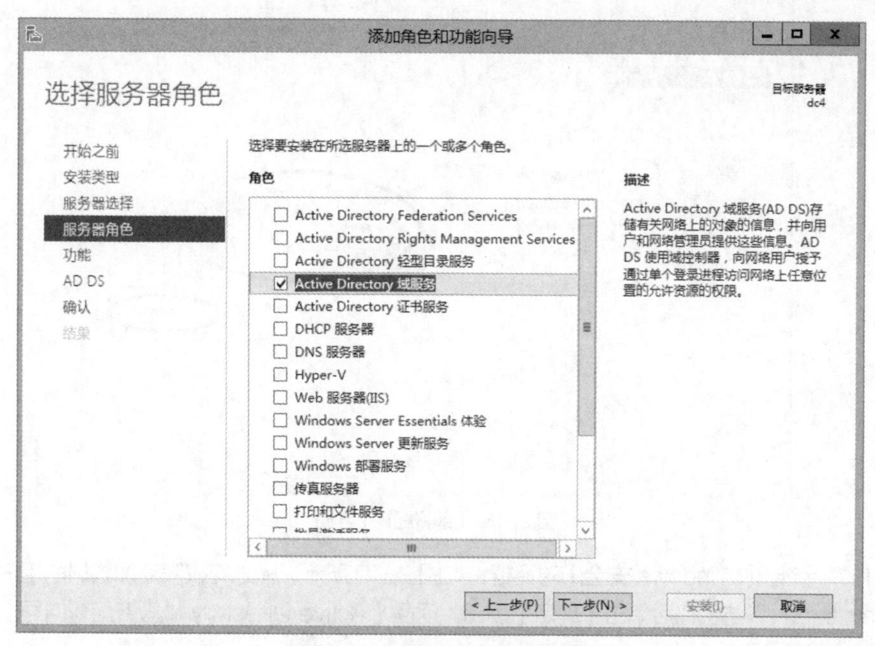

图 2-16 【选择服务器角色】界面

STEP 4　依次单击【下一步】按钮，直到【确认安装所选内容】界面时，单击【安装】按钮。

STEP 5　图 2-17 所示为完成安装后的界面，单击【将此服务器提升为域控制器】链接。

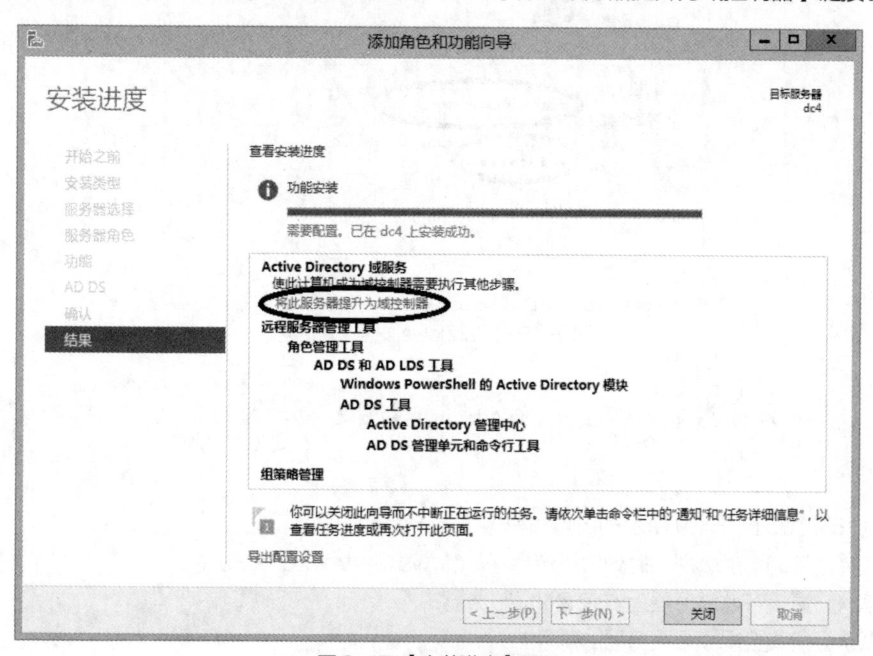

图 2-17 【安装进度】界面

STEP 6　弹出【Active Directory 域服务配置向导】窗口，如图 2-18 所示，选择【将新域添加到现有林】单选项，【选择域类型】设置为【树域】；输入要加入的林名称“long.com”，输入新域名“smile.com”后单击【更改】按钮。

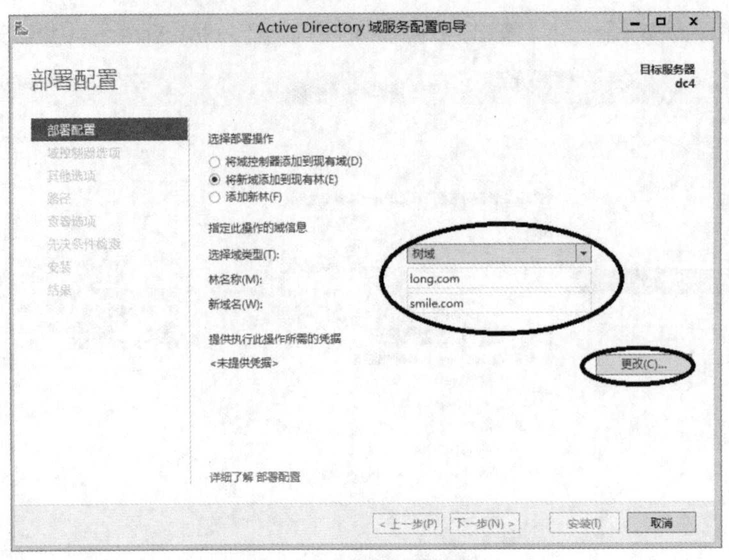

图 2-18 【部署配置】界面

STEP 7　弹出【Windows 安全】对话框，如图 2-19 所示，输入有权限添加域树的用户账户（如 long\administrator）与密码后单击【确定】按钮。返回【Active Directory 域服务配置向导】窗口后单击【下一步】按钮。

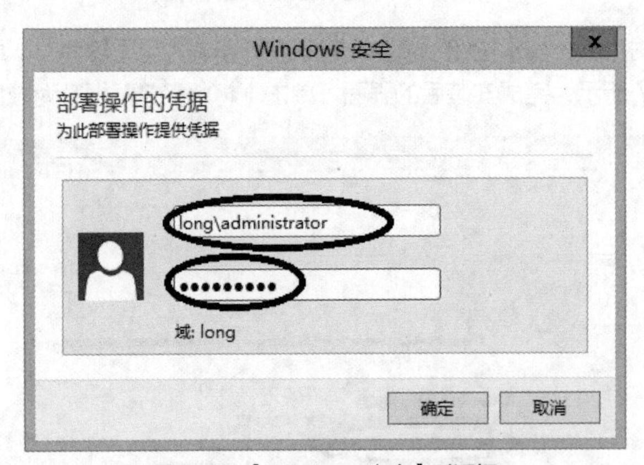

图 2-19 【Windows 安全】对话框

> **注意**　只有林根域 long.com 内的 Enterprise Admins 组的成员才有权建立域树。

STEP 8　完成图 2-20 所示的设置后单击【下一步】按钮。

① 选择新域的功能级别：此处假设选择 Windows Server 2012 R2。

② 默认会直接在此服务器上安装 DNS 服务器。

③ 默认会扮演全局编录服务器的角色。

④ 新域的第 1 台域控制器不可以是只读域控制器（RODC）。

⑤ 选择新域控制器所在的 AD DS 站点，目前只有一个默认的站点 Default-First-Site- Name 可供选择。

⑥ 设置目录服务还原模式的系统管理员密码（需符合复杂性要求）。

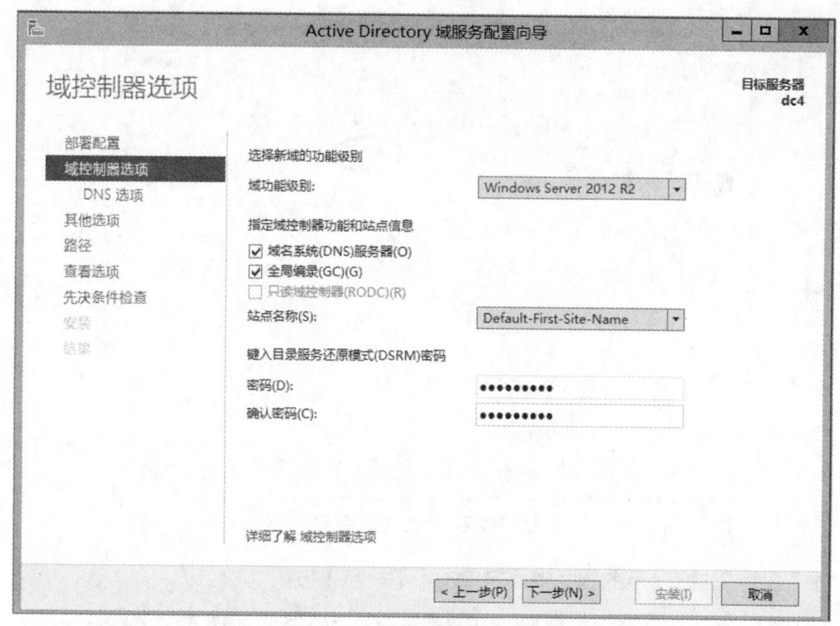

图 2-20 【域控制器选项】界面

STEP 9 出现图 2-21 所示的界面，表示安装向导找不到父域，因而无法设置父域来将查询 smile.com 的工作委派给此台 DNS 服务器。然而此 smile.com 为根域，它并不需要通过父域来委派，或者说它没有父域，故直接单击【下一步】按钮即可。

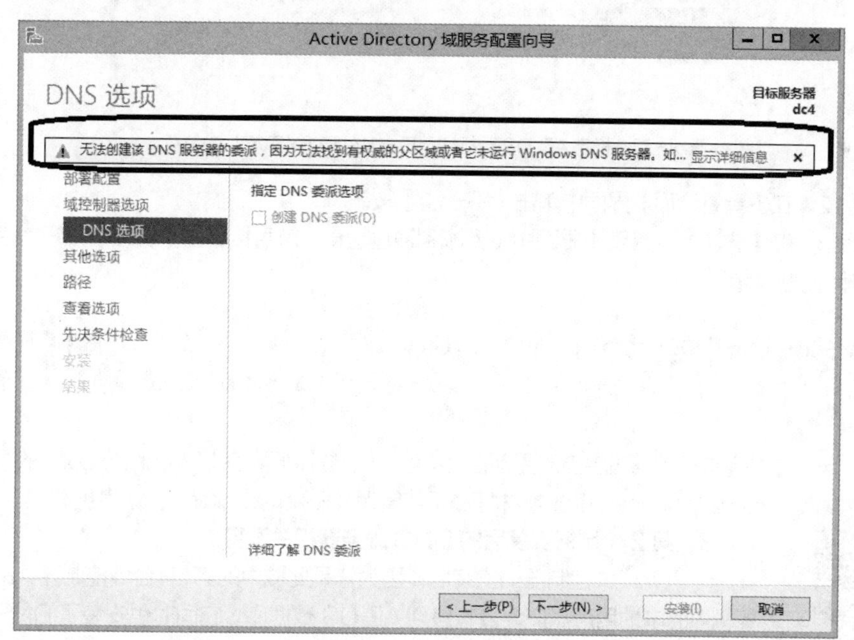

图 2-21 【DNS 选项】界面

STEP 10 在图 2-22 所示的界面中单击【下一步】按钮。图中的安装向导会为该域树设置一个 NetBIOS 格式的域名（不区分大小写），客户端也可以利用此 NetBIOS 名称来访问此域的资源。默认 NetBIOS 域名为 DNS 域名中第 1 个句点左边的文字，例如，DNS 名称为 smile.com，则 NetBIOS 名称为 smile。

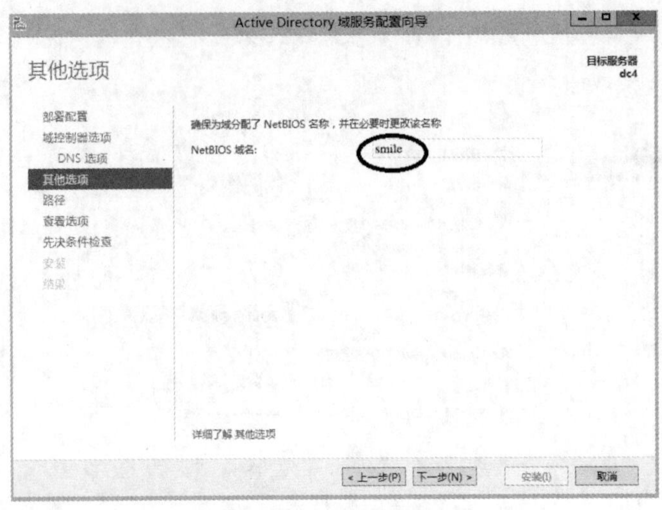

图 2-22　NetBIOS 名称

STEP 11　在图 2-23 所示的界面中直接单击【下一步】按钮。

图 2-23　指定 AD DS 数据库、日志文件和 SYSVOL 的位置

STEP 12　在【查看选项】界面中单击【下一步】按钮。

STEP 13　在【先决条件检查】界面中，若顺利通过检查，就直接单击【安装】按钮，否则请根据界面提示排除问题。

注意　除了 long.com 的 DC1 之外，beijing.long.com 的 DC2 也必须在线，否则无法将跨域的信息（如架构目录分区、配置目录分区）复制给所有域，因而无法建立 smile.com 域与树状目录。

STEP 14　安装完成后计算机会自动重新启动。可在此域控制器上利用域 smile.com 的系统管理员 smile\administrator 或林根域系统管理员 long\administrator 身份登录。

第 2 个域树安装后的 DNS 服务器相关设置

3. 第 2 个域树安装后的 DNS 服务器相关设置

（1）完成域控制器的安装后，因为它是此域中的第 1 台域控制器，故原本此计算机内的本地用户账户会被转移到 AD DS 数据库。它同时也安装了 DNS 服务器，其内会自动建立图 2-24 所示的区域 smile.com，用来提供此区域的查询服务。

（2）此 DNS 服务器会将非 smile.com 的所有其他区域（包含 long.com）的查询请求通过转发器转发给 long.com 的 DNS 服务器（IP 地址为 192.168.10.1），可以在【DNS 管理器】窗口中选择服务器【DC4】→单击上方的属性图标→在弹出的对话框中选择【转发器】选项卡来查看此设置，如图 2-25 所示。

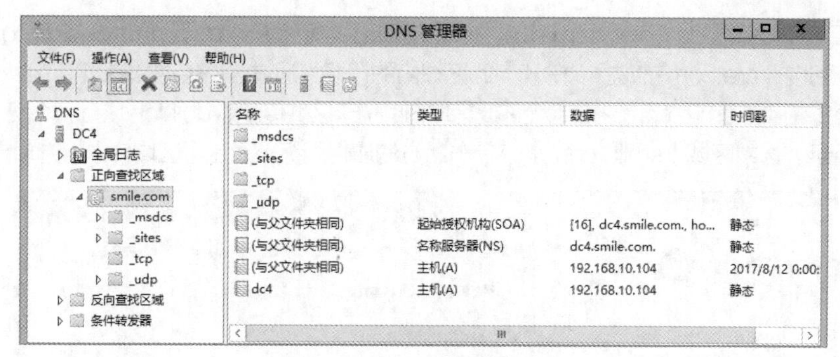

图 2-24 【DNS 管理器】窗口

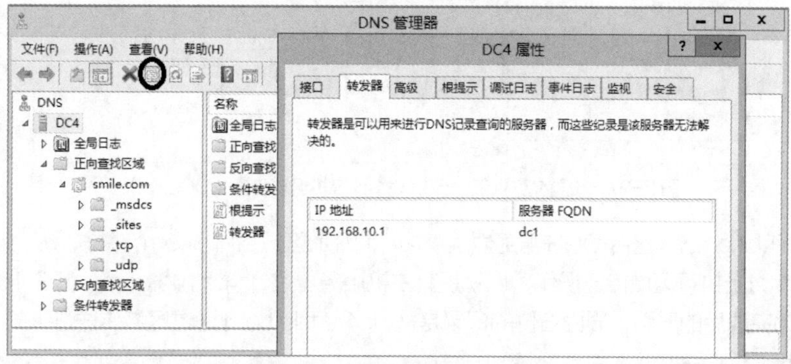

图 2-25 DNS 管理器—转发器

注意　如果未配置相应的反向查找区域条目，则服务器 FQDN 将不可用。如何配置反向查找区域请参考编者的另一本书：《Windows Server 2012 网络操作系统项目教程（第 4 版）》（人民邮电出版社，ISBN：978-7-115-42210-1）。

（3）这台服务器的首选 DNS 服务器的 IP 地址会被自动改为指向本机 IP 地址（127.0.0.1），如图 2-26 所示，而备用 DNS 服务器的 IP 地址变成了原本位于首选 DNS 服务器的 IP 地址（192.168.10.1）。

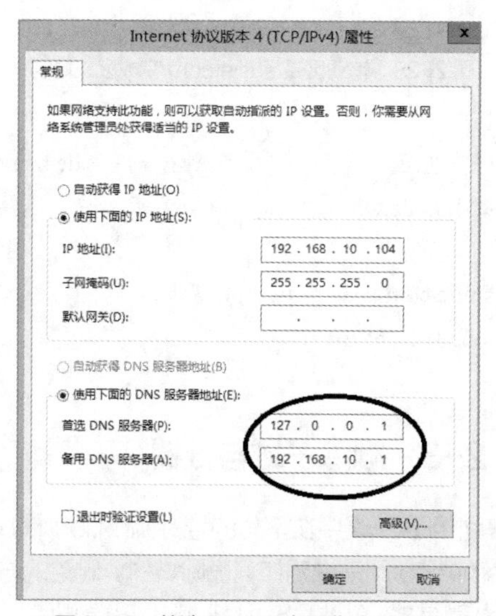

图 2-26 首选 DNS 服务器指向了自己

（4）在 DNS 服务器 dc1.long.com 内建立一个辅助区域 smile.com，以便让域 long.com 的成员计算机可以查询到域 smile.com 的成员计算机。此区域内的记录将通过区域传送从 dc4.smile.com 复制过来，不过需要先在 dc4.smile.com 内设置允许此区域内的记录区域传送给 dc1.long.com(192.168.10.1)，如图 2-27 所示。选中区域【smile.com】→单击上方的属性图标→通过【区域传送】选项卡来设置。

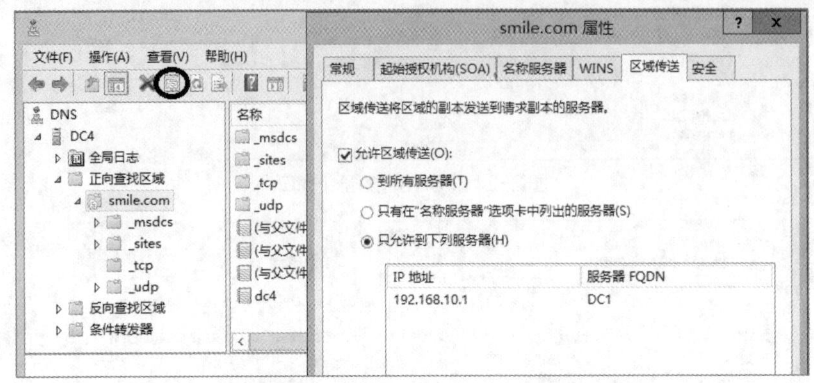

图 2-27　设置允许 192.168.10.1 计算机区域传送（DC4 上）

（5）在 dc1.long.com 这台 DNS 服务器上添加正向辅助区域 smile.com，并选择从 dc4.smile.com（192.168.10.104）执行区域传送操作，也就是其主机服务器是 dc4.smile.com（192.168.10.104），图 2-28 所示为完成后的界面，界面右侧的记录是从 dc4.smile.com 通过区域传送过来的。

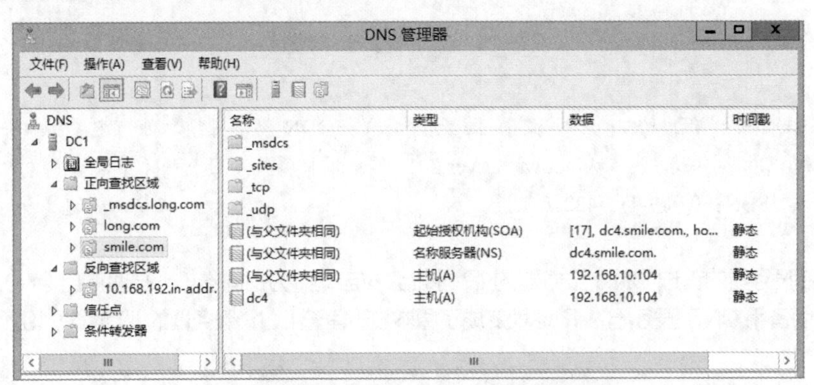

图 2-28　辅助区域 smile.com 完成区域复制

注意　① 若区域 smile.com 前出现红色 × 符号，则先确认 dc4.smile.com 已允许区域传送给 dc1.long.com，然后选择【smile.com】区域并单击鼠标右键→选择【从主服务器传输】或【从主服务器传送区域】命令。

② 若要建立图 2-1 中 smile.com 的子域 tw.smile.com，则可将 dc5.tw.smile.com 的首选 DNS 服务器指定为 dc4.smile.com(192.168.10.104)。

任务 2-3　删除子域与域树

接下来利用图 2-1 中左下角的域 beijing.long.com 来说明如何删除子域，利用右侧的域 smile.com 来说明如何删除域树。删除的方式是将域中的最后一台域控制器降级，也就是将 AD DS 从该域控制器删除。至于如何删除额外域控制器

dc1.long.com 与林根域 long.com，此处不再赘述。

必须是 Enterprise Admins 组内的用户才有权删除子域或域树。由于删除子域与域树的步骤类似，因此下面以删除子域 beijing.long.com 为例来说明，并假设 dc2.beijing.long.com 是这个域中的最后一台域控制器，步骤如下。

STEP 1 在域控制器 dc2.beijing.long.com 上利用 long\Administrator 身份（Enterprise Admins 组的成员）登录→打开【服务器管理器】窗口→选择【管理】菜单中的【删除角色和功能】选项，如图 2-29 所示。

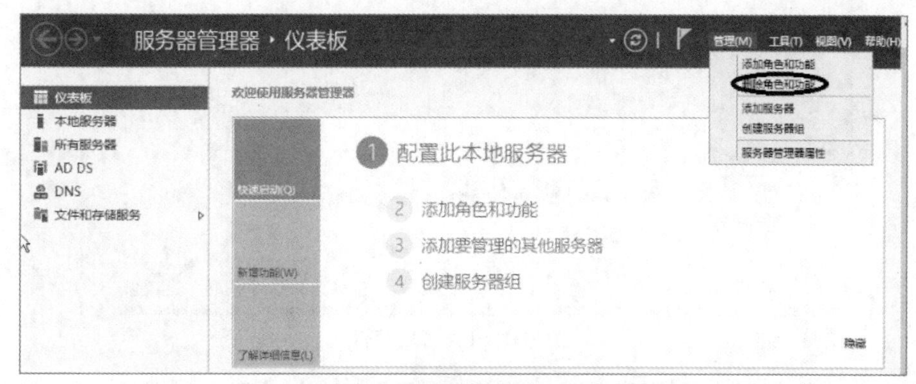

图 2-29 【删除角色和功能】选项

STEP 2 依次单击【下一步】按钮，直到出现图 2-30 所示的界面，取消勾选【Active Directory 域服务】复选框，在弹出的对话框中单击【删除功能】按钮，然后在弹出的对话框中单击【将此域控制器降级】链接。

图 2-30 【删除服务器角色】界面

STEP 3 当前登录的用户为 LONG\administrator，其有权删除此域控制器，故在图 2-31 所示界面中直接单击【下一步】按钮（否则需单击【更改】按钮来输入新的账户与密码）。同时因它是此域的最后一台域控制器，故需勾选【域中的最后一个域控制器】复选框。

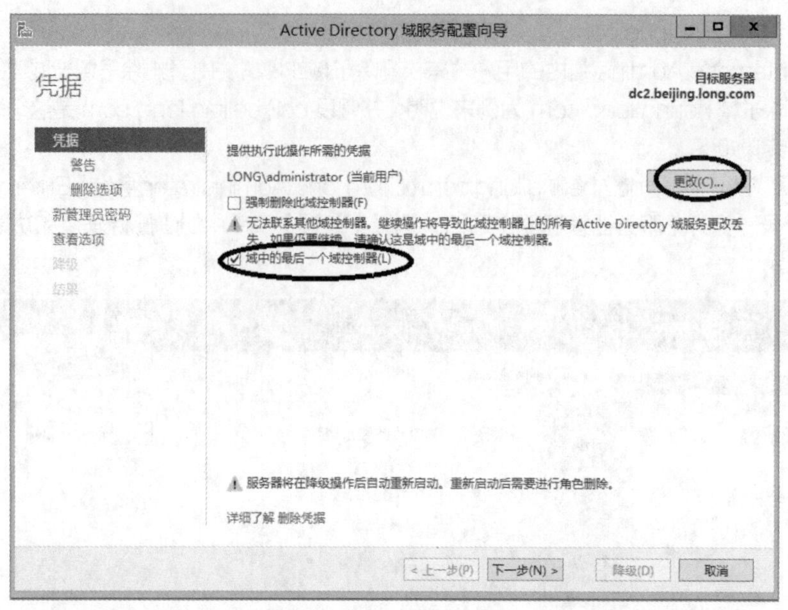

图 2-31 【凭据】界面

STEP 4 在图 2-32 所示界面中勾选【继续删除】复选框后单击【下一步】按钮。

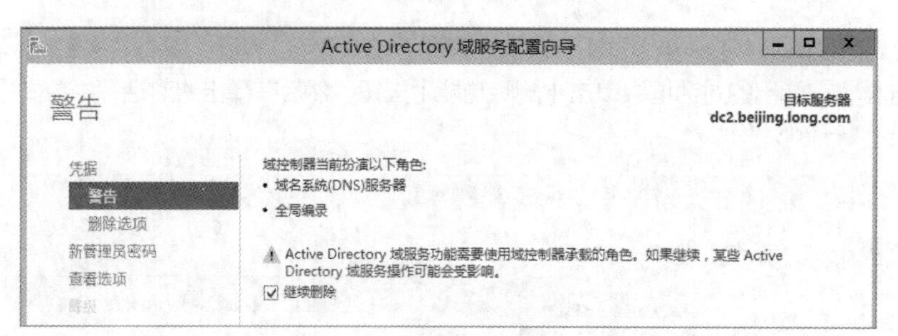

图 2-32 警告信息

STEP 5 出现图 2-33 所示的界面时，可选择是否要删除 DNS 区域与应用程序分区。由于此处选择了将 DNS 区域删除，因此也请将父域（long.com）内的 DNS 委派域（beijing，见图 2-12）一同删除，也就是勾选【删除 DNS 委派】复选框。单击【下一步】按钮。

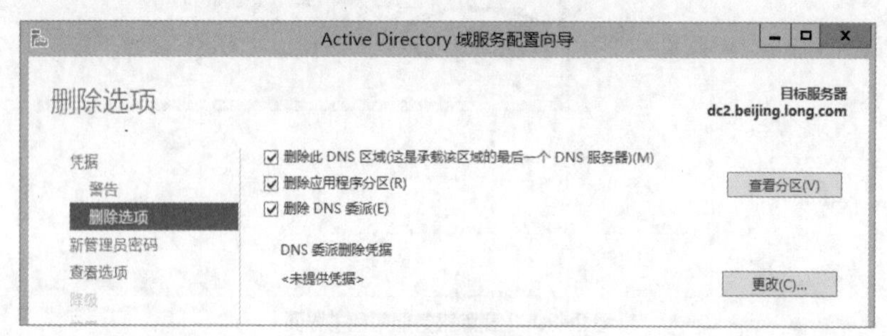

图 2-33 【删除选项】界面

提示 若当前用户没有权限删除父域的 DNS 委派域，则可单击【更改】按钮，输入 Enterprise Admins 内的用户账户（如 long\Administrator）与密码。

STEP 6　在图 2-34 所示界面中，为这台即将被降级为独立服务器的计算机设置本地 Administrator 的新密码（需符合密码复杂性要求），然后单击【下一步】按钮。

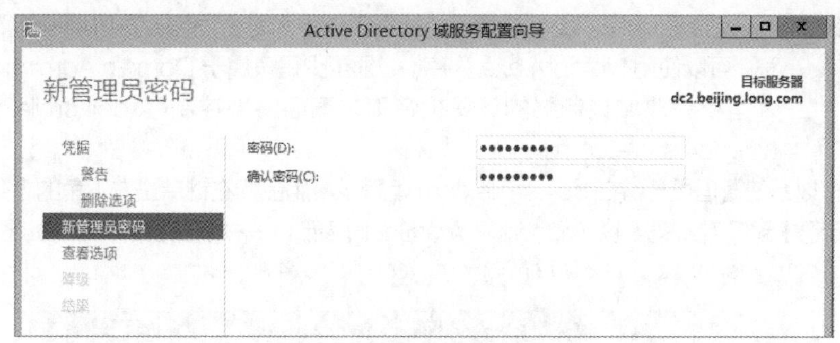

图 2-34 【新管理员密码】界面

STEP 7　在【查看选项】界面中单击【降级】按钮。

STEP 8　完成后计算机会自动重新启动，请重新登录。

> **注意**　虽然此服务器已经不再是域控制器，但是其 AD DS 组件仍然存在，并没有被删除，因此若之后要再将其升级为域控制器，则单击【服务器管理器】窗口上方的旗帜图标，单击【将此服务器提升为域控制器】链接。下面执行移除 AD DS 组件的步骤。

STEP 9　在【服务器管理器】窗口中选择【管理】菜单中的【删除角色和功能】选项。

STEP 10　依次单击【下一步】按钮直到出现图 2-35 所示的界面，取消勾选【Active Directory 域服务】复选框，在弹出的对话框中单击【删除功能】按钮。

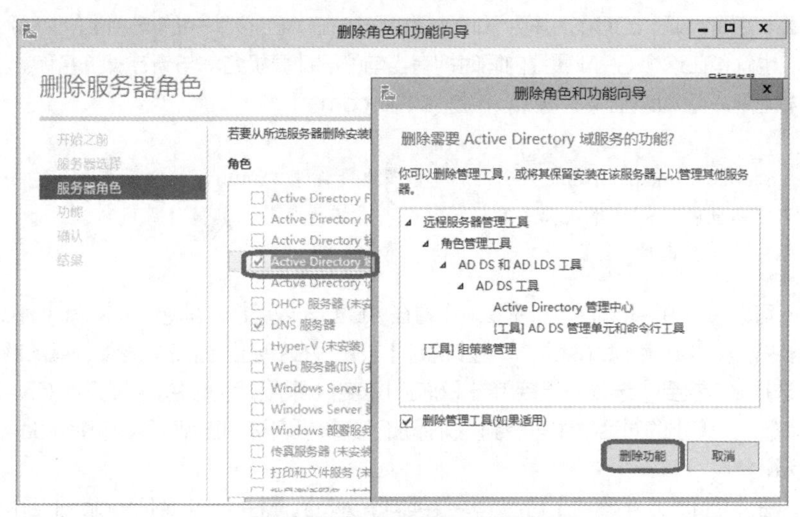

图 2-35 【删除服务器角色】界面

STEP 11　回到【删除服务器角色】界面时，确认【Active Directory 域服务】复选框已经被取消勾选（也可以同时取消勾选【DNS 服务器】复选框）后，单击【下一步】按钮。

STEP 12　出现【删除功能】界面时，单击【下一步】按钮。

STEP 13　在【确认删除所选内容】界面中单击【删除】按钮。

STEP 14　完成后，重新启动计算机。

任务 2-4 更改域控制器的计算机名称

若公司组织变更，或为了让管理工作更为方便而需要更改域控制器的计算机名称，可以使用 Netdom.exe 程序。必须至少是隶属于 Domain Admins 组内的用户，才有权更改域控制器的计算机名称。下面将域控制器 dc4.smile.com 改名为 newdc4.smile.com。

STEP 1 以系统管理员身份在 dc4.smile.com 上登录→用鼠标右键单击左下角的【开始】菜单→打开【命令提示符】窗口（或打开【Windows PowerShell】窗口）→执行下面的命令，如图 2-36 所示。

```
netdom   computername   dc4.smile.com  /add:newdc4.smile.com
```

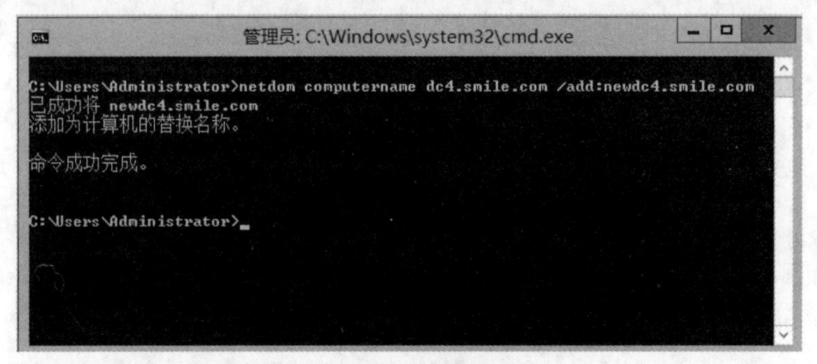

图 2-36 更改域控制器名称

其中 dc4.smile.com（主要计算机名称）为旧计算机名称，newdc4.smile.com 为新计算机名称，它们都必须是 FQDN。上述命令会替这台计算机另外添加 DNS 计算机名称 newdc4.smile.com 与 NetBIOS 计算机名称 NEWDC4，并更新此计算机账户在 AD DS 中的 SPN（Service Principal Name）属性，也就是在这个 SPN 属性内同时拥有当前的旧计算机名称与新计算机名称。注意新计算机名称与旧计算机名称的后缀须相同，例如，都是 smile.com。

> **提示** SPN（Service Principal Name）是一个包含多重设置值（multivalue）的名称，它是根据 DNS 主机名来建立的。SPN 用来代表某台计算机所支持的服务，其他计算机可以通过 SPN 来与这台计算机的服务通信。

STEP 2 可以执行 adsiedit.msc 命令来查看在 AD DS 内添加的信息：按<田+R>组合键→在【运行】对话框中输入“adsiedit.msc”，单击【确定】按钮→在弹出的窗口中选择【ADSI 编辑器】并单击鼠标右键→选择【连接到】选项→直接单击【确定】按钮（采用默认命名），展开到 CN=DC4 并选择它，单击属性图标→从弹出的对话框中可看到另外添加了计算机名称 NEWDC4 与 newdc4.smile.com，如图 2-37 所示。

STEP 3 在【CN=DC4 属性】对话框中继续向下浏览到属性 servicePrincipalName，双击后可从弹出的对话框中看到添加在 SPN 属性内与新计算机名称有关的属性值，如图 2-38 所示。

STEP 4 请等待足够长的时间，以便让 SPN 属性复制到此域内的所有域控制器，并且管辖此域的所有 DNS 服务器都接收到新记录后，再继续删除旧计算机名称的步骤，否则会出现有些客户端通过 DNS 服务器查询到的计算机名称是旧的，或者其他域控制器仍然通过旧计算机名称来与这台域控制器通信的情况。若先执行下面删除旧计算机名称的步骤，则计算机利用旧计算机名称与这台域控制器通信时会失败，因为旧计算机名称已经被删除，所以会找不到这台域控制器。

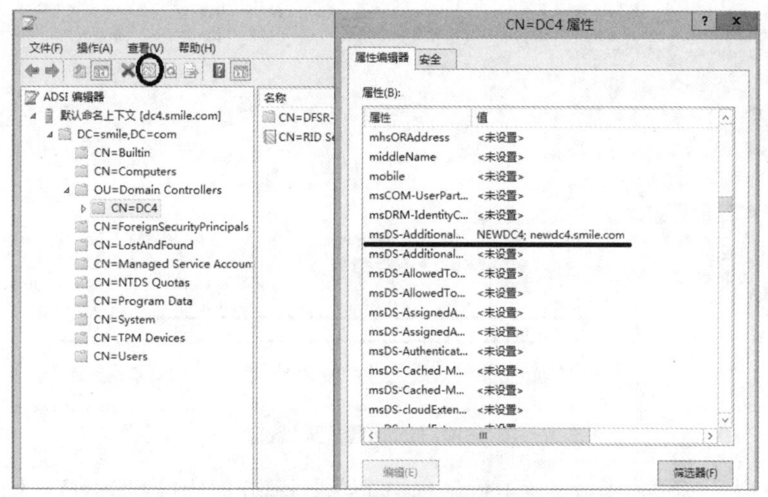

图 2-37　查看修改名称信息

图 2-38　查看 SPN 属性内与新计算机名称有关的属性值

STEP 5　执行下面的命令（见图 2-39）。

```
netdom computername dc4.smile.com /makeprimary: newdc4.smile.com
```

此命令会将新计算机名称 newdc4.smile.com 设置为主要计算机名称。

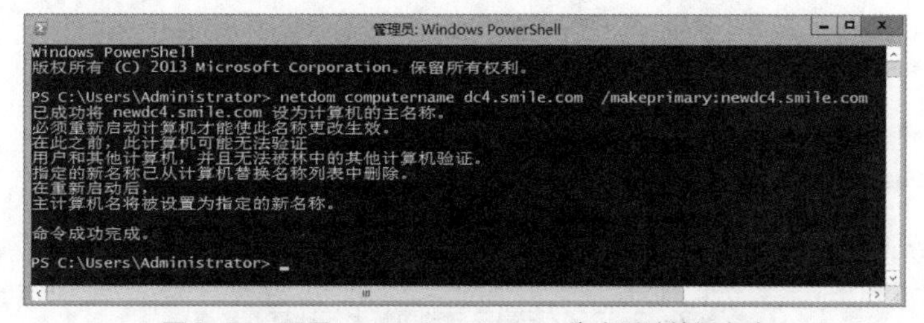

图 2-39　设置 newdc4.smile.com 为主要计算机名称

STEP 6　重新启动计算机，打开【DNS 管理器】窗口，可以看到在 DNS 服务器内有了新计算机名称的记录，同时旧计算机的静态记录也一直存在，如图 2-40 所示。

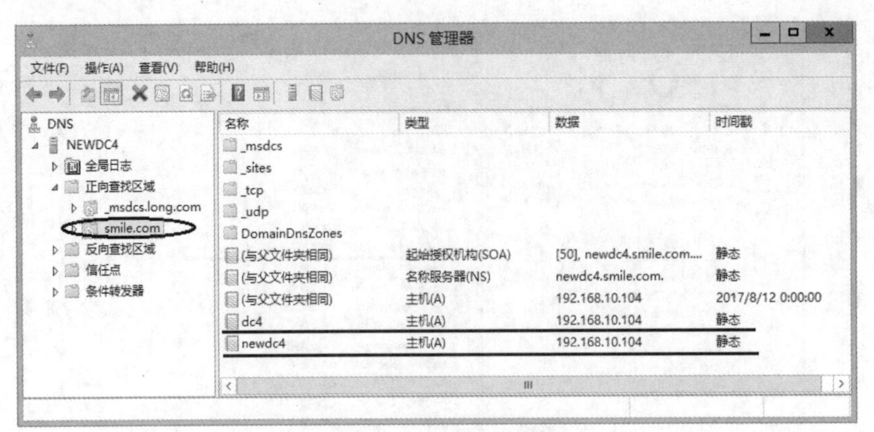

图 2-40 【DNS 管理器】窗口

STEP 7　以系统管理员身份在 dc4.smile.com 上登录→单击【开始】菜单→打开【命令提示符】窗口（或打开【Windows PowerShell】窗口）→执行下面的命令，如图 2-41 所示。

```
netdom  computername  newdc4.smile.com  /remove: dc4.smile.com
```

此命令会将旧计算机名称删除，在删除此计算机名称之前，客户端计算机可以同时通过新、旧计算机名称来找到这台域控制器。

图 2-41　删除旧计算机名称

STEP 8　打开【DNS 管理器】窗口，查看相关 SRV 记录，发现已经更新为 newdc4.smile.com，但旧计算机的静态的主机记录将一直存在，除非手动删除，如图 2-42 所示。

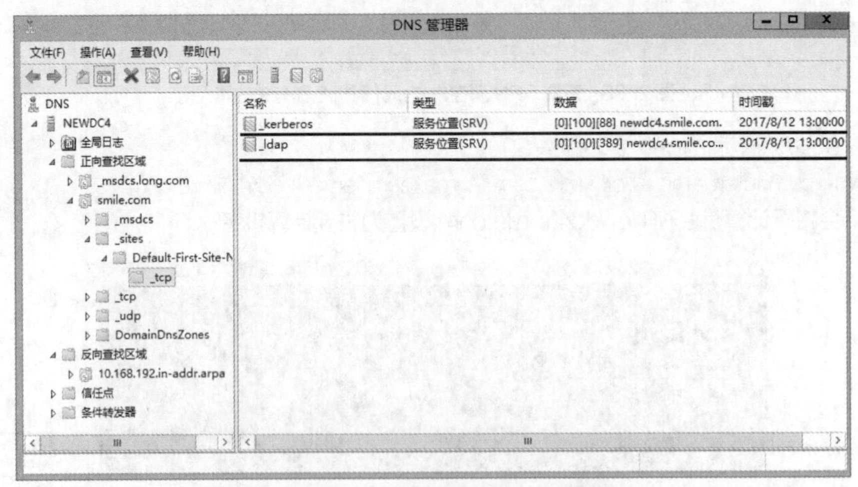

图 2-42　SRV 记录已自动更新为新计算机名称

提示 虽然也可以直接打开【服务器管理器】窗口→单击【本地服务器】选项→单击计算机名称【dc4】→单击【更改】按钮修改计算机名称，但是这种方法会将当前的旧计算机名称直接删除，换成新计算机名称，也就是新旧计算机名称不会并存。这个计算机账户的新 SPN 属性与新 DNS 记录会延迟一段时间后才复制到其他域控制器与 DNS 服务器，因而在这段时间内，有些客户端在通过这些 DNS 服务器或域控制器来查找这台域控制器时，仍然会使用旧计算机名称，如果旧计算机名称已经被删除，则会找不到这台域控制器。因此建议还是采用 netdom 命令来修改域控制器的计算机名称。

2.4 【拓展阅读】我国计算机事业的主要奠基者

在我国计算机发展的历史“长河”中，有一位做出突出贡献的科学家，他也是我国计算机事业的主要奠基者，你知道他是谁吗?

他就是华罗庚教授——我国计算机事业的主要奠基者和开拓者。华罗庚教授在数学上的造诣和成就深受全世界科学家的赞赏。在美国任访问研究员时，华罗庚教授的心里就已经开始勾画我国电子计算机事业的蓝图了!

华罗庚教授于 1950 年回国，1952 年在全国高等学校院系调整时，他从清华大学电机系物色了闵乃大、夏培肃和王传英 3 位科研人员，在他任所长的中国科学院应用数学研究所内建立了中国第一个电子计算机科研小组。1956 年筹建中国科学院计算技术研究所时，华罗庚教授担任筹备委员会主任。

2.5 习题

一、选择题

1. 公司有一个总部和一个分部。若需要将运行 Windows Server 2012 的只读域控制器（RODC）部署在分部，并确保分部的用户能够使用 RODC 登录到域，你该怎么做?（　　）

   A. 在分部再部署一个 RODC

   B. 在总部部署一台桥头服务器

   C. 在 RODC 上配置密码复制策略

   D. 使用【Active Directory 站点和服务】窗口减少所有连接对象的复制时间间隔

2. 公司有一个总部和一个分部，有一个单域的 Active Directory 林。总部有两个运行 Windows Server 2012 的域控制器，分别名为 DC1 和 DC2。分部有一台 Windows Server 2012 只读域控制器（RODC），名为 DC3。所有域控制器都承担着 DNS 服务器角色，并都配置为 Active Directory 集成区域。DNS 区域只允许安全更新。你需要在 DC3 上启用动态 DNS 更新，你该怎么做?（　　）

   A. 在 DC3 上运行 ntdsutil.exe→DS Behavior 命令

   B. 在 DC3 上运行 dnscmd.exe→ZoneResetType 命令

   C. 在 DC3 上将 AD DS 重新安装为可写域控制器

   D. 在 DC1 上安装自定义应用程序目录分区，配置该分区以存储 Active Directory 集成区域

3. 你有一个 Active Directory 域。所有域控制器都运行 Windows Server 2012，并且配置为 DNS 服务器。该域包含一个 Active Directory 集成的 DNS 区域。你需要确保系统从 DNS 区域中自动删除过期的 DNS 记录，你该怎么做?（　　）

   A. 从区域的属性中启用清理

B. 从区域的属性中禁用动态更新

C. 从区域的属性中修改 SOA 记录的 TTL

D. 在【命令提示符】窗口中运行 ipconfig/flushdns

4. 有一台运行 Windows Server 2012 的域控制器，名为 DC1。DC1 被配置为 contoso**.com 的 DNS 服务器。在名为 Server1 的成员服务器上安装了 DNS 服务器角色，然后创建了 contoso**.com 的标准辅助区域。将 DC1 配置为该区域的主服务器。需要确保 Server1 收到来自 DC1 的区域复制，该怎么做？（　　）

A. 在 Server1 上添加条件转发器

B. 在 DC1 上修改 contoso**.com 区域的权限

C. 在 DC1 上修改 contoso**.com 区域的区域传送设置

D. 将 Server1 计算机账户添加到 DNSUpdateProxy 组

5. 网络由一个 Active Directory 林组成，该林包含一个名为 contoso**.com 的域。所有域控制器都运行 Windows Server 2012，并且配置为 DNS 服务器。有两个 Active Directory 集成区域：contoso**.com 和 nwtraders**.com。需要确保用户能够修改 contoso**.com 区域中的记录，以及防止用户修改 nwtraders**.com 区域中的 SOA 记录，该怎么做？（　　）

A. 在【DNS 管理器】窗口中修改 contoso**.com 区域的权限

B. 在【DNS 管理器】窗口中修改 nwtraders**.com 区域的权限

C. 在【Active Directory 用户和计算机】窗口中运行“控制委派向导”

D. 在【Active Directory 用户和计算机】窗口中修改 Domain Controllers 组织单位（OU）的权限

6. 网络包含一个 Active Directory 林。所有域控制器都运行 Windows Server 2012，并且都配置为 DNS 服务器。有一个 contoso**.com 的 Active Directory 集成区域和一台基于 UNIX 的 DNS 服务器。需要配置 Windows Server 2012 环境，以允许 contoso**.com 区域传送到基于 UNIX 的 DNS 服务器，应在【DNS 管理器】窗口中执行什么操作？（　　）

A. 禁用递归

B. 创建存根区域

C. 创建辅助区域

D. 启用 BIND 辅助区域

二、简答题

1. 你正在分支机构中部署域控制器。该分支机构没有高度安全的服务器机房，因此你对服务器的安全性有所担忧。为了加强域控制器部署的安全性，可以利用哪两种 Windows Server 2012 功能？

2. 你正在分支机构中部署 RODC。需要确保即使分支机构的 WAN 连接不可用，分支机构中的所有用户仍可完成身份验证。但只有在分支机构中正常登录的用户才能如此，你应该如何配置密码复制策略？

3. 你需要使用从介质安装选项来安装域控制器，需要执行哪些步骤来完成此过程？

4. 客户端计算机如何确定自己位于哪个站点？

5. 列出 Active Directory 集成区域的至少 3 项益处。

6. Active Directory 集成区域动态更新的默认状态是什么？标准主要区域动态更新的默认状态是什么？哪些组有权执行安全动态更新？

2.6 项目实训　建立域树和林

一、项目背景

基于未名公司的情况，构建图 2-1 所示的林结构。此林内包含左、右两个域树。

- 左边的域树：它是这个林内的第 1 个域树，其根域的域名为 long.com，根域下有两个子域，分别是 beijing.long.com 与 jinan.long.com，林名称以第 1 个域树的根域名称来命名，所以这个林的名称就是 long.com。
- 右边的域树：它是这个林内的第 2 个域树，其根域的域名为 smile.com，根域下只有一个子域 tw.smile.com。

二、项目要求

建立域之前的准备工作与建立图 2-1 中第 1 个域 long.com 的方法都已经在项目 1 中介绍过了。本项目要求建立子域（例如，图 2-1 中的 beijing.long.com）和第 2 个域树（例如，图 2-1 中的 smile.com）。

项目实录
建立域树和林

三、做一做

本项目实录融入行业新技术、新规范和新标准，以 Windows Server 2016 网络操作系统为例，同时兼容 Windows Server 2012/2019 网络操作系统。

根据项目实录慕课进行项目的实训，检查学习效果。

项目3 管理域用户账户和组

学习背景

安装完操作系统并完成操作系统的环境配置后，管理员应规划一个安全的网络环境，为用户提供有效的资源访问服务。Windows Server 2012 R2 通过建立账户（包括用户账户和组账户）并赋予账户合适的权限，保证使用网络和计算机资源的合法性，确保数据访问、存储和交换服从安全需要。

如果是单纯工作组模式的网络，则需要使用“计算机管理”工具来管理本地用户和组；如果是域模式的网络，则需要通过“Active Directory 管理中心”和“Active Directory 用户和计算机”工具来管理整个域环境中的用户和组。

学习目标和素养目标

- 理解管理域用户账户。
- 掌握一次同时添加多个用户账户的方法。
- 掌握管理域组账户的方法。
- 掌握组的使用原则。
- 了解中国国家顶级域名“CN”，了解中国互联网发展中的大事和大师，激发学生的自豪感。
- “古之立大事者，不惟有超世之才，亦必有坚忍不拔之志”，鞭策学生努力学习。

3.1 相关知识

域系统管理员需要为每一个域用户分别建立一个用户账户，让他们可以利用这个账户来登录域、访问网络上的资源。域系统管理员同时也需要了解如何有效利用组，以便高效地管理资源的访问。

域系统管理员可以利用“Active Directory 管理中心”或“Active Directory 用户和计算机”工具来建立与管理域用户账户。当用户利用域用户账户登录域后，便可以直接连接域内的所有成员计算机，访问有权访问的资源。换句话说，域用户在一台域成员计算机上成功登录后，当他要连接域内的其他成员计算机时，并不需要再登录到被访问的计算机，这个功能被称为单点登录。

提示 本地用户账户并不具备单点登录的功能，也就是说，利用本地用户账户登录后，当要再连接其他计算机时，需要再次登录到被访问的计算机。

在服务器还没有升级为域控制器之前，原本位于其本地安全数据库内的本地账户，会在服务器升级

为域控制器后被转移到 AD DS 数据库内，并且被放置到 Users 容器内，这可以通过【Active Directory 管理中心】窗口来查看，如图 3-1 所示（可先单击上方的树视图图标）。同时这台服务器的计算机账户会被放置到图中的组织单位【Domain Controllers】内。其他加入域的计算机账户默认会被放置到图中的容器【Computers】内。

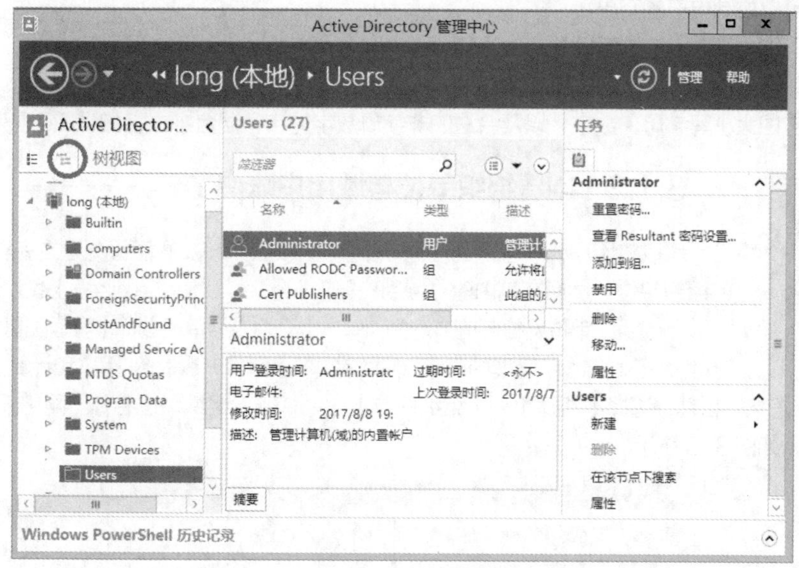

图 3-1 【Active Directory 管理中心】窗口

也可以通过【Active Directory 用户和计算机】窗口来查看，如图 3-2 所示。

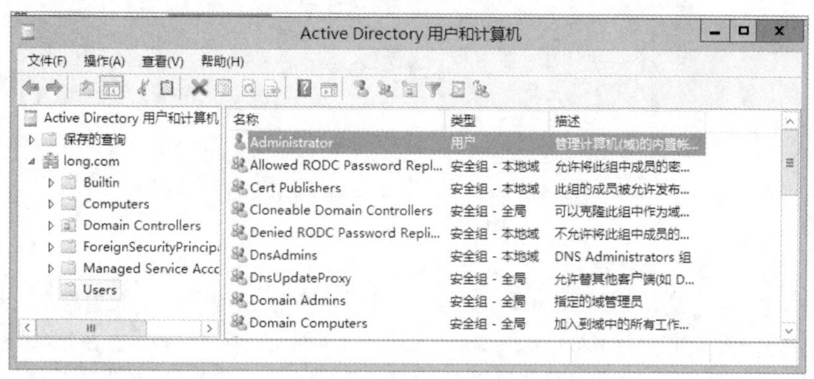

图 3-2 【Active Directory 用户和计算机】窗口

只有在建立域内的第 1 台域控制器时，该服务器内原来的本地账户才会被转移到 AD DS 数据库内，其他域控制器原有的本地账户并不会被转移到 AD DS 数据库内，而是被删除。

3.1.1 规划新的用户账户

遵循以下规则和约定可以简化账户创建后的管理工作。

1. 命名约定

- 账户名必须唯一：本地账户必须在本地计算机上唯一。
- 账户名不能包含以下字符：*;?/\[]:|=,+<>" 。
- 账户名最长不能超过 20 个字符。

2. 密码原则

- 一定要给 Administrator 账户指定一个密码，以防止他人随便使用该账户。
- 确定是管理员还是用户拥有密码的控制权。用户可以给每个用户账户指定一个唯一的密码，并防止其他用户对其进行更改，也可以允许用户在第 1 次登录时输入自己的密码。一般情况下，用户应该可以控制自己的密码。
- 密码不能太简单，应该不容易让他人猜出。
- 密码最多可由 128 个字符组成，推荐最小长度为 8 个字符。
- 密码应由大小写字母、数字，以及合法的非字母数字的字符混合组成，如“P@$$word”。

3.1.2 创建组织单位与域用户账户

可以将用户账户创建到任何一个容器或组织单位内。下面先建立名称为“网络部”的组织单位，然后在其内建立域用户账户 Rose、Jhon、mike、bob、Alice。

创建组织单位网络部的方法为：单击【开始】菜单→选择【管理工具】选项→选择【Active Directory 管理中心】选项（或【Active Directory 用户和计算机】选项）→选中域名并单击鼠标右键，选择【新建】→【组织单位】命令，输入组织单位名称“网络部”，然后单击【确定】按钮，如图 3-3 所示。

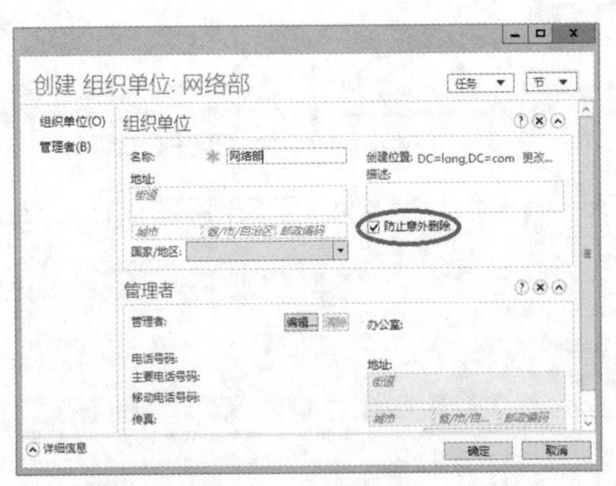

图 3-3 创建组织单位

注意 图 3-3 中默认已经勾选【防止意外删除】复选框，因此无法将此组织单位删除，除非取消勾选此复选框。若选择的是【Active Directory 用户和计算机】选项：单击【查看】菜单→选择【高级功能】选项→找到组织单位“网络部”并单击鼠标右键→选择【属性】选项→勾选【对象】选项卡中的【防止对象被意外删除】复选框，如图 3-4 所示。

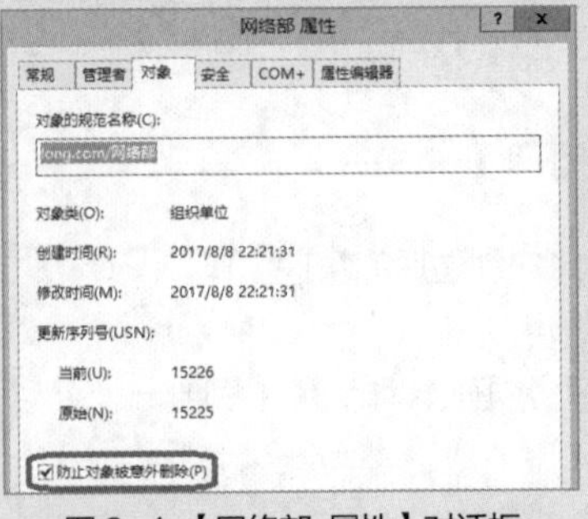

图 3-4 【网络部 属性】对话框

在组织单位“网络部”内建立用户账户 Rose 的方法为：双击组织单位“网络部”并单击鼠标右键，选择【新建】→【用户】选项，在弹出的对话框中输入账户名字。注意域用户的密码默认需要至少 7 个字符，且不可包含用户账户名称（指用户 SamAccountName）或全名，至少要包含 A~Z、a~z、0~9、非字母数字的字符（如!、$、≠、}、%）4 组字符中的 3 组，例如，P@ssw0rd 是有效的密码，而 ABCDEF 是无效的密码。要修改此默认值，请参考后面相关内容。根据上述方法在该组织单位内创建 Jhon、mike、bob、Alice 等 4 个账户（如果 mike 账户已经存在，则将其移动到“网络部”组织单位）。

3.1.3 用户登录账户

域用户可以在域成员计算机上（域控制器除外）利用两种账户来登录域。它们分别是图 3-5 中的用户 UPN 登录与用户 SamAccountName 登录。一般的域用户默认是无法在域控制器上登录的（Alice 用户是在【Active Directory 管理中心】窗口中打开的）。

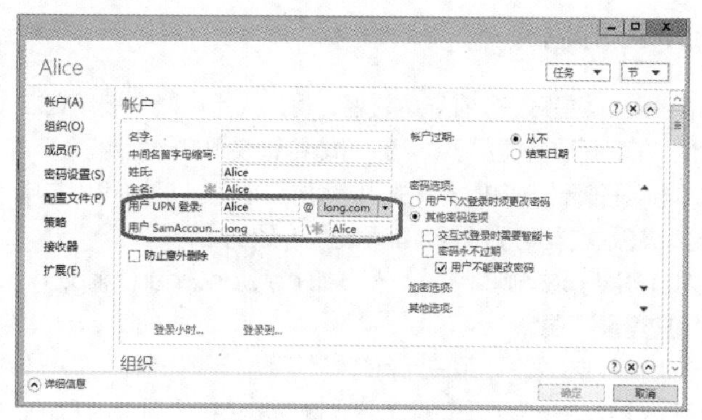

图 3-5　Alice 域账户属性

- 用户 UPN 登录。UPN（User Principal Name）的格式与电子邮件账户相同，如图 3-5 中的 Alice@long.com，这个名称只能在隶属于域的计算机上登录域使用，如图 3-6 所示。在整个林内，这个名称必须是唯一的。请在 MS1 成员服务器上登录。

图 3-6　用户 UPN 登录

> **注意**　请在 MS1 成员服务器上登录域，默认一般域用户不能在域控制器上本地登录，除非给予其“允许本地登录”权限。

UPN 并不会随着账户被移动到其他域而改变。例如，用户 Alice 的用户账户位于 long.com 域内，其默认的 UPN 为 Alice@long.com，之后即使此账户被移动到林中的另一个域内，如 smile.com 域，其 UPN 仍然是 Alice@long.com，并没有被改变，因此账户 Alice 仍然可以继续使用原来的 UPN 登录。

- 用户 SamAccountName 登录。图 3-5 所示的 long\Alice 是旧格式的登录账户。Windows 2000 之前版本的旧客户端需要使用这种格式的名称来登录域。在隶属于域的 Windows 2000（含）之后版本的计算机上也可以采用这种名称来登录域，如图 3-7 所示。在同一个域内，这个名称必须是唯一的。

图 3-7 用户 SamAccountName 登录

3.1.4 创建 UPN 的后缀

用户账户的 UPN 后缀默认是账户所在域的域名，例如，用户账户被建立在 long.com 域内，则其 UPN 后缀为 long.com。在下面这些情况下，用户可能希望改用其他后缀。

- 因 UPN 的格式与电子邮件账户相同，故用户可能希望其 UPN 可以与电子邮件账户相同，以便让其无论是登录域还是收发电子邮件，都可使用一致的名称。
- 若域树状目录内有多层子域，则域名会太长，如 network.jinan.long.com，故 UPN 后缀也会太长，这将造成用户登录不便。

可以通过新建 UPN 后缀的方式来让用户拥有替代后缀，步骤如下。

STEP 1 单击【开始】菜单→选择【管理工具】选项→选择【Active Directory 域和信任关系】选项→选择【Active Directory 域和信任关系】选项→单击属性图标，如图 3-8 所示。

图 3-8 【Active Directory 域和信任关系】窗口

STEP 2 在图 3-9 所示的对话框中输入替代的 UPN 后缀后，单击【添加】按钮并单击【确定】按钮。后缀不一定是 DNS 格式，例如，可以是 smile.com，也可以是 smile。

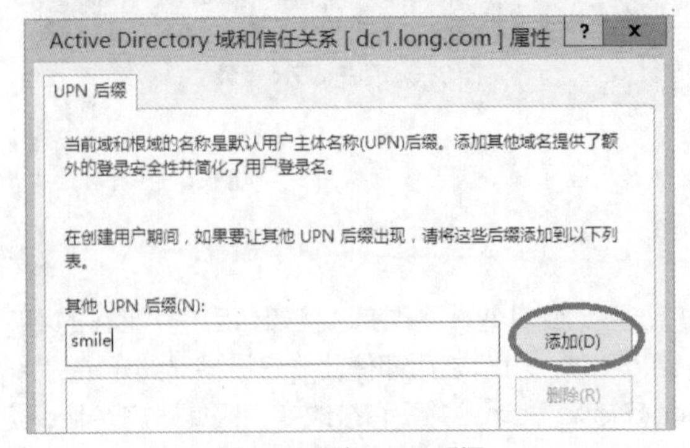

图 3-9 添加 UPN 后缀

STEP 3　完成后，就可以通过【Active Directory 管理中心】(或【Active Directory 用户和计算机】)窗口来修改用户的 UPN 后缀，此例修改为“smile”，如图 3-10 所示。请在成员服务器 MS1 上以 Alice@smile 登录域，看能否登录成功。

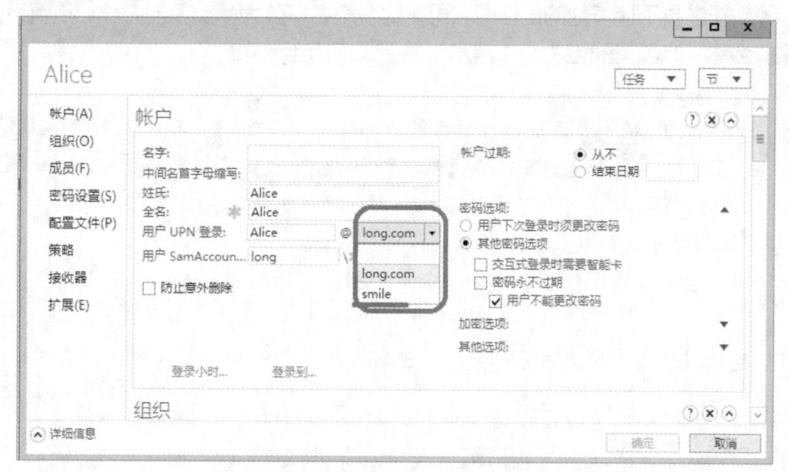

图 3-10　修改用户 UPN 后缀

3.1.5　域用户账户的一般管理

一般管理工作是指重置密码、禁用账户(或启用账户)、移动账户、重命名、删除账户与解除被锁定的账户等操作。可以在图 3-11 所示的窗口中单击想要管理的用户账户(如图 3-11 中的 Alice)，然后通过右侧的选项来设置。

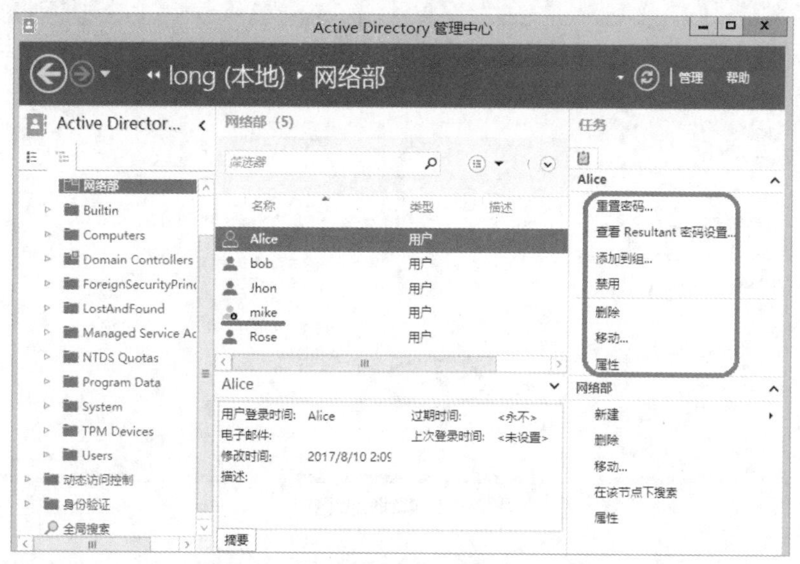

图 3-11 【Active Directory 管理中心】窗口

- 重置密码。当用户忘记密码或密码到期时，系统管理员可以利用此选项为用户设置一个新的密码。
- 禁用账户(或启用账户)。若某位员工因故在一段时间内无法来上班，则可以先将该员工的账户禁用，待该员工回来上班后，再将其重新启用。若用户账户已被禁用，则该用户账户图形上会有一个向下的箭头符号(如图 3-11 中的用户 mike)。

- 移动账户。可以将账户移动到同一个域内的其他组织单位或容器内。
- 重命名。重命名以后（可通过选中用户账户并单击鼠标右键→选择【属性】选项的方法），该用户原来拥有的权限与组关系都不会受到影响。例如，当某员工离职时，可以暂时先将其用户账户禁用，等到新进员工接替他的工作时，再将此账户名称改为新员工的名称、重新设置密码、更改登录账户名称、修改其他相关个人信息，然后重新启用此账户。

说明 ① 在每一个用户账户创建完成之后，系统都会为其建立一个唯一的安全标识符（Security Identifier，SID），并利用这个SID来代表该用户。权限设置等都是通过SID来记录的，并不是通过用户名称，例如，某个文件的权限列表内会记录着哪些SID具备哪些权限，而不是哪些用户名称拥有哪些权限。

② 由于用户账户名称或登录名称更改后，其SID并没有被改变，因此用户的权限与组关系都不变。

③ 可以通过双击或右键单击用户账户，选择【属性】选项来更改用户账户名称与登录名称等相关设置。

- 删除账户。若这个账户以后再也不用了，就可以将此账户删除。将账户删除后，即使再新建一个相同名称的用户账户，此新账户也不会继承原账户的权限与组关系。因为系统会给予这个新账户一个新的SID，而系统是利用SID来记录用户的权限与组关系的，不是利用账户名称，所以对系统来说，这是两个不同的账户，当然就不会继承原账户的权限与组关系。
- 解除被锁定的账户。可以通过【组策略管理编辑器】窗口的账户策略来设置用户输入密码失败多少次后，就将此账户锁定，而系统管理员可以双击该用户账户，在弹出的对话框中单击【解锁账户】按钮（账户被锁定后才会有此按钮）来解除锁定，如图3-12所示。

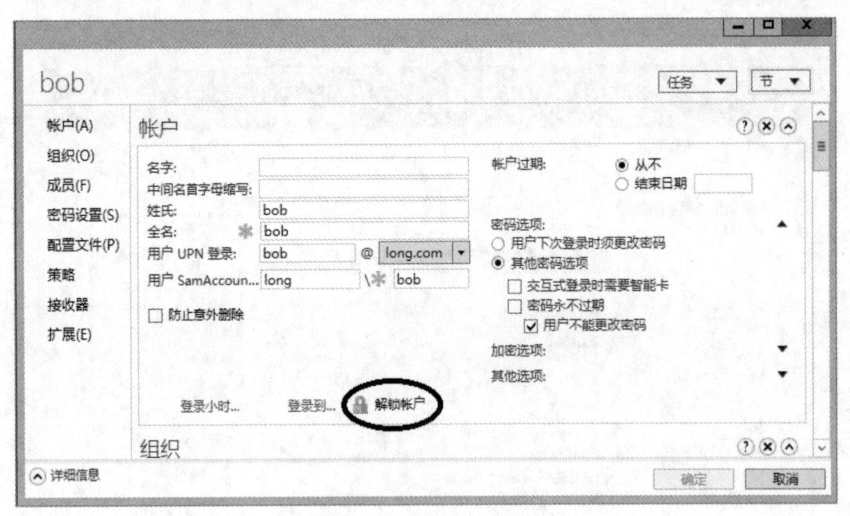

图3-12　解锁bob账户

提示 设置域账户策略的步骤是在【组策略管理】窗口中选中【Default Domain Policy】（或其他域级别的GPO）并右键单击它，然后选择【编辑】选项，展开【计算机配置】→【策略】→【Windows设置】→【安全设置】→【账户策略】。项目5中有详细介绍。

3.1.6 设置域用户账户的属性

每一个域用户账户内都有一些相关的属性信息，如地址、电话与电子邮件地址等，域用户可以通过这些属性来查找 AD DS 数据库内的用户，例如，通过电话号码来查找用户。因此为了更容易地找到所需的用户账户，这些属性信息越完整越好。下面通过【Active Directory 管理中心】窗口来介绍用户账户的部分属性，请先双击要设置的用户账户 Alice。

1. 组织信息的设置

组织信息就是指显示名称、职务、部门、地址、电话、电子邮件、网页等信息，如图 3-13 所示。这部分的内容都很简单，请自行浏览这些字段。

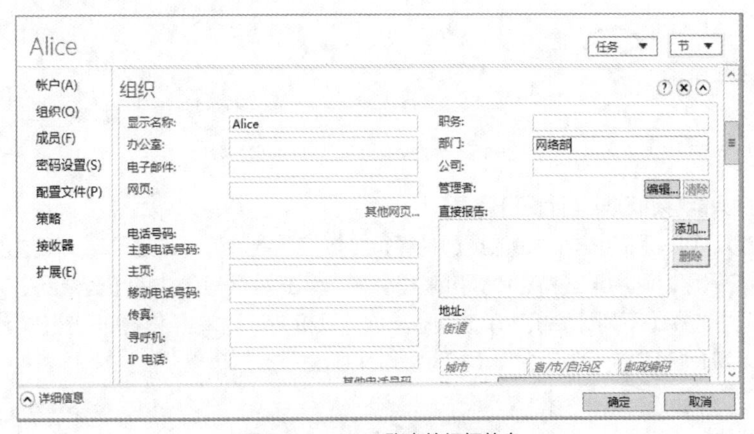

图 3-13 Alice 账户的组织信息

2. 账户过期的设置

通过【账户过期】选项来设置账户的有效期限，默认为从不过期。要设置过期时间，请选择【结束日期】单选项，然后输入格式为 yyyy/mm/dd 的过期日期即可，如图 3-14 所示。

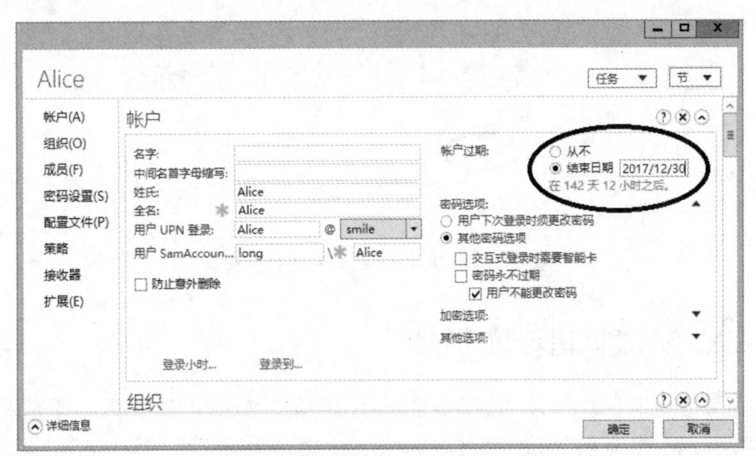

图 3-14 设置 Alice 账户的账户过期

3. 登录时段的设置

登录时段用来指定用户可以登录到域的时间段，默认是任何时间段都可以登录域，要改变设置，请单击图 3-15 中的【登录小时】链接，然后通过【登录小时数】对话框来设置。【登录小时数】对话框中横轴每一方块代表一小时，纵轴每一方块代表一天，填满方块与空白方块分别代表允许与不允许登录的时间段，默认开放所有的时间段。选好时段后选择【允许登录】单选项或【拒绝登录】单选项来允许或拒绝用户在上述时间段登录。图 3-15 中设置的是允许 Alice 在周一到周五的 8:00 到 18:00 登录。

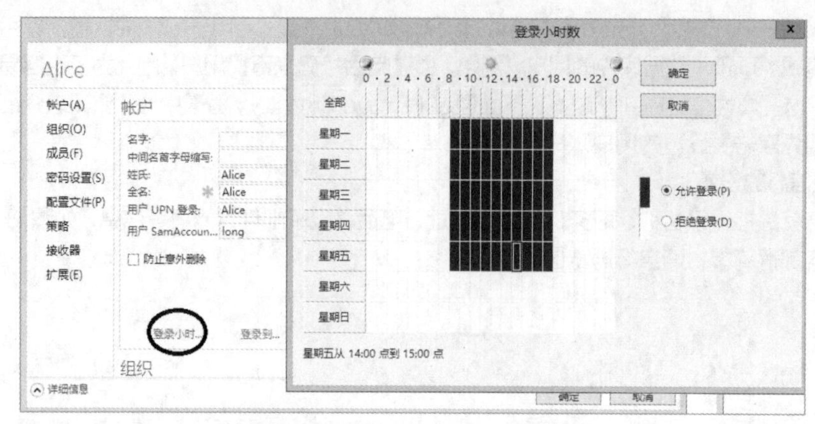

图 3-15　允许 Alice 在工作时间登录

4. 限制用户只能够通过某些计算机登录

一般域用户默认可以利用任何一台域成员计算机（域控制器除外）来登录域，不过也可以通过下面的方法来限制用户只可以利用某些特定计算机来登录域：单击图 3-16 中的【登录到】链接→在打开的【登录到】对话框中选择【下列计算机】单选项→输入计算机名称后单击【添加】按钮，计算机名称可为 NetBIOS 名称（如 MS1）或 DNS 名称（如 ms1.long.com）。

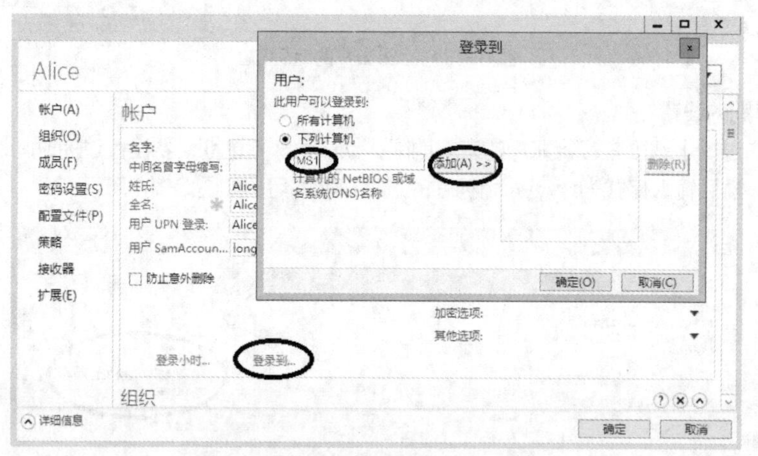

图 3-16　限制 Alice 只能在 MS1 上登录

3.1.7　在域控制器间进行数据复制

若域内有多台域控制器（如 DC1、DC2、DC3），则当修改 AD DS 数据库内的数据时，例如，利用【Active Directory 管理中心】窗口（或【Active Directory 用户和计算机】窗口）来新建、删除、修改用户账户或其他对象，这些变更数据会被先存储到用户连接的域控制器，之后再被自动复制到其他域控制器。

选中域名 long.com，并单击鼠标右键，从快捷菜单中选择【更改域控制器】选项，在弹出的对话框中会显示当前连接的域控制器 dc1.long.com，如图 3-17 所示。而此域控制器何时会将其最新变更数据复制给其他域控制器呢？可分为下面两种情况。

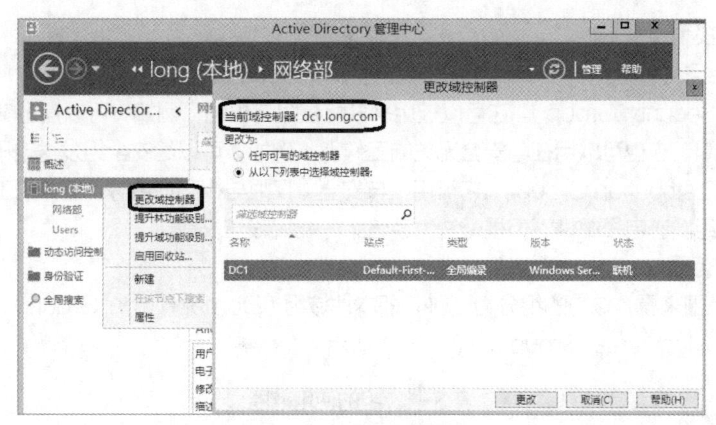

图 3-17　当前域控制器

- 自动复制。若是同一个站点内的域控制器，则默认 15 秒后会自动复制，因此其他域控制器可能要等 15 秒或更长时间才能收到这些最新的数据。若是位于不同站点的域控制器，则会根据设置的复制条件来决定（详见项目 8 中的相关内容）。
- 手动复制。有时候可能需要手动复制，例如，网络故障造成复制失败，而不希望等到下一次自动复制，要求能够立刻再复制的情况。下面要将数据从域控制器 DC1 复制到 DC2。

STEP 1　到任意一台域控制器上单击【开始】菜单→选择【管理工具】选项→选择【Active Directory 站点和服务】选项，依次展开【Sites】→【Default-First-Site-Name】→【Servers】→【DC2】。

STEP 2　单击【NTDS Settings】→选中右侧的来源域控制器【DC1】并单击鼠标右键→选择【立即复制】选项，如图 3-18 所示。

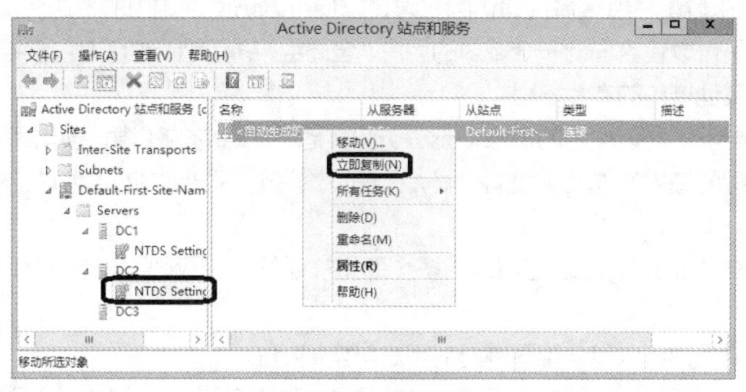

图 3-18　立即复制

与组策略有关的设置会被先存储到扮演 PDC 模拟器操作主机角色的域控制器内，然后由 PDC 模拟器操作主机复制给其他的域控制器（详见项目 9 管理操作主机的内容）。

3.1.8　域组账户

如果能够使用组（Group）来管理用户账户，则必定能够减轻许多网络管理负担。例如，针对网络部组设置权限后，此组内的所有用户都会自动拥有此权限，因此不需要分别为每一个用户进行设置。

> **注意**　域组账户也都有唯一的 SID。执行 whoami /usesr 命令可以显示当前用户的信息和 SID，执行 whoami /groups 命令可以显示当前用户的组成员信息、账户类型、SID 和属性，执行 whoami /? 命令可以显示该命令的常见用法。

1. 域内的组类型

AD DS 的域组分为下面两种类型，且它们之间可以相互转换。

- 安全组（Security Group）。它可以被用来分配权限与权利，例如，可以指定安全组对文件具备读取的权限。它也可以用在与安全无关的工作上，例如，可以给安全组发送电子邮件。
- 通信组（Distribution Group）。它被用在与安全（权限与权利设置等）无关的工作上，例如，可以给通信组发送电子邮件，但是无法为通信组分配权限与权利。

2. 组的使用范围

从组的使用范围来看，域内的组分为 3 种，即本地域组（Domain Local Group）、全局组（Global Group）、通用组（Universal Group），如表 3-1 所示。

表 3-1　组的使用范围

特性	本地域组	全局组	通用组
可包含的成员	所有域内的用户、全局组、通用组；相同域内的本地域组	相同域内的用户与全局组	所有域内的用户、全局组、通用组
可以在哪一个域内被分配权限	同一个域	所有域	所有域
组转换	可以被转换成通用组（只要原组内的成员不包含本地域组即可）	可以被转换成通用组（只要原组不隶属于任何一个全局组即可）	可以被换成本地域组；可以被转换成全局组（只要原组内的成员不含通用组即可）

（1）本地域组。

本地域组主要用来分配其所属域内的访问权限，以便可以访问该域内的资源。

- 本地域组成员可以包含任何一个域内的用户、全局组、通用组，也可以包含相同域内的本地域组，但无法包含其他域内的本地域组。
- 本地域组只能够访问该域内的资源，无法访问其他不同域内的资源。换句话说，在设置权限时，只可以设置相同域内的本地域组的权限，无法设置其他不同域内的本地域组的权限。

（2）全局组。

全局组主要用来组织用户，也就是可以将多个即将被赋予相同权限（权利）的用户账户加入同一个全局组内。

- 全局组内的成员只可以包含相同域内的用户与全局组。
- 全局组可以访问任何一个域内的资源，也就是说，可以在任何一个域内设置全局组的权限（这个全局组可以位于任何一个城内），以便让此全局组具备权限来访问该域内的资源。

（3）通用组。

- 通用组可以在所有域内被分配访问权限，以便访问所有域内的资源。
- 通用组具备万用领域的特性，其成员可以包含林中任何一个域内的用户、全局组、通用组。但是它无法包含任何一个域内的本地域组。
- 通用组可以访问任何一个域内的资源，也就是说，可以在任何一个域内设置通用组的权限（这个通用组可以位于任何一个域内），以便让此通用组具备权限来访问该域内的资源。

3.1.9　建立与管理域组账户

1. 组的新建、删除与重命名

创建域组时，可单击【开始】菜单→选择【管理工具】选项→选择【Active Directory 管理中心】

选项→展开域名→单击容器或组织单位→选择右侧任务窗格中的【新建】选项→选择【组】选项，然后在图 3-19 所示的窗口中输入组名、输入供旧版操作系统访问的组名、选择组类型与组范围等。若要删除组，则选中组账户并单击鼠标右键→选择【删除】选项即可。

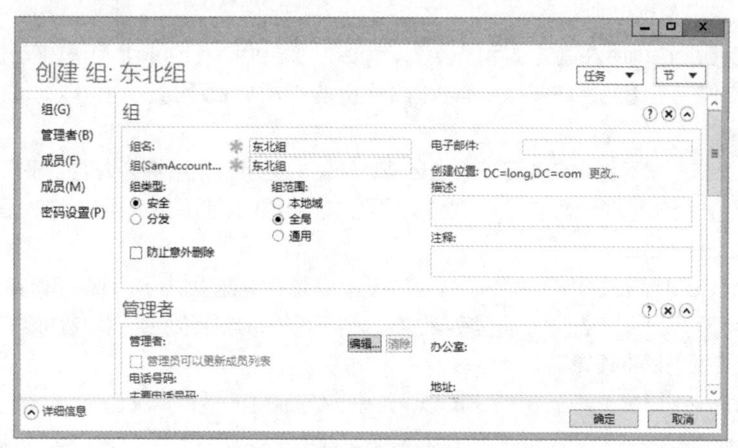

图 3-19　创建组

2. 添加组的成员

要将用户、组等加入组内，单击【成员】选项→单击【添加】按钮→单击【高级】按钮→单击【立即查找】按钮→选择要加入的成员（按<Shift>键或<Ctrl>键可同时选择多个账户）→单击【确定】按钮。本例将 Alice、bob、Jhon 加入东北组，如图 3-20 所示。

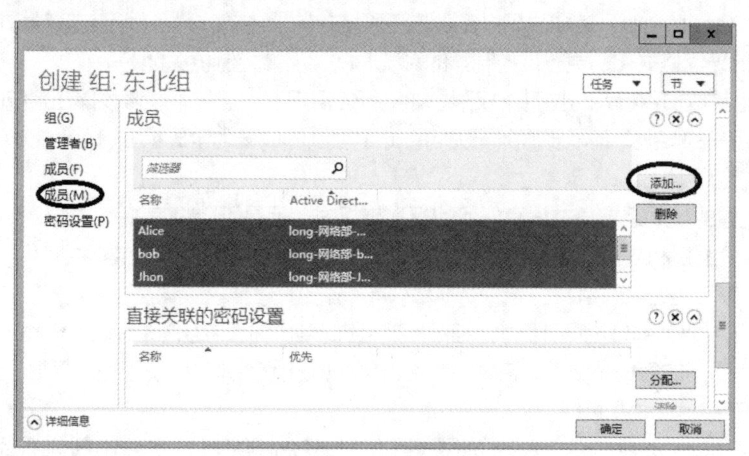

图 3-20　添加组成员

3. AD DS 域内置的组

AD DS 域有许多内置组，它们分别隶属于本地域组、全局组、通用组与特殊组。

（1）内置的本地域组。

这些本地域组本身已被赋予了一些权利与权限，具备管理 AD DS 域的能力。只要将用户或组账户加入这些组内，这些账户就自动具备相同的权利与权限。下面是 Builtin 容器内常用的本地域组。

- Account Operators。其成员默认可在容器与组织单位内添加、删除、修改用户、组与计算机账户，部分内置的容器除外，如 Builtin 容器与 Domain Controllers 组织单位。同时也不允许在部分内置的容器内添加计算机账户，如 Users。此组成员也无法更改大部分组的成员，如 Administrators 等。

- Administrators。其成员具备系统管理员权限。此组成员对所有域控制器拥有最大控制权，可以执行 AD DS 域管理工作。内置系统管理员 Administrator 就是此组的成员，而且无法将其从此组内删除。此组默认的成员包括 Administrator、全局组 Domain Admins、通用组 Enterprise Admins 等。
- Backup Operators。其成员可以通过 Windows Server Backup 工具来备份与还原域控制器内的文件，不管此组成员是否有权限访问这些文件。此组成员也可以对域控制器执行关机操作。
- Guests。其成员无法永久改变其桌面环境，当他们登录时，系统会为他们建立一个临时的用户配置文件，而注销时此配置文件就会被删除。此组默认的成员为用户账户 Guest 与全局组 Domain Guests。
- Network Configuration Operators。其成员可在域控制器上执行常规网络配置工作，如变更 IP 地址，但不可以安装、删除驱动程序与服务，也不可执行与网络服务器配置有关的工作，如 DNS 与 DHCP 服务器的设置。
- Performance Monitor Users。其成员可监视域控制器的运行情况。
- Pre-Windows 2000 Compatible Access。此组主要是用于与 Windows NT 4.0（或更旧的系统）兼容。其成员可以读取 AD DS 域内的所有用户与组账户。其默认的成员为特殊组 Authenticated Users。只有在用户的计算机是 Windows NT 4.0 或更早版本的系统时，才将用户加入此组内。
- Print Operators。其成员可以管理域控制器上的打印机，也可以将域控制器关闭。
- Remote Desktop Users。其成员可从远程计算机通过远程桌面来登录。
- Server Operators。其成员可以备份与还原域控制器内的文件、锁定与解锁域控制器、将域控制器上的硬盘格式化、更改域控制器的系统时间、将域控制器关闭等。
- Users。其成员仅拥有一些基本权限，如执行应用程序，但是不能修改操作系统的设置，不能修改其他用户的数据，不能将服务器关闭。此组默认的成员为全局组 Domain Users。

（2）内置的全局组。

AD DS 内置的全局组本身并没有任何的权利与权限，但是可以将其加入具备权利或权限的域本地组，或另外直接分配权利或权限给全局组。这些内置的全局组位于 Users 容器内。

下面列出了较常用的全局组。

- Domain Admins。域成员计算机会自动将此组加入其本地域组 Administrators 内，因此 Domain Admins 组内的每一个成员，在域内的每一台计算机上都具备系统管理员权限。此组默认的成员为域用户 Administrator。
- Domain Computers。所有的域成员计算机（域控制器除外）都会被自动加入此组内。MS1 就是该组的一个成员。
- Domain Controllers。域内的所有域控制器都会被自动加入此组内。
- Domain Users。域成员计算机会自动将此组加入其本地域组 Users 内，因此 Domain Users 内的用户将享有本地域组 Users 所拥有的权利与权限，如拥有允许本机登录的权利。此组默认的成员为域用户 Administrator，而以后新建的域用户账户都自动隶属于此组。
- Domain Guests。域成员计算机会自动将此组加入本地域组 Guests 内。此组默认的成员为域用户账户 Guest。

（3）内置的通用组。

- Enterprise Admins。此组只存在于林根域，其成员有权管理林内的所有域。此组默认的成员为林根域内的用户 Administrator。

- Schema Admins。此组只存在于林根域，其成员具备管理架构（schema）的权利。此组默认的成员为林根域内的用户 Administrator。

（4）内置的特殊组。

除了前面介绍的组之外，还有一些特殊组，而用户无法更改这些特殊组的成员。下面列出了经常使用的几个特殊组。

- Everyone。任何一位用户都属于这个组。若 Guest 账户被启用，则在分配权限给 Everyone 时需小心：当一位在计算机内没有账户的用户通过网络来登录此计算机时，他会被自动允许利用 Guest 账户来连接，此时因为 Guest 也隶属于 Everyone 组，所以他将具备 Everyone 所拥有的权限。
- Authenticated Users。任何利用有效用户账户来登录此计算机的用户都隶属于此组。
- Interactive。任何在本机登录（按<Ctrl+Alt+Del>组合键登录）的用户都隶属于此组。
- Network。任何通过网络来登录此计算机的用户都隶属于此组。
- Anonymous Logon。任何未利用有效的普通用户账户来登录的用户都隶属于此组。Anonymous Logon 默认不隶属于 Everyone 组。
- Dialup。任何利用拨号方式连接的用户都隶属于此组。

3.1.10 组的使用原则

为了让网络管理更容易，同时也为了减少以后维护的负担，在利用组来管理网络资源时，建议尽量采用下面的原则，尤其是大型网络。

- A、G、DL、P 原则。
- A、G、G、DL、P 原则。
- A、G、U、DL、P 原则。
- A、G、G、U、DL、P 原则。

其中，A 代表用户账户（User Account），G 代表全局组（Global Group），DL 代表本地域组（Domain Local Group），U 代表通用组（Universal Group），P 代表权限（Permission）。

1. A、G、DL、P 原则

A、G、DL、P 原则就是先将用户账户（A）加入全局组（G），然后将全局组加入本地域组（DL）内，再设置本地域组的权限（P），如图 3-21 所示。只要针对图中的本地域组来设置权限，隶属于该本地域组的全局组内的所有用户就会自动具备该权限。

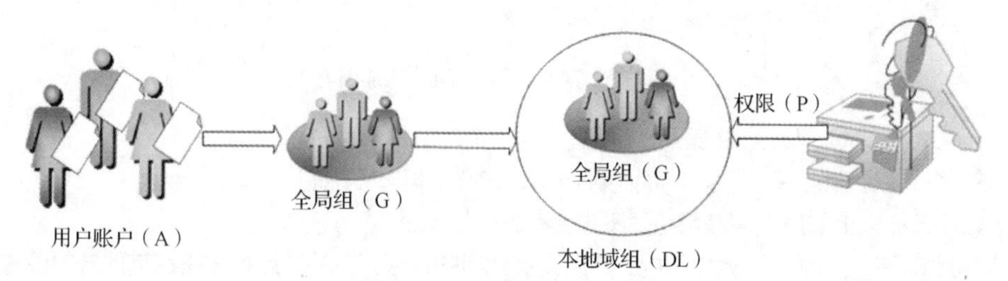

图 3-21　A、G、DL、P 原则

例如，若甲域内的用户需要访问乙域内的资源，则由甲域的系统管理员负责在甲域建立全局组，将甲域用户账户加入此组内；而乙域的系统管理员则负责在乙域建立本地域组，设置此组的权限，然后将甲域的全局组加入此组内；之后由甲域的系统管理员负责维护全局组内的成员，而乙域的系统管理员负责维护权限的设置，如此便可以将管理的负担分散。

2. A、G、G、DL、P 原则

A、G、G、DL、P 原则就是先将用户账户（A）加入全局组（G），将此全局组加入另一个全局组（G）内，然后将此全局组加入本地域组（DL）内，再设置本地域组的权限（P），如图 3-22 所示。图 3-22 中的全局组（G3）内包含 2 个全局组（G1 与 G2），它们必须是同一个域内的全局组，因为全局组内只能够包含位于同一个域内的用户账户与全局组。

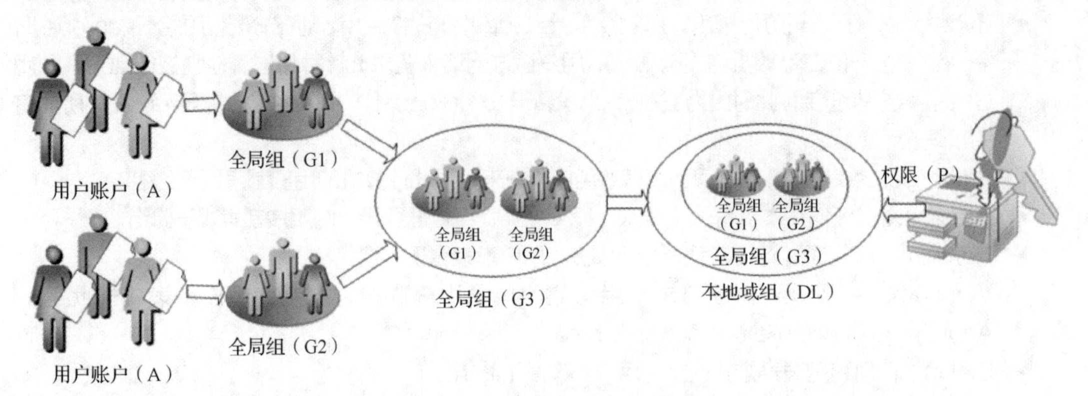

图 3-22　A、G、G、DL、P 原则

3. A、G、U、DL、P 原则

全局组 G1 与 G2 若与 G3 不在同一个域内，则无法采用 A、G、G、DL、P 原则，因为全局组（G3）内无法包含位于另外一个域内的全局组，所以此时需将全局组 G3 改为通用组，也就是需要改用 A、G、U、DL、P 原则。此原则是先将用户账户（A）加入全局组（G），将此全局组加入通用组（U）内，然后将此通用组加入本地域组（DL）内，再设置本地域组的权限（P），如图 3-23 所示。

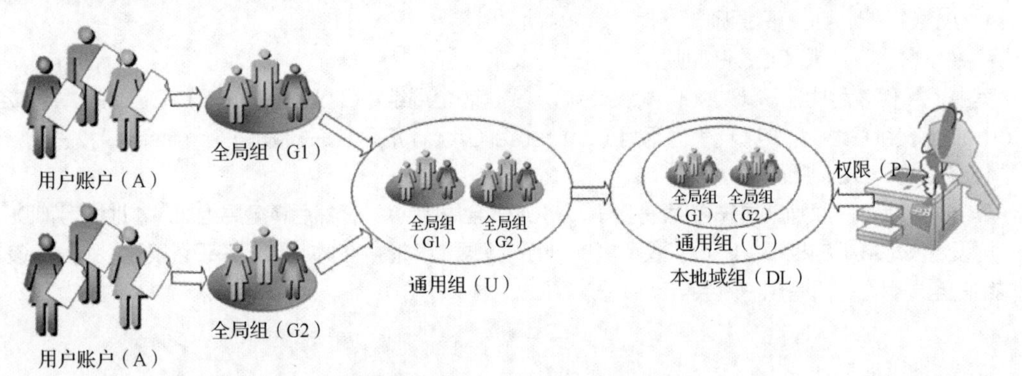

图 3-23　A、G、U、DL、P 原则

4. A、G、G、U、DL、P 原则

A、G、G、U、DL、P 原则与前面两种类似，在此不再重复说明。

也可以不遵循以上的原则来使用组，不过会有一些缺点。

- 直接将用户账户加入本地域组内，然后设置此组的权限。它的缺点是无法在其他域内设置此本地域组的权限，因为本地域组只能够访问所属域内的资源。
- 直接将用户账户加入全局组内，然后设置此组的权限。它的缺点是如果网络内包含多个域，而每个域内都有一些全局组需要对此资源具备相同的权限，则需要分别为每一个全局组设置权限，这种方法比较浪费时间，会增加网络管理的负担。

3.2 实践项目设计与准备

本项目所有实例都部署在图 3-24 所示的域环境下。

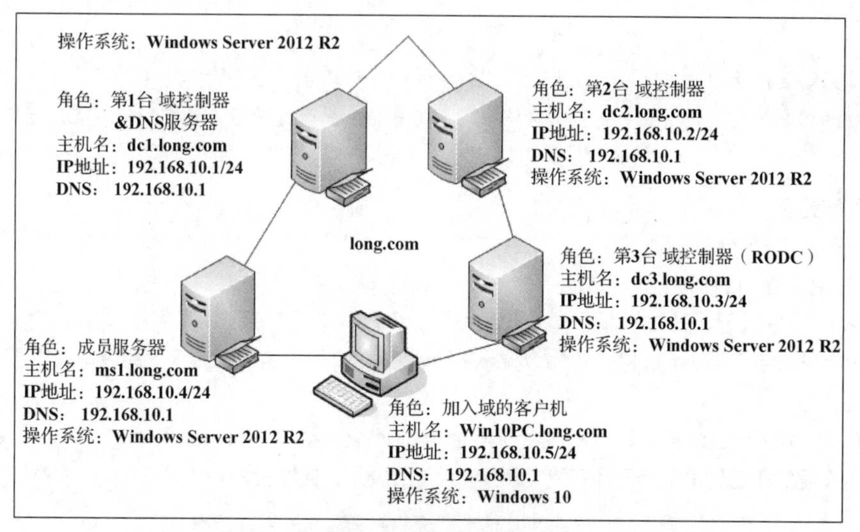

图 3-24　网络规划拓扑图

在本次项目实训中会用到域树中的部分内容，而不是全部，在每一个任务中会特别交代需要的网络拓扑结构。本项目要完成如下任务：使用 Csvde 批量创建用户、管理将计算机加入域的权限、使用 AGUDLP 原则管理域组（需要用到林环境，使用单独网络拓扑图）。

3.3 实践项目实施

下面开始具体任务，实施任务的顺序遵循由易到难的原则，先进行“域用户的导入与导出”。

任务 3-1　使用 Csvde 批量创建用户

在 dc1.long.com 上实现域用户的导入，在 ms1.long.com 上进行验证。

1. 任务背景

未名公司基于 Windows Server 2012 活动目录管理公司用户和计算机，公司计算机已经全部加入域，接下来需要根据人事部的公司员工名单为每一位员工创建域账户。

公司拥有员工近千人，并且平均每月都有近百名新员工入职，域管理员经常需要花费大量时间在域用户的管理上，因此域管理员希望能通过导入的方式批量创建、禁用、删除用户，以提高工作效率。

2. 任务分析

流动性比较大的公司需要频繁地注册大量的域账户，可以采用账户的导入功能将用户导入域中，然后再通过批处理脚本批量更改这些用户的特定信息，如设置密码等。

针对本项目，可以利用“csvde”命令导入域账户，参考步骤如下。

① 利用“csvde”命令导出域账户（结果为.csv 文件）。

② 打开导出的.csv 文件，按照公司用户属性信息要求删除一些无关项，并删除所有的用户记录，保

存该文件后，该文件即可用作用户导入的模板文件。

③ 将需要注册的用户信息按要求填入模板文件的相应位置。

④ 利用“csvde”命令导入域账户，新导入的账户默认为禁用状态。

⑤ 利用现有脚本，并对脚本中的操作对象进行设置，然后批量更改新用户的属性值（如密码），完成域用户的导入。

注意 如果需要注册的域用户属于多个部门（在 AD 中一般属于多个组织单位），则可以将这些需要注册的用户先全部导入一个新组织单位中，待完成相关属性修改后再将它们拖到相应组织单位中。

3. 任务实施

该项任务的实施步骤如下。

（1）在 dc1.long.com 上导出域用户。

STEP 1 打开【运行】对话框，输入“cmd”命令打开【命令提示符】窗口，或者直接单击左下角的 Windows PowerShell 图标打开【命令提示符】窗口，输入“csvde /?”命令可以查看“csvde”命令的用法。

STEP 2 输入“csvde -d "ou=network,dc=long,dc=com" -f c:\test\network.csv”命令，导出 network 这个组织单位里面的所有用户到 C 盘的 test 目录下，文件名为 network.csv，如图 3-25 所示。

```
管理员: Windows PowerShell
-b UserName Domain [Password | *]     SSPI 绑定方法

示例: 简单导入当前域
    csvde -i -f INPUT.CSV

示例: 简单导出当前域
    csvde -f OUTPUT.CSV

示例: 用凭据导出特定域
    csvde -m -f OUTPUT.CSV
          -b USERNAME DOMAINNAME *
          -s SERVERNAME
          -d "cn=users,DC=DOMAINNAME,DC=Microsoft,DC=Com"
          -r "(objectClass=user)"
没有写入日志文件。要生成日志文件，请
通过 -j 选项来指定日志文件路径。
PS C:\Users\Administrator> csvde -d "ou=network,dc=long,dc=com" -f c:\test\network.csv
连接到"(null)"
用 SSPI 作为当前用户登录
将目录导出到文件 c:\test\network.csv
搜索项目...
写出项目
.....
导出完毕。后续处理正在进行...
导出了 5 个项目

命令已成功完成
PS C:\Users\Administrator> _
```

图 3-25 域用户导出

network 这个组织单位下的用户一共有 4 个，但导出了 5 个项目，为什么呢？细读 network.csv 文件可以看到，第 2 行是组织单位本身，即 network 的属性数据。第 3 行~第 6 行是 4 个用户的账户属性数据。

STEP 3 对这个导出的.csv 文件稍做修改（删除不需要输入的列、清空用户），将其作为导入的模板文件，然后填入新员工的相应信息（推荐使用 Excel 修改文件）。

STEP 4 将修改好的用户注册文件保存为.csv 格式。

（2）在 dc1.long.com 上导入域用户。

STEP 1 下面利用记事本来说明如何建立供 csvde.exe 使用的文件，此文件的内容如图 3-26 所示。

```
f1.txt - 记事本
文件(F) 编辑(E) 格式(O) 查看(V) 帮助(H)
DN,objectClass,samAccountName,userPrincipalName,displayName,userAccountControl
"CN=张三,OU=network,DC=long,DC=com",user,zhangsan,zhangsan@long.com,张三,514
"CN=李四,OU=network,DC=long,DC=com",user,lisi,lisi@long.com,李四,514
"CN=王五,OU=network,DC=long,DC=com",user,wangwu,wangwu@long.com,王五,514
```

图 3-26 导入文件模板

图 3-26 中第 2 行（含）以后都是要建立的用户账户的属性数据，各属性数据之间用逗号（,）隔开。第 1 行用来定义第 2 行（含）以后相对应的每一个属性。例如，第 1 行的第 1 个字段为 DN（Distinguished Name），表示第 2 行开始每一行的第 1 个字段代表新对象的存储路径；又例如，第 1 行的第 2 个字段为 objectClass，表示第 2 行开始每一行的第 2 个字段代表新对象的对象类型。

下面利用图 3-26 中的第 2 行数据来进行说明，如表 3-2 所示。

表 3-2　数据说明

属性	值与说明
DN（Distinguished Name）	"CN=张三,OU=network,DC=long,DC=com"：对象的存储路径
objectClass	user：对象种类
samAccountName	zhangsan：用户 SamAccountName 登录
userPrincipalName	zhangsan@long.com：用户 UPN 登录
displayName	张三：显示名称
userAccountControl	514：表示停用此账户（512 表示启用）

STEP 2　文件建立好后，打开【命令提示符】窗口（或单击 Windows PowerShell 图标），然后执行下面的命令，如图 3-27 所示（假设文件名为 f1.txt，且文件位于“C:\test”文件夹内）。

```
csvde   -i   -f   c: \test\f1.txt
```

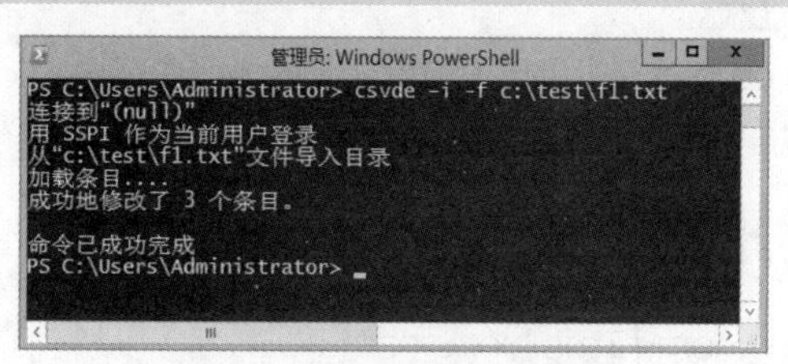

图 3-27　成功导入 3 个域账户

STEP 3　打开【Active Directory 管理中心】窗口，可以看到执行命令后建立的新账户，如图 3-28 所示，图中向下箭头符号表示账户被停用。

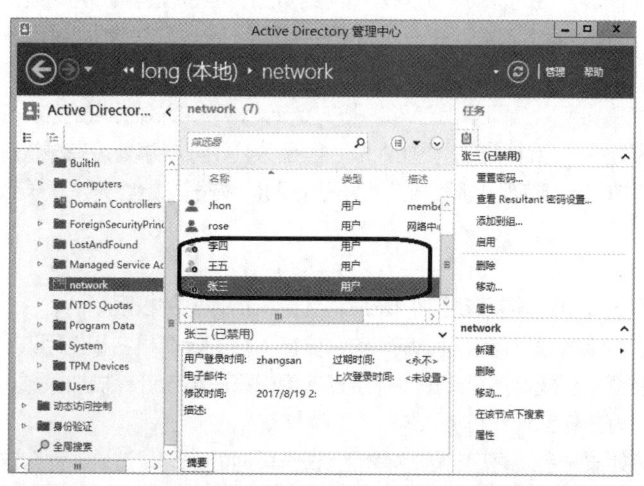

图 3-28　成功导入域账户后的【Active Directory 管理中心】窗口

STEP 4　用鼠标右键单击需要启用的账户，在弹出的快捷菜单中选择【启用】选项，如图 3-29 所示。

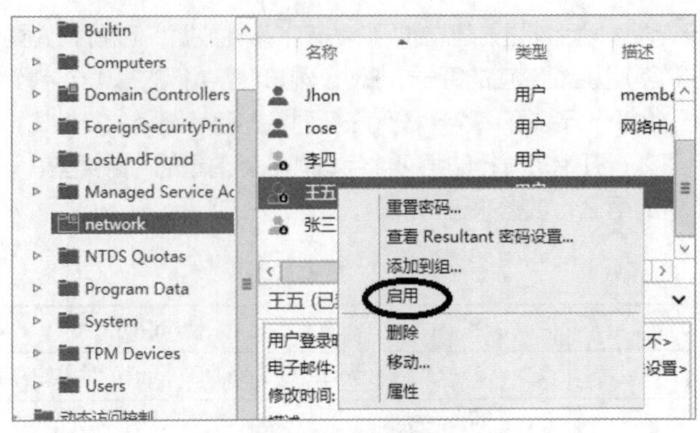

图3-29 启用账户

STEP 5 给用户设置密码。

首先建一个文本文档并写入如下内容。

```
net user zhangsan 123456@a
net user lisi 123456@b
net user wangwu 123456@c
```

然后把该文件保存为.bat格式，如ff.bat。

STEP 6 双击ff.bat文件。成功运行后，各账户的密码就更新成功了。

（3）在ms1.long.com上验证。

STEP 1 在ms1.long.com计算机上用设置好密码的域账户登录域long.com。

STEP 2 查看是否成功。

任务3-2 管理将计算机加入域的权限

此任务需要用到dc1.long.com和ms1.long.com。

1. 任务背景

未名公司基于Windows Server 2012活动目录管理公司员工和计算机，公司仅允许加入域的计算机访问公司网络资源，但是在运维过程中出现了以下问题。

① 网络部发现有一些员工使用了个人计算机，并通过自己的域账户授权将个人计算机加入公司域。在公司使用未经网络管理部验证的计算机会给公司网络带来安全隐患，所以公司禁止普通域账户授权计算机加入域，域的加入由域管理员授权加入。

② 分公司或办事处有一台计算机需要加入域，但是分公司或办事处没有域管理员时该怎么办?

③ 公司有一台客户机半年前因故障送修，取回后开机，域员工始终无法登录到域（客户机与域控制器通信正常）。

2. 任务分析

- 对于问题①，公司可以限制普通用户账户将计算机加入域的权限。
- 对于问题②，网络管理员可以预先获得这台要加入域的计算机名和使用该计算机的域用户账户，然后在域控制器上创建计算机账户，并授权该用户账户将该计算机加入域。最后分公司或办事处人员使用该域账户将该计算机加入域。
- 对于问题③，如果一台域客户机因故有相当长一段时间未登录过域，那么这台域客户机对应的计算机账户就会过期，在域环境中，类似于DHCP服务器与客户机。域控制器和域客户机会定期更新契约，并基于该契约建立安全通道，如果契约过期并完全失效，就会导致域控制器和域客户机的信任关系被破坏。如果要修复它们的信任关系，则可以先在活动目录中删除该计算机账户，然后用该计算机的管理员账户退出域再重新加入域。

3. 任务实施

（1）禁止普通用户账户将计算机加入域。

通过将普通用户账户允许将计算机加入域的数量由 10 改为 0 来实现。

STEP 1　在 dc1.long.com 的【服务器管理器】窗口中打开【ADSI 编辑器】窗口，用鼠标右键单击【ADSI 编辑器】选项，在弹出的快捷菜单中选择【连接到】选项，如图 3-30 所示。

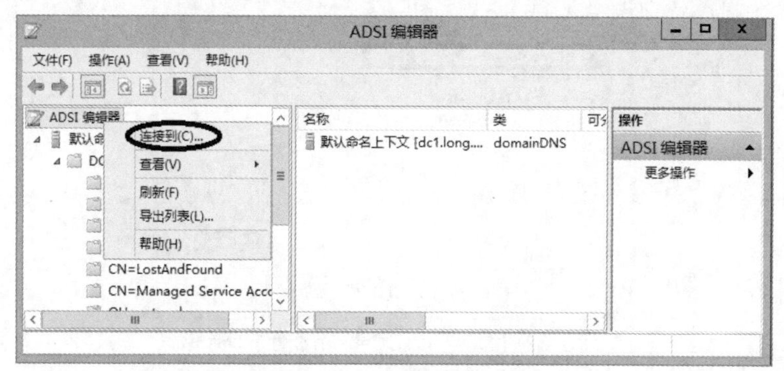

图 3-30 【ADSI 编辑器】窗口

STEP 2　在弹出的【连接设置】对话框中保持默认设置并单击【确定】按钮，在【ADSI 编辑器】窗口中可看到【默认命名上下文[dc1.long.com]】，如图 3-31 所示。

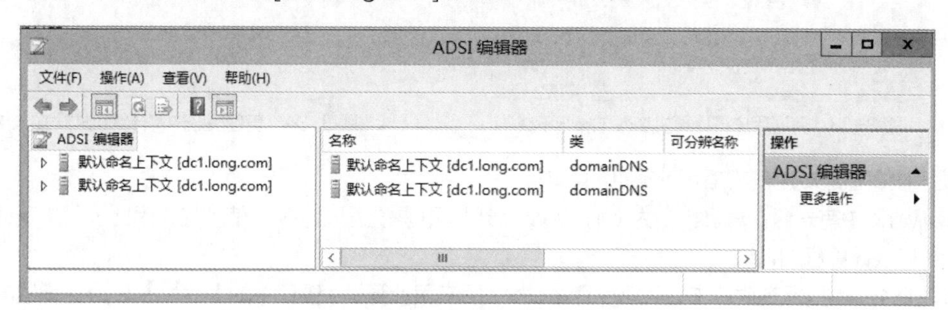

图 3-31　默认命名上下文[dc1.long.com]

> **提示**　【ADSI 编辑器】窗口在前面已经使用命令打开并编辑过（更改域控制器名称的相关内容），所以存在【默认命名上下文[dc1.long.com]】。如果存在该条目，则前面两个步骤可以省略。

STEP 3　展开左侧窗格中的【默认命名上下文[dc1.long.com]】，并用鼠标右键单击【DC=long,DC=com】，选择【属性】选项，在弹出的对话框中找到并双击【ms-DS-MachineAccountQuota】，如图 3-32 所示。

STEP 4　将【ms-DS-MachineAccountQuota】的默认值 10 改为 0。这样普通用户将计算机加入域的数量就为 0 台，即普通用户不可将计算机加入域。

STEP 5　使用域用户“Alice”将一台普通客户机加入域，结果不成功，并提示“已超出此域所允许创建的计算机账户的最大值”，如图 3-33 所示。

STEP 6　使用域管理员账户“administrator”授权后，提示“欢迎加入 long.com 域。”，如图 3-34 所示。

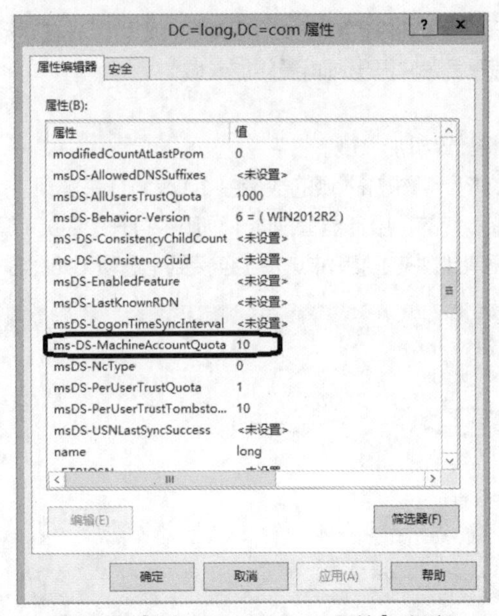

图 3-32 【DC=long,DC=com 属性】对话框

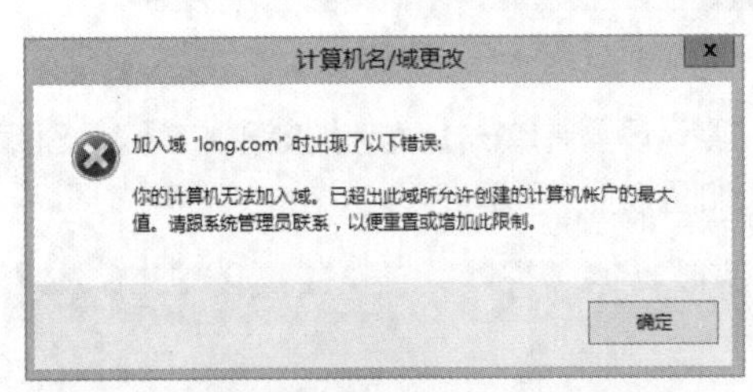

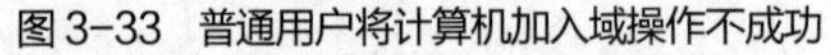

图 3-33 普通用户将计算机加入域操作不成功　　　图 3-34 管理员账户将计算机成功加入域

（2）授权普通域用户将指定计算机加入域。

network 中有一台计算机，名为 win10pc，该计算机是分配给 Alice 使用的，因此公司决定通过授权 Alice 将该计算机加入域。

STEP 1 用鼠标右键单击【Active Directory 用户和计算机】窗口中的【network】，在弹出的快捷菜单中选择【新建】→【计算机】命令，如图 3-35 所示。

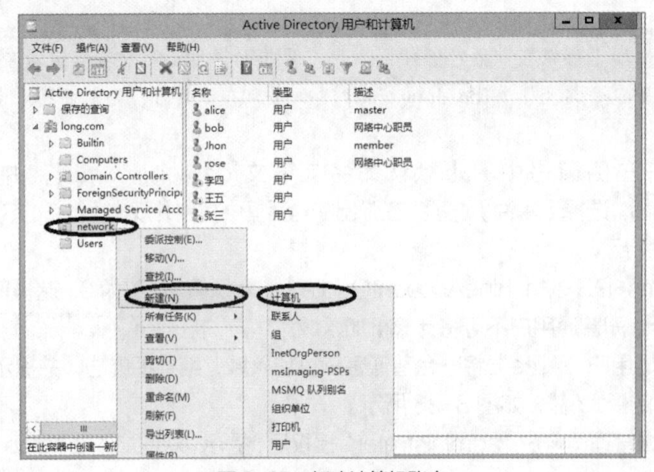

图 3-35 新建计算机账户

STEP 2 在弹出的图 3-36 所示的【新建对象-计算机】对话框中输入计算机名“win10pc”，并单击【更改】按钮，选择授权计算机加入域的用户或组账户。

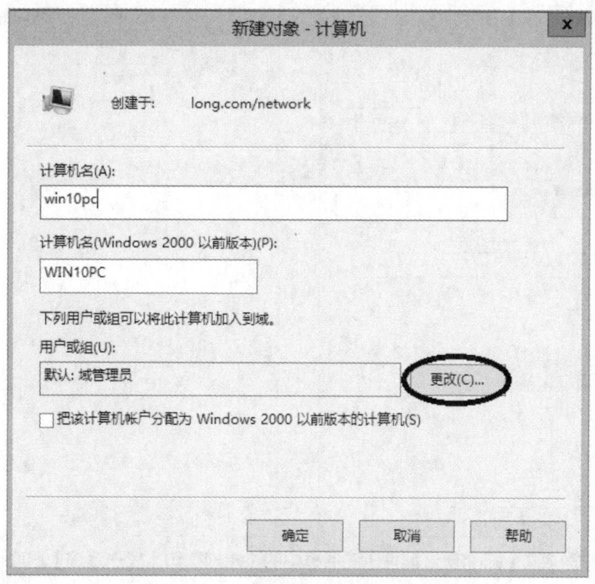

图 3-36 【新建对象-计算机】对话框

STEP 3 在弹出的图 3-37 所示的【选择用户或组】对话框中的文本框中输入 alice 的域账户“alice@long.com”（或者单击【高级】按钮→单击【立即查找】按钮→选择 alice 账户→单击【确定】按钮），单击【确定】按钮，结果如图 3-38 所示。

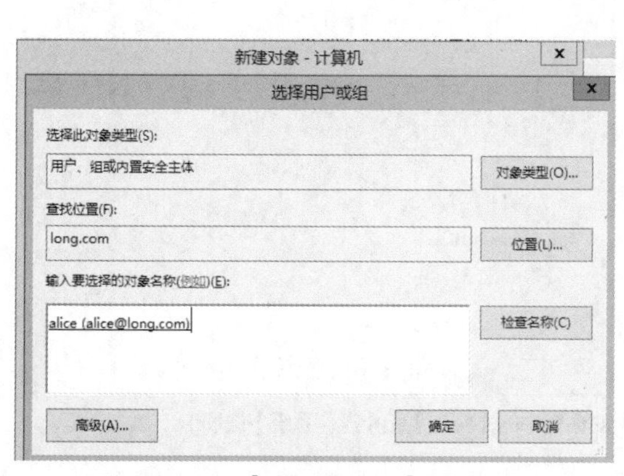

图 3-37 【选择用户和组】对话框

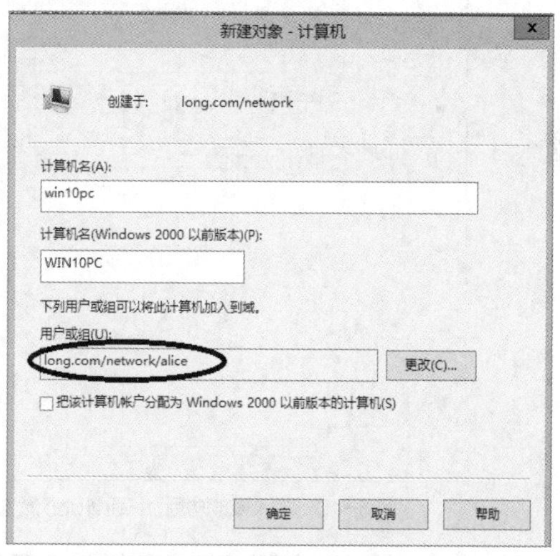

图 3-38 设置【用户或组】选项

STEP 4 单击【确定】按钮，返回【Active Directory 用户和计算机】窗口。用鼠标右键单击新建的计算机账户【win10pc】，在弹出的快捷菜单中选择【属性】选项，在弹出的对话框中查看该账户的【常规】选项卡和【操作系统】选项卡，如图 3-39 所示。该计算机账户目前可以理解为预注册，它的很多信息还不完整，这需要计算机加入域后再由域控制器根据客户机信息进行完善。

STEP 5 在 win10pc 客户机使用域账户“alice”加入域后，系统提示“欢迎加入 long.com 域。”，此时域普通账户并不受“普通用户允许将计算机加入域的数量属性”的限制。计算机 win10pc 加入域成功后，结果如图 3-40 所示，其客户机相关信息已经由域控制器自动补充完成。

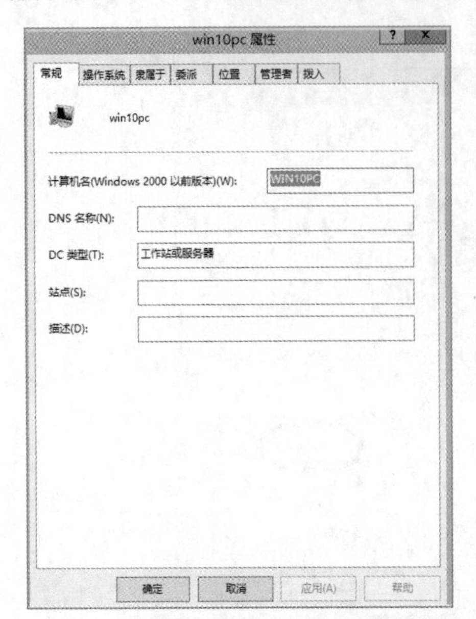

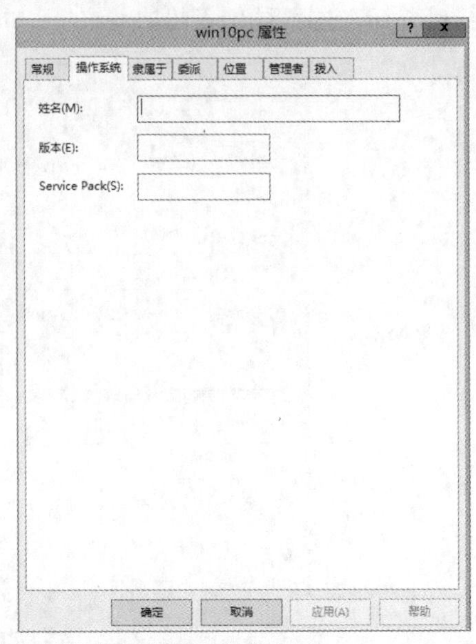

图 3-39 【win10pc 属性】对话框中的【常规】和【操作系统】选项卡

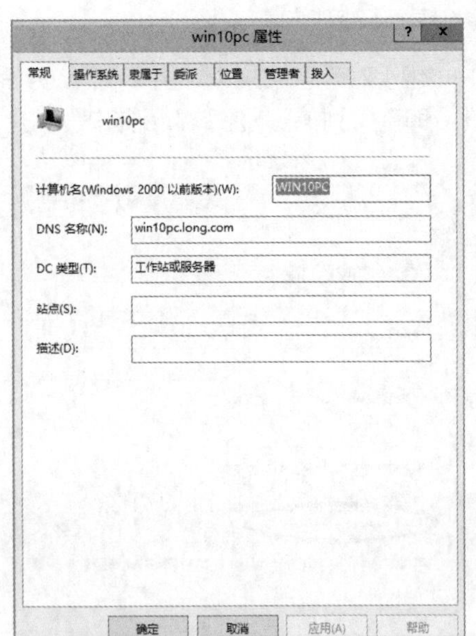

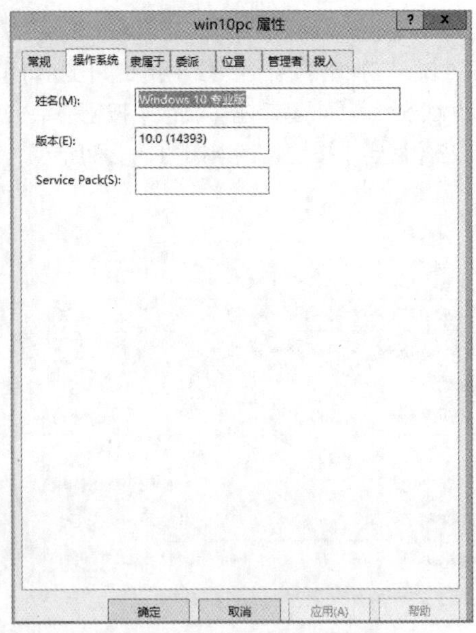

图 3-40 加入域成功后，【win10pc 属性】对话框中的【常规】和【操作系统】选项卡

4．补充：如何将域成员设定为客户机的管理员

（1）问题背景。

未名公司基于 Windows Server 2012 活动目录管理公司员工和计算机。网络管理部有部分员工负责域的维护与管理，部分员工负责公司服务器群（如 Web 服务器、FTP 服务器、数据库服务器等）的维护与管理，部分员工分管其他业务部门计算机的维护与管理。面对网络管理与维护的分工越来越细，该如何赋予员工域操作权限以匹配其工作职责呢?

情景 1：域控制器的备份与还原由 bob 负责，域管理员该如何给 bob 设置合理的工作权限?

情景 2：Rose 是软件测试组员工，因经常需要安装相关软件并配置测试环境，需要获得工作计算机的管理权限，域管理员又该如何处理呢？

（2）问题求解分析。

对于用户权限应遵循“权限最小化”原则，因此需要熟悉域控制器和域成员计算机内置组的权限，以便将域成员加入相应组来提升其权限。

对于情景 1，bob 仅负责域控制器的备份与还原，域控制器的备份与还原属于域控制器的工作范畴，所以应当在域控制器内置组中找到相应的组，这里显然对应于 Backup Operators 组，仅需将 bob 对应的域账户加入该组中（域控制器的备份与还原需要安装 Windows Server Backup 功能）。

对于情景 2，Rose 的要求是获得工作计算机的管理权限，属于域成员计算机的工作范畴，所以应当将 Rose 的域账户加入工作计算机的本地管理员组。

提示 假设 Jhon 既负责域控制器的网络配置，又负责域控制器的性能监测，那么对于域控制器的内置组是没有相对应的内置组的，但是可以让 Jhon 的域账户属于 Network Configuration Operators 和 Performance Log Users 组。

具体操作请读者自己试一试。

任务 3-3　使用 A、G、U、DL、P 原则管理域组

使用 A、G、U、D、L、P 原则管理域组

3.1.10 小节中讲 A、G、U、DL、P 原则是先将用户账户（A）加入全局组（G），将此全局组加入通用组（U）内，然后将此通用组加入本地域组（DL）内，再设置本地域组的权限（P）。下面来看应用该原则的例子。

1. 任务背景

未名公司目前正在实施某工程，该工程需要总公司工程部和分公司工程部协同，创建一个共享目录，供总公司工程部和分公司工程部共享数据。公司决定在子域控制器 beijing.long.com 上临时创建共享目录 projects_share。请通过权限分配使得总公司工程部和分公司工程部用户对共享目录有写入和删除权限。网络拓扑图如图 3-41 所示。

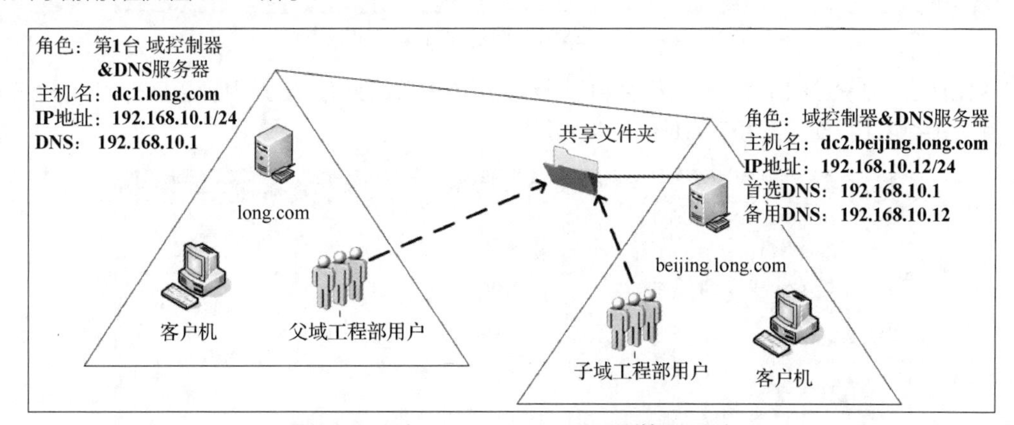

图 3-41　运行 A、G、U、DL、P 原则管理组示意

2. 任务分析

本任务中创建的共享目录需要为总公司工程部和分公司工程部用户配置写入和删除权限。

（1）解决方案。

① 在总公司 DC1 和分公司 DC2 上创建相应工程部员工用户。

② 在总公司 DC1 上创建全局组 Project_long_Gs，并将总公司工程部用户加入该全局组；在分公司 DC2 上创建全局组 Project_Beijing_Gs，并将分公司工程部用户加入该全局组。

③ 在总公司 DC1（林根）上创建通用组 Project_long_Us，并将总公司和分公司的工程全局组配置为成员。

④ 在子公司 DC2 上创建本地域组 Project_beijing_DLs，并将通用组 project_long-Us 加入该本地域组。

⑤ 创建共享目录 Projects_share，配置本地域组权限为读写权限。

（2）实施后面临的问题。

① 总公司工程部员工的新增或减少。

总公司管理员直接对工程部用户进行 Project_long_Gs 全局组的加入与退出。

② 分公司工程部员工的新增或减少。

分公司管理员直接对工程部用户进行 Project_beijing_Gs 全局组的加入与退出。

3. 任务实施

STEP 1　在总公司 DC1 上创建组织单位 Project，在总公司的 Project 中创建 Project_userA 和 Project_userB 工程部员工用户，如图 3-42 所示。

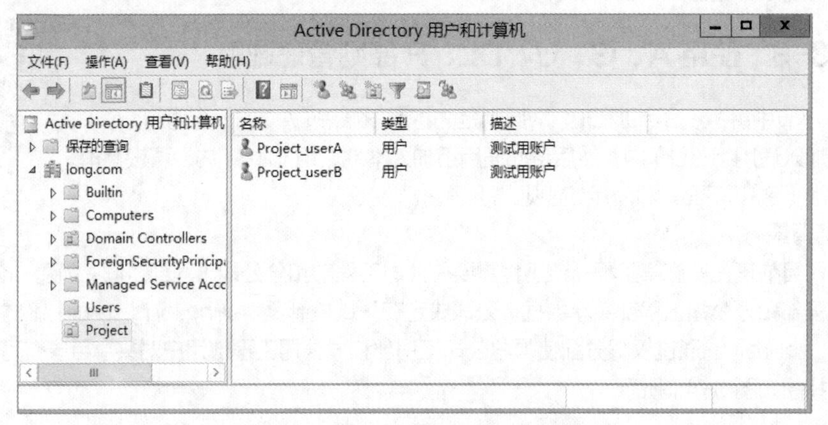

图 3-42　在父域上创建工程部员工用户

STEP 2　在分公司 DC2 创建组织单位 Project，在分公司的 Project 中创建 Project_user1 和 Project_user2 工程部员工用户，如图 3-43 所示。

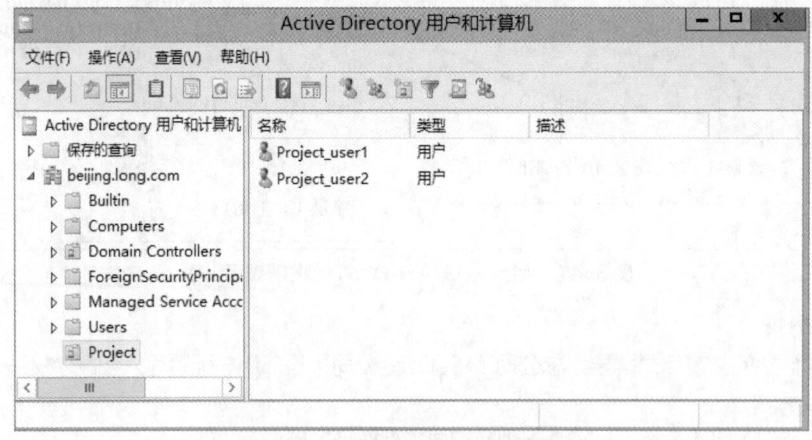

图 3-43　在子域上创建工程部员工用户

STEP 3　在总公司 DC1 创建全局组 Project_long_Gs，并将总公司工程部用户加入该全局组，如图 3-44 所示。

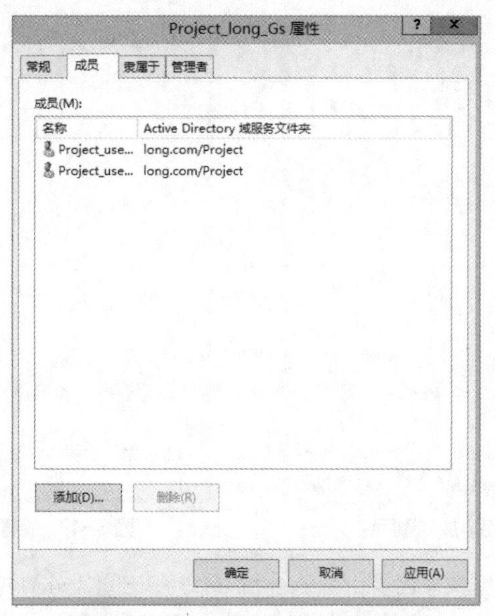

图 3-44　将父域工程部用户添加到组

STEP 4　在分公司 dc2 上创建全局组 Project_Beijing_Gs，并将分公司工程部用户加入该全局组，如图 3-45 所示。

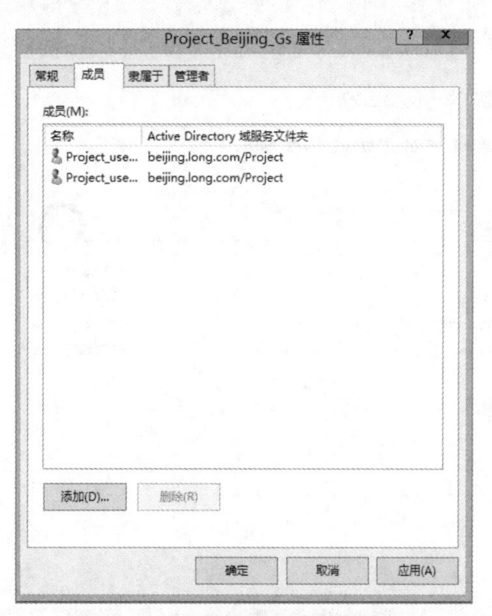

图 3-45　将子域工程部用户添加到组

STEP 5　在总公司 dc1（林根）上创建通用组 Project_long_Us，并将总公司和分公司的工程部全局组配置为成员（由于在不同域中，因此加入时要注意“位置”信息），如图 3-46 所示。

STEP 6　在子公司 dc2 上创建本地域组 Project_Beijing_DLs，并将通用组 Project_long_Us 加入该本地域组，如图 3-47 所示。

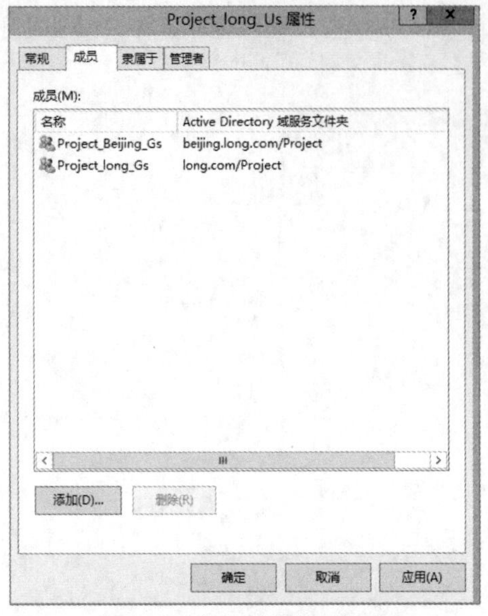

图3-46　将全局组添加到通用组

图3-47　将通用组添加到本地域组

STEP 7　在DC2上创建共享目录projects_share。单击图3-48中圈定的向下箭头→选择【查找个人】选项→单击【位置】按钮→找到本地域组【Project_Beijing_DLs】并单击【确定】按钮，将读写的权限赋予该本地域组，然后单击【共享】按钮，最后单击【完成】按钮完成共享目录的设置。

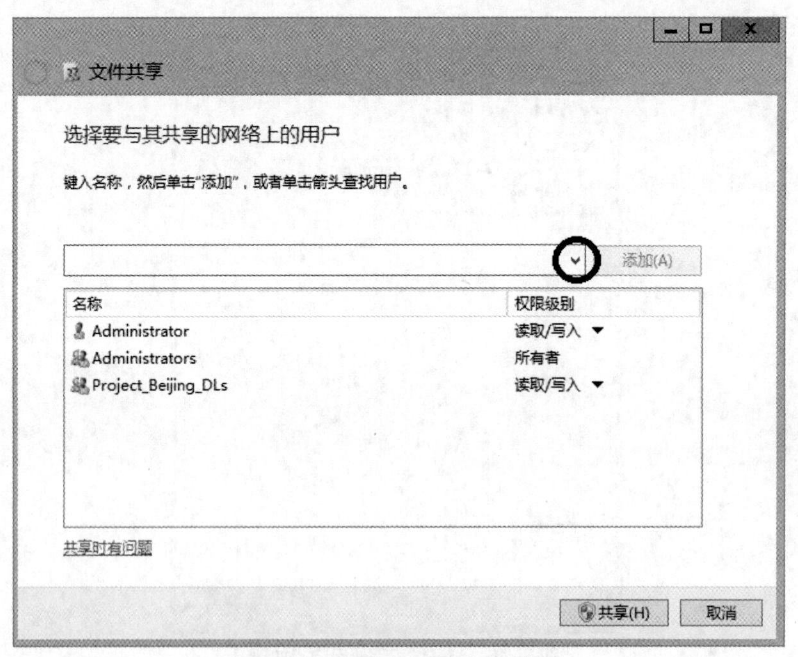

图3-48　设置共享文件夹的共享权限

注意　权限设置还可以结合NTFS权限，详细内容请参考相关书籍，在此不再赘述。

STEP 8　总公司工程部员工新增或减少：总公司管理员直接对工程部用户进行 Project_long_Gs 全局组的加入与退出。

STEP 9　分公司工程部员工新增或减少：分公司管理员直接对工程部用户进行 Project_Beijing_Gs】全局组的加入与退出。

4. 测试验证

STEP 1　在客户机 MS1 上用鼠标右键单击【开始】菜单，选择【运行】选项，输入 UNC 路径“\\dc2.beijing.long.com\Projects_Share”，在弹出的对话框中输入总公司域用户“Project_userA@long.com”及密码，能够成功读取写入文件，如图 3-49 所示。

图 3-49　总公司域用户访问共享目录

STEP 2　注销 MS1 客户机，重新登录后，使用分公司域用户“Project_user1@ beijing.long.com”访问“\\dc2.beijing.long.com\Projects_Share”文件夹，能够成功读取写入文件，如图 3-50 所示。

图 3-50　分公司域用户访问共享目录

STEP 3　再次注销 MS1 客户机，重新登录后，使用总公司域用户“Alice@long.com”访问“\\dc2.beijing.long.com\Projects_Share”文件夹，提示没有访问权限，因为 Alice 用户不是工程部用户，如图 3-51 所示。

图 3-51　提示没有访问权限

3.4 【拓展阅读】中国国家顶级域名“CN”

你知道我国是在哪一年真正拥有了互联网吗？中国国家顶级域名“CN”服务器是哪一年完成设置的呢？

1994 年 4 月 20 日，一条 64kbit/s 的国际专线从中国科学院计算机网络信息中心通过美国 Sprint 公司连入 Internet，实现了我国与 Internet 的全功能连接，从此我国成为拥有全功能互联网的国家。此事被我国新闻界评为 1994 年我国十大科技新闻之一，被国家统计公报列为我国 1994 年重大科技成就之一。

1994 年 5 月 21 日，在钱天白教授和德国卡尔斯鲁厄大学的协助下，中国科学院计算机网络信息中心完成了中国国家顶级域名“CN”服务器的设置，改变了我国的顶级域名“CN”服务器一直放在国外的历史。钱天白、钱华林分别担任中国国家顶级域名“CN”的行政联络员和技术联络员。

3.5 习题

一、填空题

1. 账户的类型分为_______、_______、_______。
2. 根据服务器的工作模式，组分为_______、_______。
3. 在工作组模式下，用户账户存储在_______中；在域模式下，用户账户存储在_______中。
4. 在活动目录中，组按照能够授权的范围，分为_______、_______、_______。
5. 你创建了一个名为 Helpdesk 的全局组，其中包含所有帮助台账户。你希望帮助台人员能在本地桌面计算机上执行任何操作，包括取得文件所有权，最好使用_______内置组。

二、选择题

1. 在设置域账户属性时，（　　）是不能设置的。

   A. 账户登录时间　　B. 账户的个人信息
   C. 账户的权限　　D. 指定账户登录域的计算机

2. 下面（　　）不是合法的账户名。

   A. abc_234　　B. Linux book　　C. doctor*　　D. addeofHELP

3. 下面（　　）用户不是内置本地域组成员。

   A. Account Operator　　B. Administrator
   C. Domain Admins　　D. Backup Operators

三、简答题

1. 简述工作组和域的区别。
2. 简述通用组、全局组和本地域组的区别。
3. 你负责管理你所属组成员的账户，以及对资源的访问权。组中的某个用户离开了公司，在几天内将有人来代替该员工。对于前用户的账户，你应该如何处理？
4. 你需要在 AD DS 中创建数百个计算机账户，并预先配置这些账户。创建如此大量的账户的最佳方法是什么？
5. 用户说他们无法登录到自己的计算机，错误消息表明计算机和域之间的信任关系中断，如何修正该问题？
6. BranchOffice_Admins 组对 BranchOffice_OU 中的所有用户账户有完全控制权限。对于从 BranchOffice_OU 移入 HeadOffice_OU 的用户账户，BranchOffice_Admins 有何权限？

3.6 项目实训 管理域用户和组

一、项目实训目的

- 掌握创建用户账户的方法。
- 掌握创建组账户的方法。
- 掌握管理用户账户的方法。
- 掌握管理组账户的方法。
- 掌握组的使用原则。

二、项目背景

本项目部署在图 3-52 所示的环境下，会用到 DC1 和 MS1 两台计算机。其中 DC1 和 MS1 是 VMware（或者 Hyper-V 服务器）的两台虚拟机，DC1 是域 long.com 的域控制器，MS1 是域 long.com 的成员服务器。本地用户和组的管理在 MS1 上进行，域用户和组的管理在 DC1 上进行，在 MS1 上进行测试。

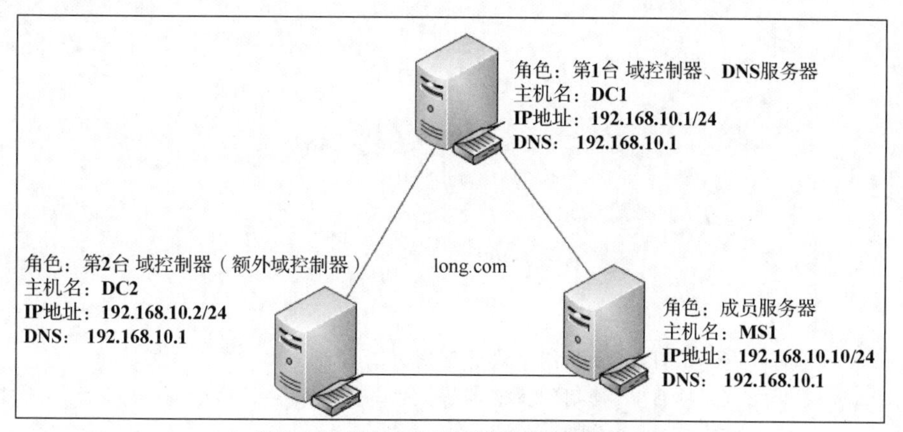

图 3-52 管理用户账户和组账户网络拓扑图

三、做一做

本项目实录融入行业新技术、新规范和新标准，以 Windows Server 2016 网络操作系统为例，同时兼容 Windows Server 2012/2019 网络操作系统。

根据实训项目慕课进行项目的实训，检查学习效果。

第2部分

配置与管理组策略

⊙ 项目4　使用组策略管理用户工作环境
⊙ 项目5　使用组策略部署软件与限制软件的运行
⊙ 项目6　管理组策略

故不积跬步，无以至千里；不积小流，无以成江海。
——《荀子·劝学》

项目4 使用组策略管理用户工作环境

04

学习背景

管理员在管理信息技术（Information Technology，IT）基础结构的工作中，面临着日益复杂的难题。管理员必须针对更多类型的用户（如移动用户、信息工作者，或者承担严格限定任务的其他人，如数据输入员）实现并维护自定义的桌面配置。

Windows Server 2012 的组策略和 AD DS 基础结构使 IT 管理员能自动管理用户和计算机，从而简化管理任务并降低成本。利用组策略和 AD DS，管理员可有效地实施安全设置、强制实施 IT 策略，并在给定站点、域或一系列组织单位中统一分发软件。

学习目标和素养目标

- 了解组策略。
- 掌握利用组策略来管理计算机与用户环境。
- 掌握配置用户策略。
- 掌握配置用户权限分配策略。
- 掌握配置安全选项策略。
- 掌握使用组策略来限制访问可移动存储设备。
- 了解“计算机界的诺贝尔奖”——图灵奖，了解科学家姚期智，激发学生的求知欲和潜能。
- “观众器者为良匠，观众病者为良医。”“为学日益；为道日损。”青年学生要多动手、多动脑，只有多实践、多积累，才能提高技艺，成为优秀的工匠。

4.1 相关知识

组策略是一种能够让系统管理员充分管理与控制用户工作环境的功能，系统管理员通过它来确保用户拥有符合组织要求的工作环境，也通过它来限制用户，这样不但可以让用户拥有适当的工作环境，也可以减轻系统管理员的管理负担。

本节介绍如何使用组策略来简化在 Active Directory 环境中管理计算机和用户。本书将介绍组策略对象（Group Policy Object，GPO）结构，以及如何应用 GPO，还有应用 GPO 时的某些例外情况。

本节还将讨论 Windows Server 2012 提供的组策略功能，这些功能有助于简化计算机和用户管理。

4.1.1 组策略

组策略是一种技术，它支持Active Directory环境中计算机和用户的一对多管理，其特点如图4-1所示。

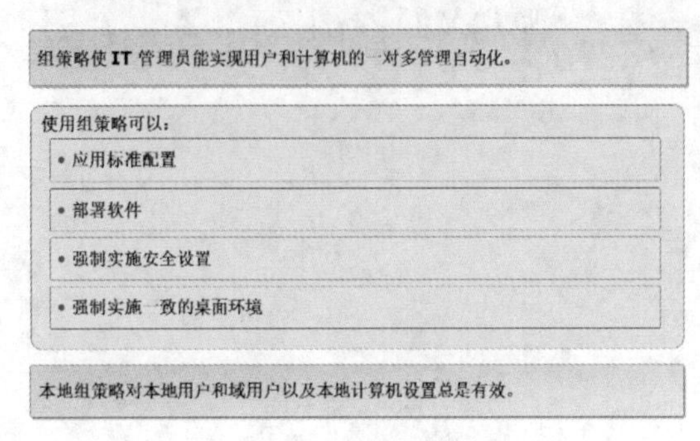

图4-1 组策略的特点

通过编辑组策略设置，并针对目标用户或计算机设计GPO，可以集中管理具体的配置参数。这样，只更改一个GPO，就能管理成千上万的计算机或用户。

GPO是应用于选定用户和计算机的设置的集合。组策略可控制目标对象所在环境的很多方面，包括注册表、NTFS文件系统安全性、审核和安全性策略、软件安装和限制、桌面环境、登录/注销脚本等。

通过链接，一个GPO可与AD DS中的多个容器关联。反之，多个GPO也可链接到一个容器。

1. 域级策略

域级策略只影响属于该域的用户和计算机。一般情况下存在两个默认域级策略，如表4-1所示。

表4-1 默认域级策略（域策略、域控制器策略）

策略	描述
默认域策略（Default Domain Policy）	此策略链接到域容器，并且影响该域中的所有对象
默认域控制器策略(Default Domain Controllers Policy）	此策略链接到域控制器的容器，并影响该容器中的对象

可以创建其他域级策略，然后将其链接到AD DS中的各种容器，以将具体配置应用于选定对象。例如，提供额外安全性设置的GPO可应用于包含应用程序服务器计算机账户的组织单位。又例如，GPO可限制某个组织单位中用户的桌面环境。

2. 本地策略

运行Windows Server 2012的每台计算机都有本地组策略。此策略影响本地计算机，以及登录到该计算机的任何用户，包括从该本地计算机登录到域的域用户。

在工作组或单机情况下，只有本地组策略可用于控制计算机环境。

本地策略设置存储在本地计算机上的“%SystemRoot%\system32\GroupPolicy”文件夹中，该文件夹为隐藏文件夹。

4.1.2 组策略的功能

组策略提供的主要功能如下。

- 账户策略的设置：如设置用户账户的密码长度、密码使用期限、账户锁定策略等。
- 本地策略的设置：如审核策略的设置、用户权限的分配、安全性的设置等。
- 脚本的设置：如登录与注销、启动与关机脚本的设置。
- 用户工作环境的设置：如隐藏用户桌面上所有的图标、删除【开始】菜单中的【运行】选项、在【开始】菜单中添加【注销】选项、删除浏览器的部分选项、强制通过指定的代理服务器上网等。

- 软件的安装与删除：用户登录或计算机启动时，自动为用户安装应用软件、自动修复应用软件或自动删除应用软件。
- 限制软件的执行：通过各种不同的软件限制策略来限制域用户只能运行指定的软件。
- 文件夹的重定向：如改变文件、【开始】菜单等文件夹的存储位置。
- 限制访问可移动存储设备：如限制将文件写入 AU 盘，以免企业内机密文件轻易被带离公司。
- 其他的系统设置：如让所有的计算机都自动信任指定的 CA（Certificate Authority）、限制安装设备驱动程序（Device Driver）等。

可以在 AD DS 中针对站点（SIte）、域（Domain）与组织单位（OU）来设置组策略。组策略内包含计算机配置与用户配置两部分。

- 计算机配置：当计算机开机时，系统会根据计算机配置的内容来设置计算机的环境。例如，若针对域 long.com 设置了组策略，此组策略内的计算机设置就会被应用到这个域内的所有计算机。
- 用户配置：当用户登录时，系统会根据用户配置的内容来设置用户的工作环境。例如，若针对组织单位 sales 设置了组策略，其中的用户配置就会被应用到这个组织单位内的所有用户。

4.1.3 组策略对象

组策略是通过 GPO 来设置的，而只要将 GPO 链接到指定的站点、域或组织单位，此 GPO 内的设置值就会影响到该站点、域或组织单位内的所有用户与计算机。

1. 内置的 GPO

AD DS 域有两个内置的 GPO（见表 4-1），它们分别如下。

- Default Domain Policy：此 GPO 默认已经被链接到域，因此其设置值会被应用到整个域内的所有用户与计算机。
- Default Domain Controllers Policy：此 GPO 默认已经被链接到组织单位 Domain Controllers，因此其设置值会被应用到 Domain Controllers 内的所有用户与计算机（Domain Controllers 内默认只有域控制器的计算机账户）。

可以单击【开始】菜单→选择【管理工具】选项→选择【组策略管理】选项来验证 Default Domain Policy 与 Default Domain Controllers Policy 是否分别已经被链接到域 long.com 与组织单位 Domain Controllers，如图 4-2 所示。

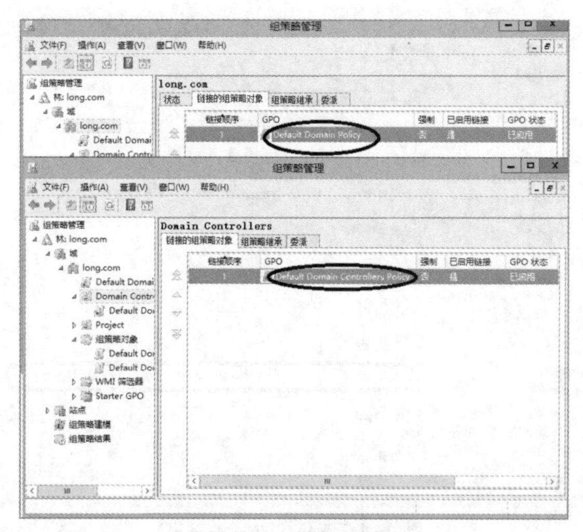

图 4-2 内置 GPO

注意　在尚未彻底了解组策略以前,请暂时不要随意更改 Default Domain Policy 或 Default Domain Controllers Policy 这两个 GPO 的设置值,以免影响系统运行。

2. GPO 的内容

GPO 的内容被分为 GPC 与 GPT 两部分,它们分别被存储在不同的位置。

(1)GPC。

GPC(Group Policy Container)存储在 AD DS 数据库内,它记载着此 GPO 的属性与版本等数据。域成员计算机可通过属性来得知 GPC 的存储位置,而域控制器可利用版本来判断其所拥有的 GPO 是否为最新版本,作为是否需要从其他域控制器复制最新 GPO 的依据。

可以通过下面的方法来查看 GPC:单击【开始】菜单→选择【管理工具】选项→选择【Active Directory 管理中心】选项→单击树视图图标→展开域(如 long)→展开【System】容器→单击【Policies】,如图 4-3 所示,图 4-3 中间圈起来的部分为 Default Domain Policy 与 Default Domain Controllers Policy 这两个 GPO 的 GPC,图 4-3 中的数字分别是这两个 GPO 的全局唯一标识符(Global Unique Identifier,GUID)。

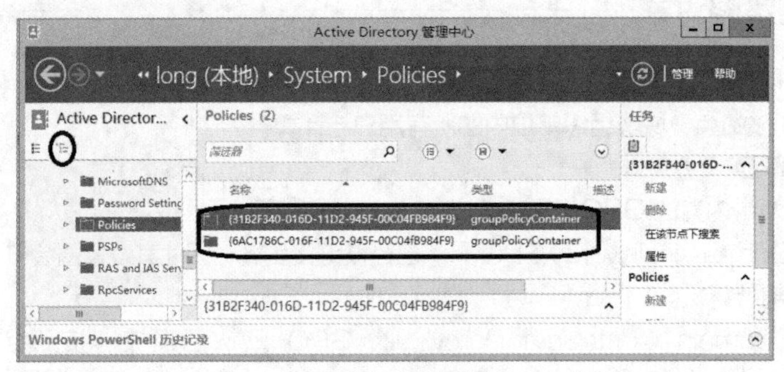

图 4-3　查看 GPC

如果要查询 GPO 的 GUID,例如,要查询 Default Domain Policy 的 GUID,则可以在【组策略管理】窗口中单击【Default Domain Policy】→选择【详细信息】选项卡→查看【唯一 ID】,如图 4-4 所示。

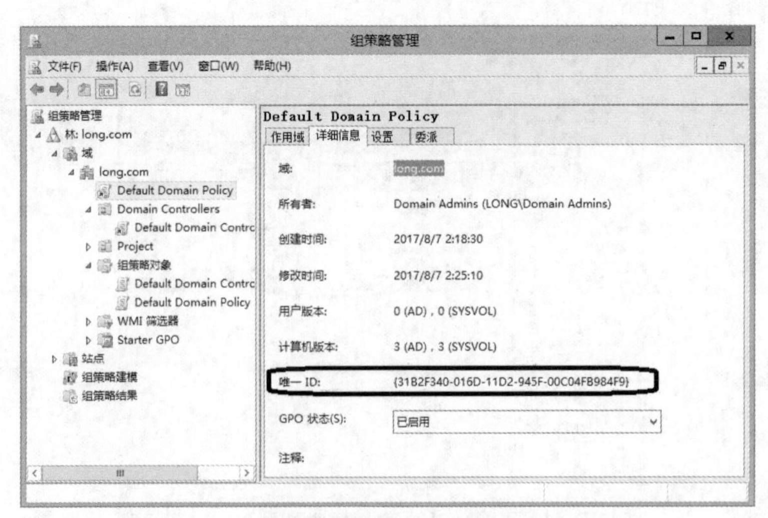

图 4-4　查询 GPO 的 GUID

（2）GPT。

GPT（Group Policy Template）用来存储 GPO 的设置值与相关文件，它是一个文件夹，而且被建立在域控制器的“%SystemRoot%\SYSVOL\sysvol\域名\Policies”文件夹内。系统利用 GPO 的 GUID 来当作 GPT 的文件夹名称，例如，图 4-5 中的两个 GPT 文件夹名称分别是 Default Domain Policy 与 Default Domain Controllers Policy 的 GUID。

图 4-5　GPT（Group Policy Template）

> **提示**　每一台计算机都有本地计算机策略，可以打开【开始】快捷菜单→选择【运行】选项，输入 MMC 后单击【确定】按钮→单击【文件】菜单→选择【添加/删除管理单元】选项→选择【组策略对象编辑器】选项→依次单击【添加】【确定】【完成】按钮来建立管理本地计算机策略的工具。本地计算机策略的设置数据被存储在本地计算机的“%SystemRoot%\System32\GroupPolicy”文件夹内，它是一个隐藏文件夹。

4.1.4　组策略设置

组策略有上千个可配置设置（约 2400 个）。这些设置几乎可影响计算机环境的各个方面，但不可能将所有设置应用于所有版本的 Windows 操作系统。例如，Windows 7 操作系统 Service Pack (SP)2 附带的很多新设置（如软件限制策略），只适用于该操作系统。同样，数百种新设置中的很多设置只适用于 Windows 8 操作系统和 Windows Server 2012。如果对计算机应用它无法处理的设置，那么它将直接忽略该设置。

1. 组策略结构

组策略分成两个不同的领域，如表 4-2 所示。

表 4-2　组策略的不同领域

组策略领域	作用
计算机配置	影响 HKEY Local Machine 注册表配置单元
用户配置	影响 HKEY Current User 注册表配置单元

2. 配置组策略设置

每个组策略的领域有 3 个部分，如表 4-3 所示。

表 4-3　组策略的设置

策略部分	作用
软件设置	软件可部署到用户或计算机。部署到用户的软件特定用于该用户。部署到计算机上的软件对该计算机的所有用户可用
Windows 设置	包含针对用户和计算机的脚本设置和安全性设置，以及针对用户配置的 Internet Explorer 维护
管理模板	包含数百个设置，这些设置修改注册表，以控制用户或计算机环境的各个方面

4.1.5 首选项设置

只有域的组策略才有首选项设置功能，本地计算机策略并无此功能。

- 策略设置是强制性设置，客户端应用这些设置后就无法更改（有些设置虽然客户端可以自行变更设置值，不过下次应用策略时，仍然会被改为策略的设置值）；而首选项设置是非强制性的，客户端可自行更改设置值，因此首选项设置适合用来当作默认值。
- 若要过滤策略设置，则必须针对整个 GPO 来过滤，例如，某个 GPO 已经被应用到 sales，但是可以通过过滤设置来让其不要应用到 sales 中的 Alice，也就是整个 GPO 内的所有设置项目都不会被应用到 Alice，而首选项设置可以针对单一设置项目来过滤。
- 如果在策略设置与首选项设置内有相同的设置项目，而且都已做了设置，但是其设置值却不相同，则以策略设置优先。

（1）设备安装。

通过策略设置，可以用阻止用户安装驱动程序的方法来限制用户安装某些特定类型的硬件设备。

通过首选项设置，可以禁用设备和端口，但它不会阻止设备驱动程序的安装，也不会阻止具有相应权限的用户通过设备管理器启用设备或端口。

如果想完全锁定并阻止某个特定设备的安装和使用，则可以将策略设置和首选项设置配合起来使用：用首选项设置来禁用已安装的设备，通过策略设置阻止该设备驱动的安装。

策略位置：计算机配置\策略\管理模板\系统\设备安装限制\
首选项位置：计算机配置\首选项\控制面板设置\设备\

（2）文件和文件夹。

通过策略设置可以为重要的文件和文件夹创建特定的访问控制列表（Access Control Lists，ACL）。然而，只有目标文件或文件夹存在的情况下，ACL 才会被应用。

通过首选项设置，可以管理文件和文件夹：通过从源计算机复制的方法来创建、更新、替换或删除文件；可以指定在创建、更新、替换或删除操作时，是否删除文件夹中现存的文件和子文件夹。

因此，可以用首选项设置来创建一个文件或文件夹，再通过策略设置对创建的文件或文件夹设置 ACL。需要注意的是，在首选项设置中应该选择【只应用一次而不再重新应用】，否则，创建、更新、替换或删除的操作会在下一次组策略刷新时被重新应用。

策略位置：计算机配置\策略\Windows 设置\安全设置\文件系统\
首选项位置：计算机配置\首选项\Windows 设置\文件\
计算机配置\首选项\Windows 设置\文件夹\

（3）Internet Explorer。

在计算机配置中，策略（Internet Explorer）配置了浏览器的安全增强并帮助锁定 Internet 安全区域设置。

在用户配置中，策略用于指定主页、搜索栏、链接、浏览器界面等。在用户配置的首选项（Internet 选项）中，允许设置 Internet 选项中的任何选项。

因为策略是被管理的，而首选项是不被管理的，当用户想要强制设定某些 Internet 选项时，应该使用策略设置。尽管也可以使用首选项来配置 Internet Explorer，但是因为首选项是非强制性的，所以用户可以自行更改设置。

策略位置：计算机配置\策略\管理模板\Windows 组件\Internet Explorer\
用户配置\策略\管理模板\Windows 组件\Internet Explorer\
首选项位置：用户配置\首选项\控制面板设置\Internet 设置\

（4）打印机。

通过策略设置，可以设置打印机的工作模式、计算机允许使用的打印功能、用户允许对打印机的操作等。

通过首选项设置可以配置和映射打印机，这些首选项包括配置本地打印机和映射网络打印机。

因此，可以运用首选项设置为客户机创建网络打印机或本地打印机，通过策略设置来限制用户和客户机的打印相关功能设置。

策略位置：用户配置\策略\管理模板\控制面板\打印机\
计算机配置\策略\管理模板\控制面板\打印机\
首选项位置：用户配置\首选项\控制面板设置\打印机\

（5）【开始】菜单。

通过策略设置，可以控制和限制【开始】菜单选项和不同的【开始】菜单行为。例如，可以指定是否要在用户注销时清除最近打开的文档历史，或是否在【开始】菜单上禁用拖放操作；还可以锁定任务栏，移除系统通知区域的图标，以及关闭所有气球通知等。

通过首选项设置，可以如同通过控制面板中的任务栏和【开始】菜单属性对话框一样来进行配置。

（6）用户和组。

通过策略设置，可以限制 AD 组或计算机本地组的成员。

通过首选项设置，可以创建、更新、替换或删除计算机本地用户和本地组。

对于计算机本地用户，可以进行如下操作。

① 重命名用户账户。

② 设置用户密码。

③ 设置用户账户的状态标识（如账户禁用标识）。

对于计算机本地组，可以进行如下操作。

① 重命名组。

② 添加或删除当前用户。

③ 删除成员用户或成员组。

策略位置：计算机配置\策略\Windows 设置\安全设置\受限制的组\
首选项位置：计算机配置\首选项\控制面板设置\本地用户和组\
用户配置\首选项\控制面板设置\本地用户和组\

4.1.6 组策略的应用时机

当修改了站点、域或组织单位的 GPO 设置值后，这些设置值并不是立刻就对其中的用户与计算机有效，而是必须等 GPO 设置值被应用到用户或计算机后才生效。计算机配置与用户配置的应用时机并不相同。

1. 计算机配置的应用时机

域成员计算机会在下面的场合中应用 GPO 的计算机配置值。

（1）计算机开机时会自动应用。

（2）若计算机已经开机，则会每隔一段时间自动应用。

- 域控制器：默认是每隔 5 分钟自动应用一次。
- 非域控制器：默认是每隔 90～120 分钟自动应用一次。
- 不论策略设置值是否发生变化，都会每隔 16 小时自动应用一次安全设置策略。

（3）手动应用：到域成员计算机上打开【命令提示符】窗口或【Windows PowerShell】窗口，执行“gpupdate /target:computer /force”命令。

2. 用户配置的应用时机

域用户会在下面的场合中应用 GPO 的用户配置值。

（1）用户登录时会自动应用。

（2）若用户已经登录，则默认会每隔 90～120 分钟自动应用一次，且不论策略设置值是否发生变化，都会每隔 16 小时自动应用一次安全设置策略。

（3）手动应用：到域成员计算机上打开命令提示符窗口或【Windows PowerShell】窗口，执行“gpupdate /target:user /force”命令。

提示 ① 执行“gpupdate/…/force”命令会同时应用计算机配置与用户配置。
② 部分策略设置需要计算机重新启动或用户登录才有效，如软件安装策略与文件夹重定向策略。

4.1.7 组策略处理顺序

默认情况下，组策略具有继承性，即连接到域的组策略会应用到域内的所有组织单位，如果组织单位下还有组织单位，则连接到上级组织单位的组策略默认也会应用到下级组织单位中。

但应用于用户或计算机的 GPO 并非都有相同的优先顺序。GPO 是按照特定顺序应用的，这意味着后处理的设置可能覆盖先处理的设置。例如，应用在域级的限制访问控制面板的策略，可能会被应用于组织单位级的策略取消。

组策略通常会根据活动目录对象的隶属关系按顺序应用对应的组策略，组策略应用顺序如图 4-6 所示。

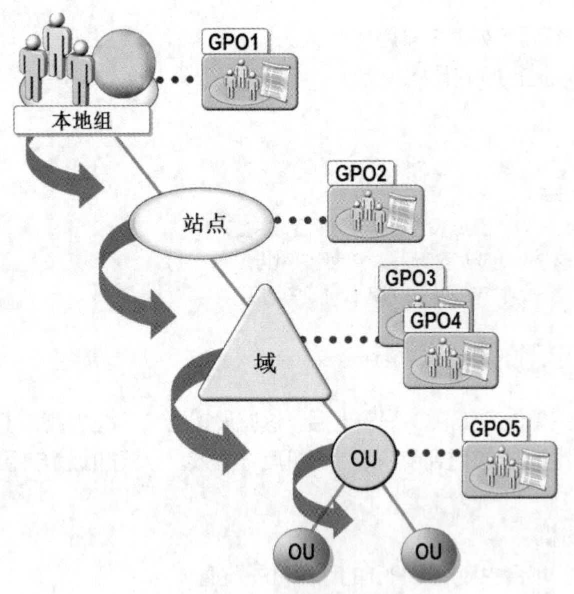

图 4-6 组策略应用顺序

组策略的应用顺序如下。

① 本地组策略。

② 站点级 GPO。

③ 域级 GPO。

④ 组织单位 GPO。

⑤ 任何子组织单位 GPO。

在组策略应用中，计算机策略总是先于用户策略，默认情况下，如果图 4-6 所示的组策略间存在设置冲突，则按“就近原则”，后应用的组策略设置将生效。

4.2 实践项目设计与准备

未名公司决定实施组策略来管理用户桌面，以及配置计算机安全性。公司已经实施了一种组织单位配置，在该配置中，顶级组织单位代表不同的地点，每个地点组织单位中的子组织单位代表不同的部门。用户账户与其工作站计算机账户处于同一个容器中。服务器计算机账户分散在各个组织单位中。

企业管理员创建了一个 GPO 部署计划。公司要求你创建 GPO 或编辑 GPO，以使某些策略可应用于所有域对象。部分策略是必须实施的策略。你还需要创建只应用于一小部分域对象的策略设置，并且使计算机设置和用户设置有不同的策略。公司要求你配置组策略对象，以使特定设置应用于用户桌面和计算机。

本项目主要的管理计算机与用户工作环境的设置任务如下：计算机配置的管理模板策略、用户配置的管理模板策略、账户策略、用户权限分配策略、安全选项策略、登录/注销、启动/关机脚本、文件夹重定向，以及使用组策略来限制访问可移动存储设备。

本项目要用到域控制器 DC1.long.com、加入域的两台客户计算机 WIN8-1（安装了 Windows 8 操作系统）和 MS1（安装了 Windows Server 2012 的成员服务器）。

4.3 实践项目实施

下面开始具体任务。

任务 4-1 管理“计算机配置的管理模板策略”

在 dc1.long.com 上设置计算机配置的管理模板策略：显示“关闭事件追踪程序”，在用户登录期间显示有关以前登录的信息。下面在域 long.com 上实现该策略，对 Default Domain Controllers Policy 进行设置。

1. 设置系统不再要求用户提供关机的理由

设置系统不再要求用户提供关机的理由

以域控制器 dc1.long.com 为例进行设置。

STEP 1 在域控制器 dc1.long.com 上利用系统管理员身份登录。

STEP 2 单击【开始】菜单→选择【管理工具】选项→选择【组策略管理】选项，打开【组策略管理】窗口。

STEP 3 展开【Domain Controllers】→选中【Default Domain Controllers Policy】并单击鼠标右键→选择【编辑】选项，如图 4-7 所示。

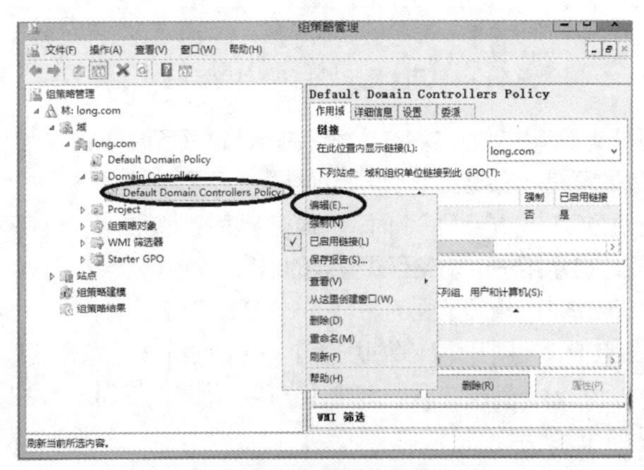

图 4-7 【组策略管理】窗口

STEP 4　展开【计算机配置】→【策略】→【管理模板】→【系统】，双击【显示“关闭事件跟踪程序”】选项，如图4-8所示。

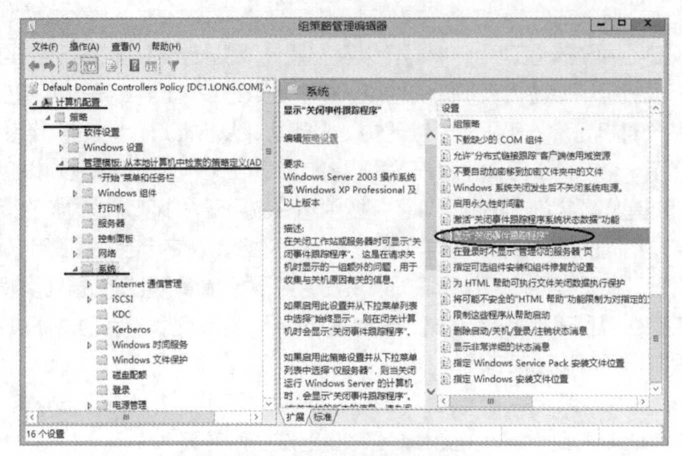

图4-8 【组策略管理编辑器】窗口

STEP 5　选择【已禁用】单选项，单击【应用】按钮后，单击【确定】按钮，如图4-9所示。

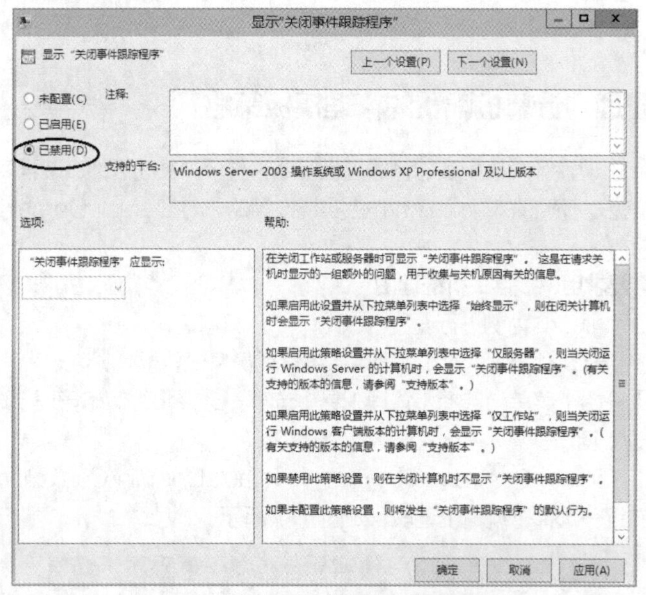

图4-9　禁用【显示“关闭事件跟踪程序”】

STEP 6　重启计算机使策略生效；或者在【命令提示符】窗口中输入“gpupdate/force”，强制组策略生效。（后面的例子都需要使组策略生效后再验证结果，不再一一赘述。）

STEP 7　当再次关闭DC1或重启DC1时，计算机会直接关闭或重启，不再出现提示信息对话框。

显示用户以前交互式登录的信息

2. 显示用户以前交互式登录的信息

STEP 1　重复前面的STEP1～STEP13。

STEP 2　展开【计算机配置】→【策略】→【管理模板】→【Windows组件】→【Windows登录选项】,双击【在用户登录期间显示有关以前登录的信息】选项，如图4-10所示。

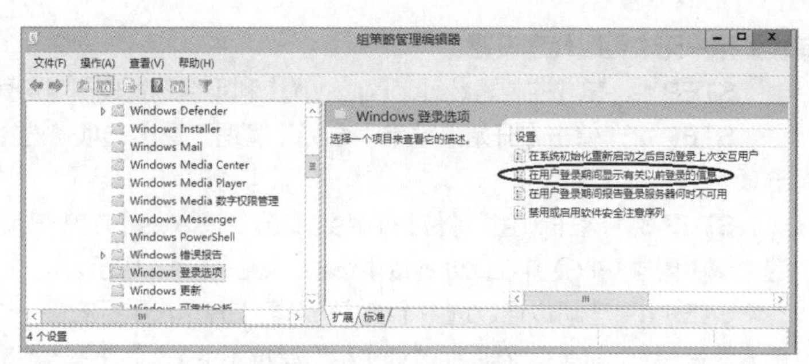

图 4-10　设置 Windows 登录选项

STEP 3　在图 4-11 所示的对话框中选择【已启用】单选项，单击【应用】按钮后，单击【确定】按钮。

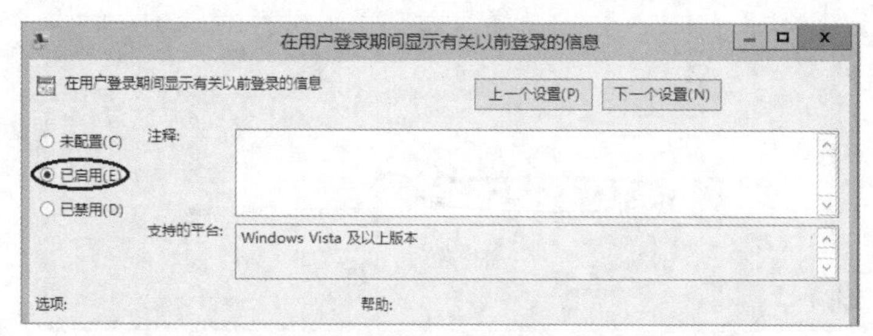

图 4-11　启用【在用户登录期间显示有关以前登录的信息】

STEP 4　重启计算机使策略生效；或者在【命令提示符】窗口中输入“gpupdate/force”，强制组策略生效。

STEP 5　当注销 DC1 或重启 DC1 时，登录成功后会显示以前登录的信息，如图 4-12 所示。

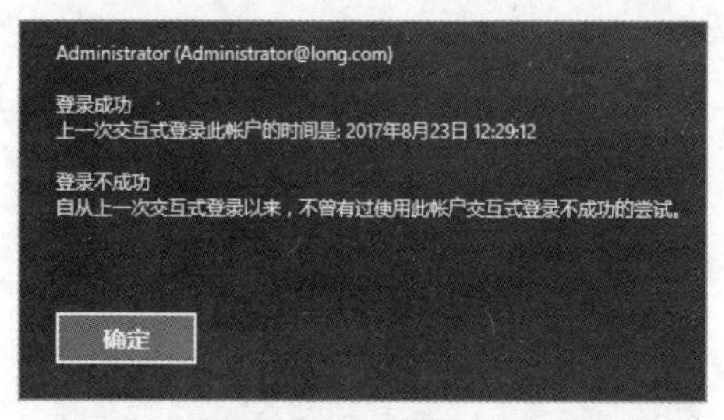

图 4-12　在用户登录期间显示以前登录的信息

问题与思考：如果上述组策略应用到“Default Domain Policy”上，有何不同？请读者思考。

参考答案：若在客户端计算机上通过本地计算机策略来启用此策略，而此计算机并未加入域功能等级为Windows Server 2008（含）以上的域，则用户在这台计算机登录时将无法获取登录信息，也无法登录。

任务 4-2　管理“用户配置的管理模板策略”

域 long.com 内有一个组织单位 sales，而且已经限定它们需通过企业内部的代理服务器上网（代理服务器 proxy server 的设置请参考后面的说明）。为了避免用户自行修改这些设置值，下面要将其浏览器 Internet Explorer 的【连接】选项卡内设置代理服务器的功能禁用。

由于目前并没有任何 GPO 被链接到组织单位 sales，因此需要先建立一个链接到 sales 的 GPO，然后修改此 GPO 设置值来达到目的。

1. 指定组织单位的用户无法更改代理设置

指定组织单位的用户无法更改代理设置

STEP 1　在域控制器 dc1.long.com 上利用系统管理员身份登录。

STEP 2　单击【开始】菜单→选择【管理工具】选项→选择【组策略管理】选项。

STEP 3　展开到组织单位【sales】→选中【sales】并单击鼠标右键→选择【在这个域中创建 GPO 并在此处链接】选项，如图 4-13 所示。

STEP 4　也可以通过选中【组策略对象】并单击鼠标右键→选择【新建】选项的方法来建立 GPO，然后通过选中组织单位【sales】并单击鼠标右键→选择【链接现有 GPO】选项的方法来将上述 GPO 链接到组织单位 sales。

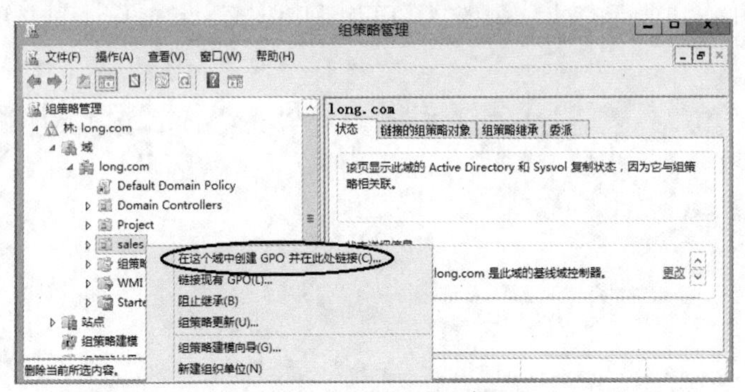

图 4-13　创建 GPO 并链接

提示　若要备份或还原 GPO，则选中【组策略对象】并单击鼠标右键→选择【备份或从备份还原】选项。

STEP 5　为新建的 GPO 命名（如 sales 的 GPO）后单击【确定】按钮，如图 4-14 所示。

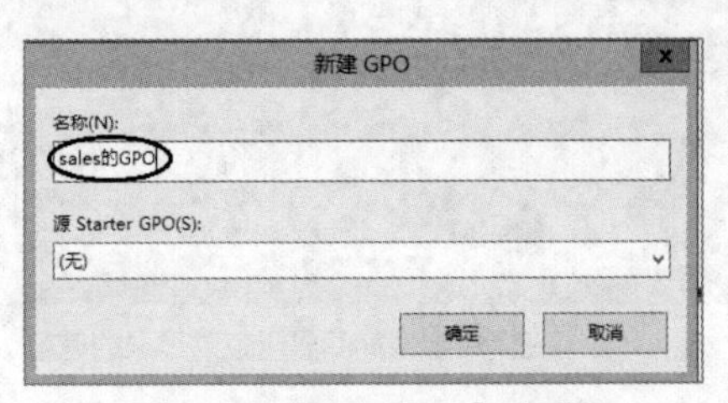

图 4-14 【新建 GPO】对话框

STEP 6　选中这个新建的 GPO 并单击鼠标右键→选择【编辑】选项，如图 4-15 所示。

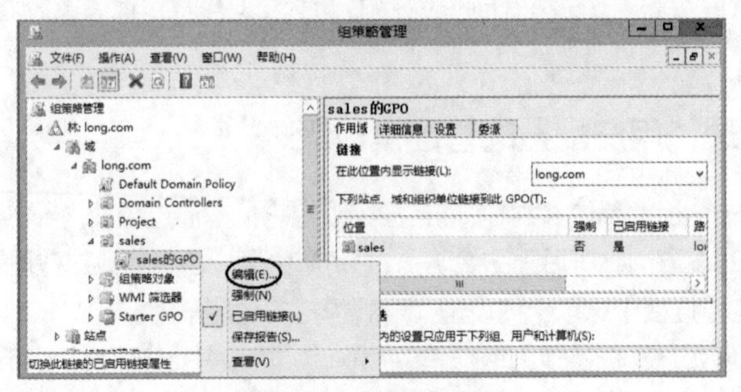

图 4-15 【编辑】选项

STEP 7　展开【用户配置】→【策略】→【管理模板】→【Windows 组件】→【Internet Explorer】，双击【阻止更改代理设置】选项，如图 4-16 所示，在弹出的窗口中选择【已启用】单选项，再依次单击【应用】【确定】按钮。

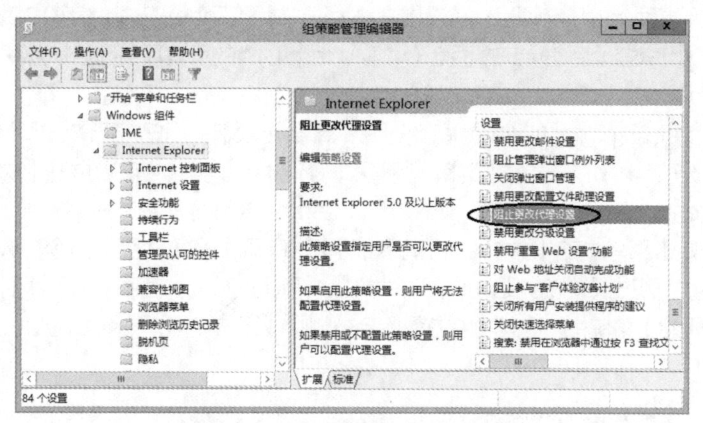

图 4-16 【阻止更改代理设置】选项

STEP 8　利用 sales 内的任何一个用户账户，如 jane，在任何一台域成员计算机（MS1）上登录。（登录前重启设置组策略的计算机或者执行“gpupdate /force”命令，使设置的组策略生效。）

STEP 9　运行浏览器 Internet Explorer→按<Alt>键→单击【工具】菜单→选择【Internet 选项】选项→选择【连接】选项卡→单击【局域网设置】按钮，从对话框中可知无法修改代理服务器设置，如图 4-17 所示。

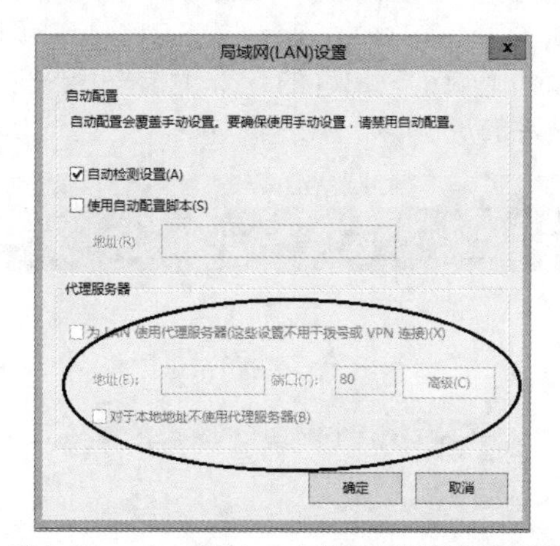

图 4-17　sales 成员 jane 无法更改代理服务器设置

2.【用户配置】→【策略】→【管理模板】中的其他设置

- 限制用户只可以或不可以执行指定的 Windows 应用程序：其设置方法为选中【系统】→双击右侧的【只运行指定的 Windows 应用程序】选项或【不运行指定的 Windows 应用程序】选项。在添加程序时，请输入该应用程序的执行文件名称，如 eMule.exe。

问题与思考：如果用户利用资源管理器更改此程序的文件名，这个策略是否就无法发挥作用？

参考答案：是的，不过可以利用项目5的软件限制策略来达到限制用户运行此程序的目的。

- 隐藏或只显示在控制面板内指定的项目：用户在控制面板内将看不到被隐藏起来的项目或只看得到指定要显示的项目。操作方法：选中【控制面板】→双击右边的【隐藏指定的“控制面板”项】或【只显示指定的“控制面板”项】选项。在添加项目时，请输入项目名称，如鼠标、用户账户等。

- 禁用按<Ctrl+Alt+Del>组合键后所出现界面中的选项：用户同时按下这 3 个键后，将无法使用界面中被禁用的选项，如更改密码、启动任务管理器、锁定计算机、注销等。操作方法：展开【系统】→<Ctrl+Alt+Del>。
- 隐藏和禁用桌面上的所有项目：其设置方法为选中【桌面】→双击【隐藏和禁用桌面上的所有项目】选项。用户登录后的传统桌面上（非 Modern UI）的所有项目都会被隐藏，在桌面上用鼠标右键单击也无效。
- 删除 Internet Explorer 的 Internet 选项中的部分选项卡：用户将无法选择【Internet 选项】中被删除的选项卡，如【安全】【连接】【高级】等选项卡。操作方法：展开【Windows 组件】→选中【Internet Explorer】→双击右边的【Internet 控制面板】选项。
- 删除【开始】菜单中的【关机】、【重新启动】、【睡眠】及【休眠】命令：选中【“开始”菜单和任务栏】→双击【删除并阻止访问“关机”、“重新启动”、“睡眠”和“休眠”命令】选项。在用户的【开始】菜单中，这些功能的图标会被删除或无法使用，按<Ctrl+Alt+Del>组合键后也无法选择它们。

任务 4-3 配置账户策略

可以通过账户策略来设置密码的使用规则与账户锁定方式。在设置账户策略时请特别注意下面的内容。

- 针对域用户所设置的账户策略需通过域级别的 GPO 来设置才有效，例如，通过域的 Default Domain Policy 来设置，此策略会被应用到域内的所有用户。通过站点或组织单位的 GPO 设置的账户策略对域用户没有作用。
- 账户策略不但会被应用到所有的域用户账户，也会被应用到所有域成员计算机内的本地用户账户。
- 若针对某个组织单位（如图 4-18 中的 sales）设置了账户策略，则这个账户策略只会被应用到位于此组织单位的计算机（如图 4-18 中的 MS1）的本机用户账户，对位于此组织单位内的域用户账户（如图 4-18 中的 Jane 等）却没有影响。

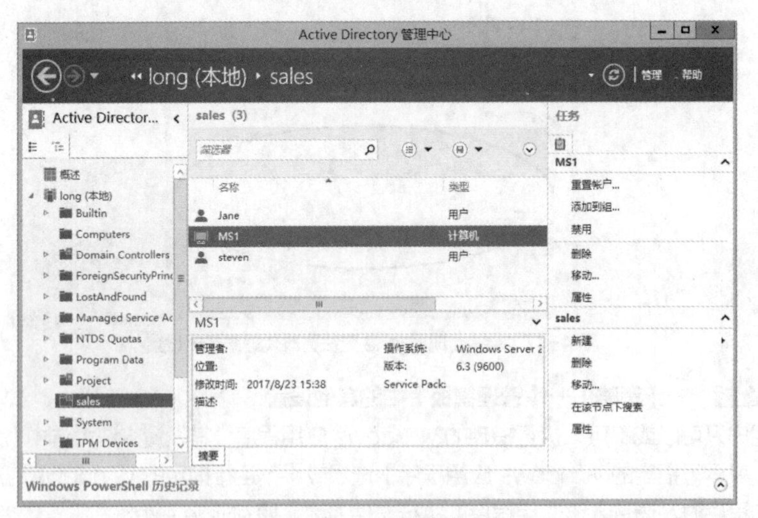

图 4-18 sales 组织单位

> **注意** ①当域与组织单位都设置了账户策略，且设置有冲突时，此组织单位内的成员计算机的本地用户账户会采用域的设置。②域成员计算机也有自己的本地账户策略，不过若其设置与域或组织单位的设置有冲突，则采用域或组织单位的设置。

设置域账户策略的步骤：选中【Default Domain Policy】（或其他域级别的 GPO）并单击鼠标右键，选择【编辑】选项，展开【计算机配置】→【策略】→【Windows 设置】→【安全设置】→【账户策略】，如图 4-19 所示。

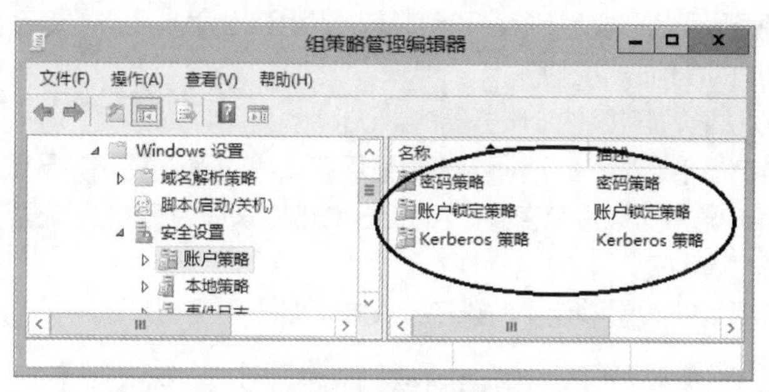

图 4-19　账户策略

1. 密码策略

选中【密码策略】后就可以设置图 4-20 所示的策略。

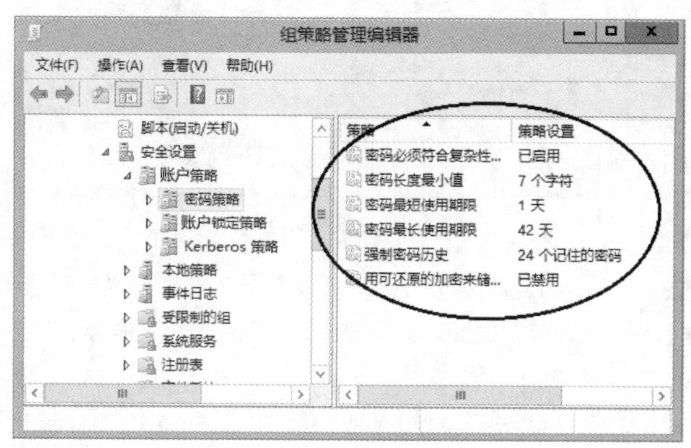

图 4-20　密码策略

（1）【用可还原的加密来存储密码】选项。如果有应用程序需要读取用户的密码，以便验证用户身份的话，就可以启用此功能，不过它相当于用户密码没有加密，因此不安全。默认为禁用。

（2）【密码必须符合复杂性要求】选项。若启用此功能，则用户的密码有以下规范。

- 不可包含用户账户名称（指用户 SamAccountName）或全名。
- 长度至少为 6 个字符。
- 至少包含 A~Z、a~z、0~9、特殊符号（如!、$、#、%）这 4 组字符中的 3 组。

例如，123ABCdef 是有效的密码，而 87654321 是无效的，因为它只使用数字这一种字符。又例如，用户账户名称为 Alice，则 123ABCAlice 是无效密码，因为它包含用户账户名称。AD DS 域与独立服务器默认是启用此策略的。

（3）【密码最长使用期限】选项。此选项用来设置密码最长的使用期限（可为 0~999 天）。用户在登录时，若密码使用期限已到，则系统会要求用户更改密码。若此处为 0，则表示密码没有使用期限限制。AD DS 域与独立服务器默认值都是 42 天。

（4）【密码最短使用期限】选项。此选项用来设置用户密码的最短使用期限（可为 0~998 天），在期限未到前，用户不得更改密码。若此处为 0，则表示用户可以随时变更密码。AD DS 域的默认值为 1，独立服务器的默认值为 0。

（5）【强制密码历史】选项。此选项用来设置是否要记录用户曾经使用过的旧密码，以便决定用户在修改密码时，是否可以重复使用旧密码。此处被设置为如下值。

- 1～24 表示要保存密码历史记录。例如，若设置为 5，则用户的新密码不可与前 5 次使用的旧密码相同。
- 0 表示不保存密码历史记录，因此密码可以重复使用，也就是用户更改密码时，可以将其设置为以前曾经使用过的任何一个旧密码。
- AD DS 域的默认值为 24，独立服务器的默认值为 0。

（6）【密码长度最小值】选项。此选项用来设置用户账户的密码最少需要几个字符。此处可为 0～14，若为 0，则表示用户账户可以没有密码。AD DS 域的默认值为 7，独立服务器的默认值为 0。

2. 账户锁定策略

可以通过账户锁定策略来设置锁定用户账户的方式，如图 4-21 所示。

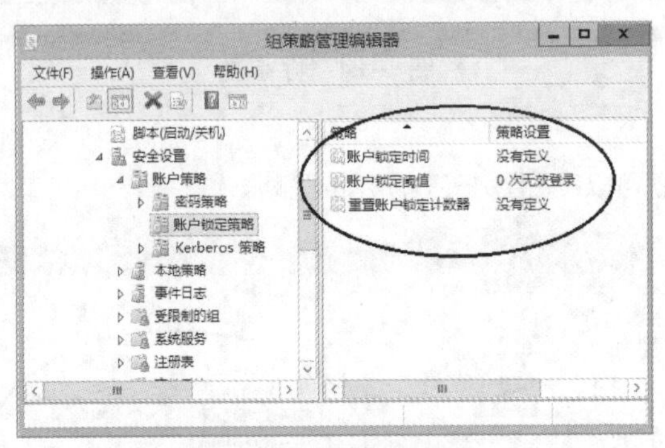

图 4-21　账户锁定策略

- 【账户锁定阈值】选项。此选项可以在用户多次登录失败后（密码错误），将该用户账户锁定，在解除锁定之前，用户无法再利用此账户来登录。此处用来设置登录失败次数，其值可为 0～999。默认值为 0，表示账户永远不会被锁定。
- 【账户锁定时间】选项。此选项用来设置锁定账户的时间，时间过后账户会自动解除锁定。此处可为 0～99999 分钟，若为 0 分钟，则表示永久锁定，不会自动解除锁定，此时需由系统管理员手动解除锁定（账户被锁定后在该账户属性里会有【解除锁定】选项）。
- 【重置账户锁定计数器】选项。"锁定计数器"用来记录用户登录失败的次数，其初始值为 0，用户若登录失败，则锁定计数器的值会加 1；若登录成功，则锁定计数器的值会归零。若锁定计数器的值等于账户锁定阈值，则该账户会被锁定。

任务 4-4　配置用户权限分配策略

系统默认只有某些组（如 administrators）内的用户才有权限在扮演域控制器角色的计算机上登录。而普通用户 Alice 在域控制器上登录时，屏幕上会出现图 4-22 所示的警告信息，且无法登录，除非该用户被赋予允许本地登录的权限。

图 4-22　不允许本地登录域控制器的警告信息

1. 在域控制器上开放“允许本地登录”权限

假设要让域 long 内 Domain Users 组内的用户可以在域控制器上登录。下面通过默认的 Default Domain Controllers Policy 来设置，也就是说，要让这些用户在域控制器上拥有允许本地登录的权限。

在域控制器上开放“允许本地登录”权限

> **注意** ①一般来说，域控制器等重要的服务器不应该允许普通用户登录。②在成员服务器、Windows 8、Windows 10 等非域控制器的客户端计算机上练习，则下面的步骤可免，因为 Domain Users 组内的用户默认在这些计算机上拥有允许本地登录的权限。

STEP 1　在域控制器 DC1 上利用系统管理员身份登录。

STEP 2　单击【开始】菜单→选择【管理工具】选项→选择【组策略管理】选项。

STEP 3　展开到【Domain Controllers】→选中【Default Domain Controllers Policy】并单击鼠标右键→选择【编辑】选项，如图 4-23 所示。

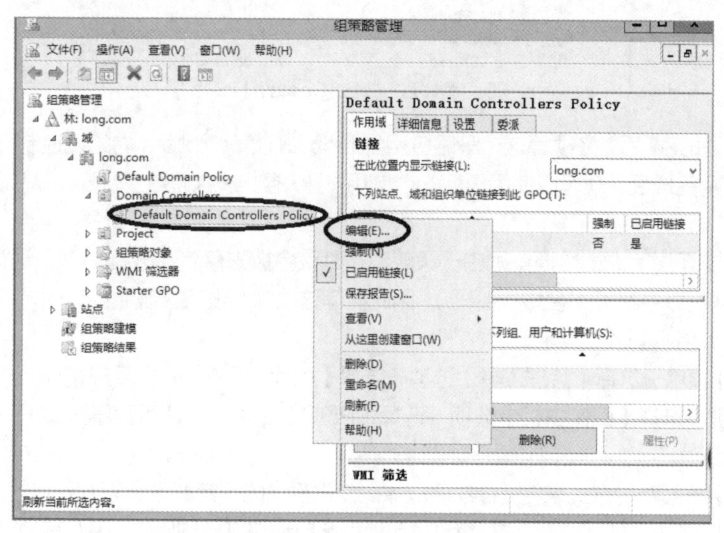

图 4-23 【组策略管理】窗口

STEP 4　展开【计算机配置】→【策略】→【Windows 设置】→【安全设置】→【本地策略】→【用户权限分配】，双击【允许本地登录】选项，如图 4-24 所示。

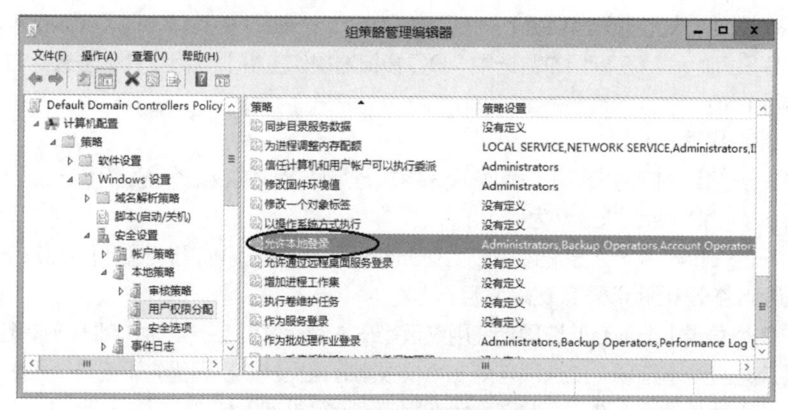

图 4-24 【组策略管理编辑器】窗口

STEP 5　单击【添加用户或组】按钮→输入或选择域 long 内的 Domain Users 组→依次单击两次【确定】按钮，如图 4-25 所示。由图 4-25 中可看出默认只有 Account Operators、Administrators 等组才拥有允许本地登录的权限。

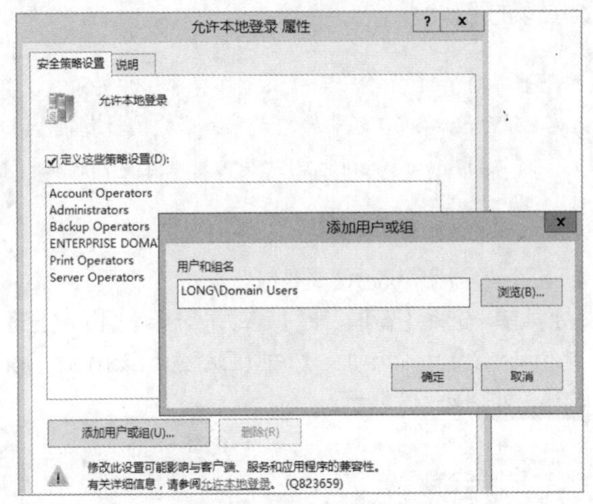

图 4-25　添加用户或组（Domain Users）

STEP 6　添加完成后，必须等这个策略应用到 Domain Controllers 内的域控制器后才有效（见前面的说明）。待应用完成后，就可以使用任何一个域用户账户到域控制器上登录，来测试允许本地登录功能是否正常。

另外，如果域内有多台域控制器，则由于策略设置默认会被先存储到扮演 PDC 模拟器操作主机角色的域控制器（默认是域中的第 1 台域控制器），因此要等这些策略设置被复制到其他域控制器，然后再等这些策略设置值应用到这些域控制器。

选择【开始】菜单→选择【管理工具】选项→选择【Active Directory 用户和计算机】选项→选中域名并单击鼠标右键→选择【操作主机】选项→选择【PDC】选项卡，即可查看扮演 PDC 模拟器操作主机的域控制器。

系统可以利用下面两种方式来将 PDC 模拟器操作主机内的组策略设置复制到其他域控制器。

- 自动复制。PDC 模拟器操作主机默认 15 秒后会自动将其复制出去，因此其他的域控制器可能需要等 15 秒或更久的时间才会收到此设置值。
- 手动立即复制。假设 PDC 模拟器操作主机是 DC1，而我们要将组策略设置手动复制到域控制器 DC2。请在域控制器上单击【开始】菜单→选择【管理工具】选项→选择【Active Directory 站点和服务】选项，依次展开【Sites】→【Default-First-Site-Name】→【Servers】→【DC2】→【NTDS Settings】，在窗口右侧选中 PDC 模拟器操作主机【DC1】并单击鼠标右键→选择【立即复制】选项。

2. 其他“用户权限分配”

可以通过图 4-26 中的用户权限分配选项来将执行特殊操作的权限分配给用户或组（图 4-26 以 Default Domain Controllers Policy 为例）。

要分配图 4-26 右侧任何一个权限给用户：双击该权限→单击【添加用户或组】按钮→选择用户或组。下面列举几个比较常用的权限策略来说明。

- 【允许本地登录】选项。此选项允许用户直接在本台计算机上按<Ctrl+Alt+Del>组合键登录。
- 【拒绝本地登录】选项。此选项与前一个权限刚好相反。此权限优先于前一个权限。
- 【将工作站添加到域】选项。此选项允许用户将计算机加入域。

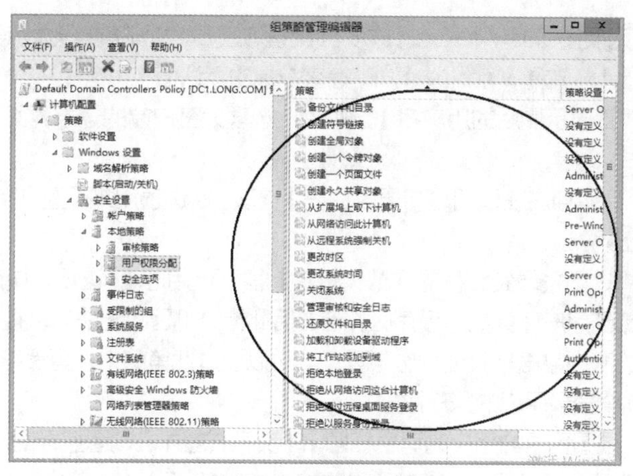

图 4-26　用户权限分配

> **注意**　每一个域用户账户默认有 10 次将计算机加入域的机会，不过一旦拥有将工作站添加到域的权限，其次数就没有限制。

- 【关闭系统】选项。此选项允许用户将此计算机关机。
- 【从网络访问此计算机】选项。此选项允许用户通过网络上其他计算机来连接、访问此计算机。
- 【拒绝从网络访问这台计算机】选项。此选项与前一个权限刚好相反。此权限优先于前一个权限。
- 【从远程系统强制关机】选项。此选项允许用户通过远程计算机将此台计算机关机。
- 【备份文件和目录】选项。此选项允许用户备份硬盘内的文件与文件夹。
- 【还原文件和目录】选项。此选项允许用户还原所备份的文件与文件夹。
- 【管理审核和安全记录】选项。此选项允许用户指定要审核的事件，也允许用户查询与清除安全记录。
- 【更改系统时间】选项。此选项允许用户更改计算机的系统日期与时间。
- 【安装和卸载设备驱动程序】选项。此选项允许用户安装和卸载设备的驱动程序。
- 【取得文件或其他对象的所有权】选项。此选项允许用户夺取其他用户所拥有的文件、文件夹或其他对象的所有权。

任务 4-5　配置安全选项策略

可以通过安全选项策略来启用计算机的一些安全设置，如图 4-27 所示，下面以 sales 的 GPO 为例，列举几个安全选项策略。

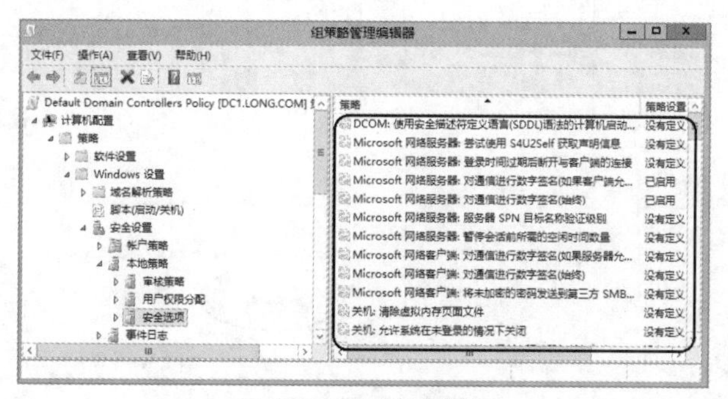

图 4-27　安全选项策略

- 【交互式登录：无须按 Ctrl+Alt+Del】选项。此选项让登录界面不要再显示类似按<Ctrl+Alt+Del>组合键登录的提示（这是 Windows 8.1 等客户端的默认值）。
- 【交互式登录：不显示最后的用户名】选项。此选项让客户端的登录界面不显示上一次登录的用户名。
- 【交互式登录：提示用户在过期之前更改密码】选项。此选项用来设置在用户的密码过期前几天，提示用户更改密码。
- 【交互式登录：之前登录到缓存的次数（域控制器不可用时）】选项。域用户登录成功后，其账户信息会被存储到用户计算机的缓存区，若之后此计算机因故无法与域控制器连接，则该用户还可通过缓存区的账户数据来验证身份与登录。可以通过此策略来设置缓存区内账户数据的数量，默认为记录 10 个登录用户的账户数据。
- 【交互式登录：试图登录的用户的消息标题】、【交互式登录：试图登录的用户的消息文本】选项。通过对这两个选项进行设置，用户在登录时按<Ctrl+Alt+Del>组合键，界面会显示提示信息。这两个选项其中一个用来设置提示信息标题文字，一个用来设置提示信息的内容。
- 【关机：允许系统在未登录的情况下关闭】选项。此选项让登录界面的右下角能够显示关机图标，以便在不需要登录的情况下可直接通过此图标将计算机关闭（这是 Windows 8.1 等客户端的默认值）。

任务 4-6 登录/注销、启动/关机脚本

可以让域用户登录时，其系统自动执行“登录脚本”，而当用户注销时，自动执行“注销脚本”；另外也可以让计算机在开机启动时自动执行“启动脚本”，而关机时自动执行“关机脚本”。

登录脚本的设置

1. 登录脚本的设置

下面利用文件名为 logon.bat 的批处理文件来练习登录脚本。请利用记事本建立此文件，该文件内只有一条如下所示的命令，此命令会在 C 盘中新建文件夹 testdir。

```
Mkdir    c:\testdir
```

下面利用组织单位 sales 的 GPO 进行说明。

STEP 1 单击【开始】菜单→选择【管理工具】选项→选择【组策略管理】选项→展开到组织单位【sales】→选中【sales 的 GPO】并单击鼠标右键→选择【编辑】选项。

STEP 2 展开【用户配置】→【策略】→【Windows 设置】→【脚本（登录/注销）】，双击右侧的【登录】选项→单击【显示文件】按钮，如图 4-28 所示。

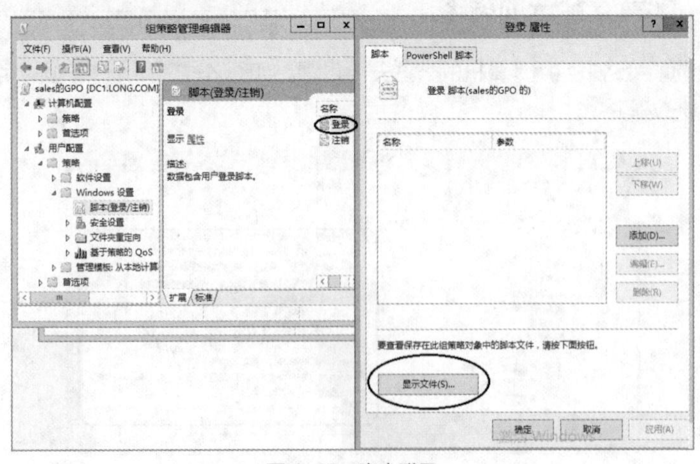

图 4-28 脚本登录

STEP 3 弹出图 4-29 所示的窗口时，请将登录脚本 logon.bat 粘贴到窗口中的文件夹内，此文件夹位于域控制器的 SYSVOL 文件夹内，其完整路径为“%SystemRoot%\SYSVOL\sysvol\域名\Policies\{GUID}\User\Scripts\Logon”（其中的 GUID 是 sales 的 GPO 的 GUID）。

STEP 4 关闭图 4-29 所示的窗口，回到图 4-28 所示的界面后单击【添加】按钮。

图 4-29 logon 文件

STEP 5 在弹出的【添加脚本】对话框中单击【浏览】按钮，如图 4-30 所示，从图 4-29 所示的文件夹内选择登录脚本文件 logon.bat，完成后单击【确定】按钮。

STEP 6 回到图 4-31 所示的对话框并单击【确定】按钮。

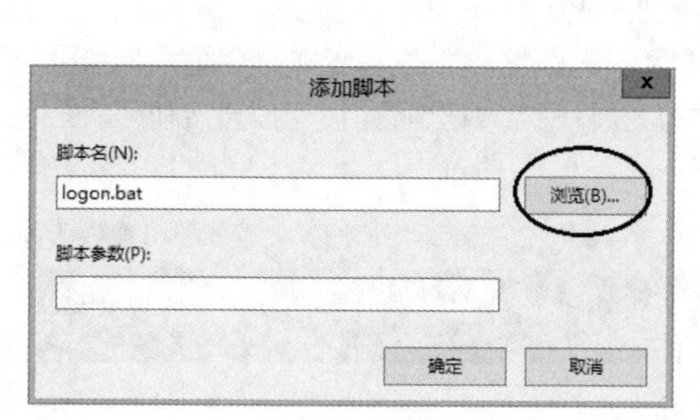

图 4-30 添加脚本

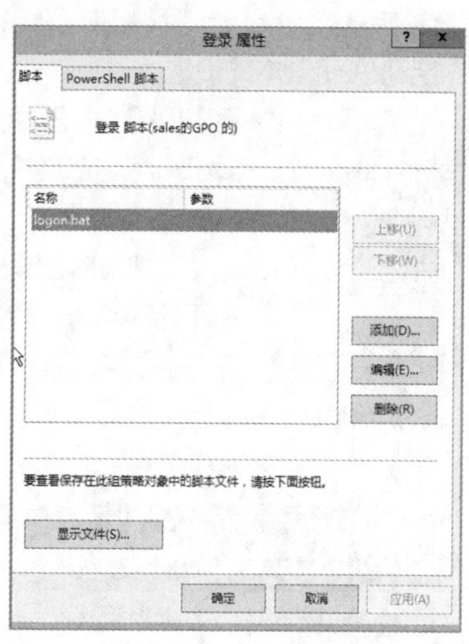

图 4-31 登录属性

STEP 7 完成设置后，组织单位 sales 内的所有用户登录时，系统会自动执行登录脚本 logon.bat，它会在 C 盘中建立文件夹 testdir，请自行利用文件资源管理器来检查，如图 4-32 所示。本例使用 Jane 在成员服务器 ms 上进行登录验证。

图 4-32 利用文件资源管理器来检查结果

注意　若客户端是 Windows Server 2012，则需等一段时间才看得到上述登录脚本的执行结果（本次实验等了约7分钟）。

注销脚本的设置

2. 注销脚本的设置

下面利用文件名为 logon.bat 的批处理文件来练习注销脚本。请利用记事本来建立此文件，其内只有如下一条命令，此命令会将 testdir 文件夹删除。

```
rmdir    c:\testdir
```

下面利用组织单位 sales 的 GPO 进行说明。

STEP 1　将前一个登录脚本设置删除，也就是单击图 4-31 中的【logon.bat】后单击【删除】按钮，以免干扰本实验的结果。

STEP 2　下面的步骤与前一个登录脚本的设置类似，不再重复演示，注意在图 4-28 所示界面中双击【注销】选项，文件名改为 logoff.bat。

STEP 3　在客户端计算机执行“gpupdate/force”命令，以便立即应用上述策略的设置，或在客户端计算机上利用注销，再重新登录的方式来应用上述策略设置。

STEP 4　再注销时，计算机会执行注销脚本 logoff.bat 来删除 C:\testdir，请在登录后利用文件资源管理器来确认 C:\testdir 已被删除（请先确认 logon.bat 已经删除，否则它又会建立此文件夹）。

3. 启动/关机脚本的设置

启动、关机脚本的设置

可以以图 4-33 中组织单位 sales 的 GPO 为例，以图 4-33 中名为 MS1.long.com 的计算机来练习启动/关机脚本。若要练习的计算机不是位于组织单位 sales 内，而是位于容器 Computers 内，则请通过域级别的 GPO 来练习（如 Default Domain Policy），或将计算机账户移动到组织单位 sales 内。

由于启动/关机脚本的设置步骤与前面的登录、注销脚本的设置类似，此处不再重复，注意在图 4-34 所示界面中改为展开【计算机配置】。可以直接利用前面的登录、注销脚本的示例文件来练习。

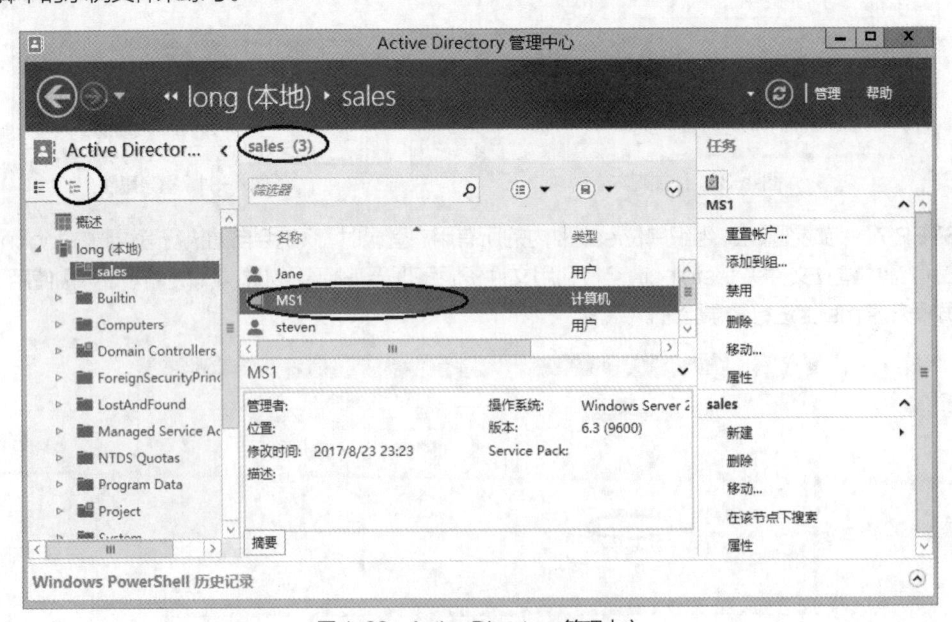

图 4-33　Active Directory 管理中心

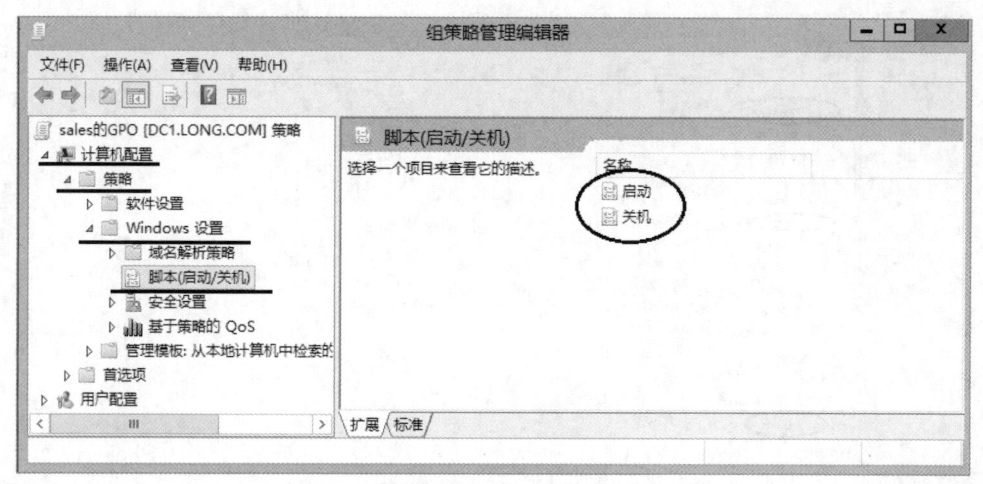

图 4-34 计算机配置

任务 4-7 文件夹重定向

将组织单位 sales 内所有用户的“文档”文件夹重定向

可以利用组策略来将用户的某些文件夹的存储位置重定向到网络共享文件夹内，这些文件夹包括文档、图片、音乐等，如图 4-35 所示。图 4-35 为用户 Jane 在 ms1.long.com 计算机上的个人文件夹，可以打开【文件资源管理器】→单击左侧的【桌面】选项→单击右侧的【Jane】来显示图 4-35 所示的界面。

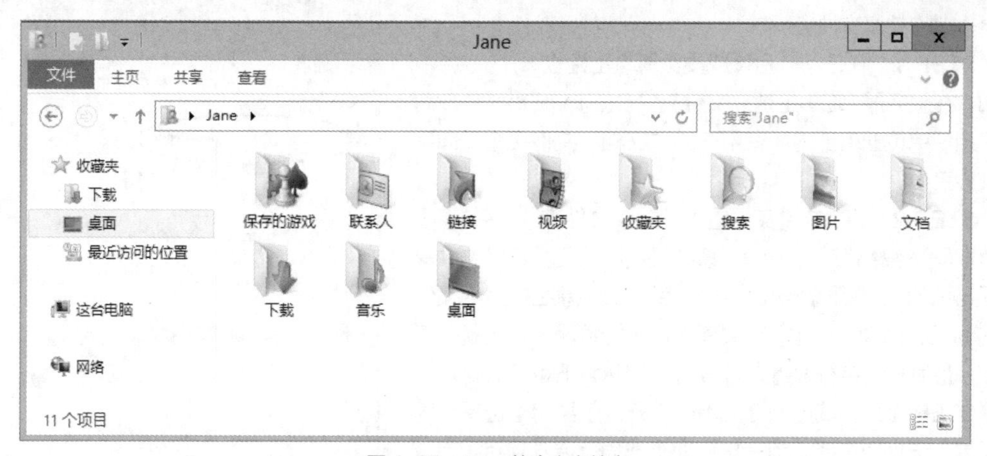

图 4-35 Jane 的个人文件夹

这些文件夹平时存储在本地用户配置个人文件夹内，也就是“%SystemDrive%\用户\用户名”（或“%SystemDrive%\Users\用户名”）文件夹内，例如，图 4-36 所示为用户 Jane（此处显示其登录账户 Jane，不是其显示名称 Jane）的本地用户配置文件文件夹，因此用户换到另外一台计算机登录时，无法访问到这些文件夹。而如果能够将其存储位置改为（重定向到）网络共享文件夹，则用户在任何一台域成员计算机上登录时，都可通过共享文件夹来访问这些文件夹内的文件。

> **注意** 图 4-36 以 Windows Server 2012 的客户端为例，不同的客户端可以被重定向的文件夹也不相同，例如，Windows XP 等旧版系统只有【Application Data】、【我的文档】、【我的图片】与【开始】菜单可以被重定向。

图 4-36　用户 Jane 的本地用户配置个人文件夹

1. 将“文档”文件夹重定向

用户 Jane 可以通过选中图 4-36 中的“文档”文件夹并单击鼠标右键→选择【属性】选项→选择【常规】选项卡的方法来得知其文档当前存储在本地用户配置文件文件夹“C:\Users\jane.LONG”下，如图 4-37 所示。

下面将组织单位 sales 内所有用户（包含 Jane）的“文档”文件夹重定向，来说明如何将文件夹重定向到另外一台计算机上的共享文件夹。

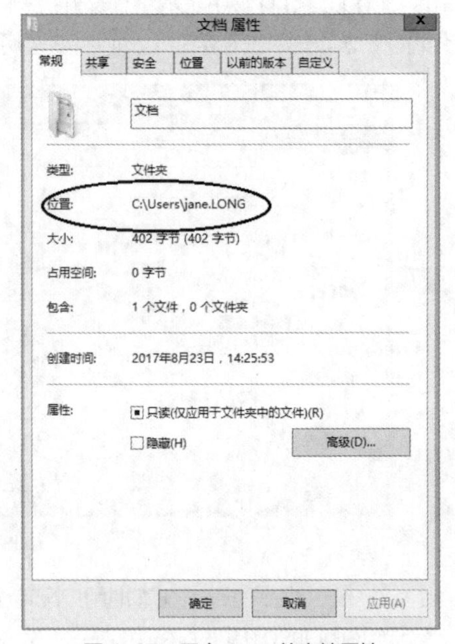

图 4-37　用户 Jane 的文档属性

STEP 1　在任何一台域成员计算机上建立一个文件夹，例如，在服务器 DC1 上建立文件夹“C:\StoreDoc”，然后要将组织单位业务部内所有用户的“文档”文件夹重定向到此文件夹内。

STEP 2　将此文件夹设置为“共享文件夹”，将共享权限读取/写入赋给 Everyone（系统会同时将完全控制的共享权限与 NTFS 权限赋予 Everyone）。其共享名默认为文件夹名称 StoreDoc。建议将共享文件夹隐藏起来，也就是将共享名最后一个字符设置为$符号，如 StoreDoc$。

STEP 3　在域控制器上单击【开始】菜单→选择【管理工具】选项→选择【组策略管理】选项→展开到组织单位【sales】→选中【sales 的 GPO】并单击鼠标右键→选择【编辑】选项。

STEP 4　展开【用户配置】→【策略】→【Windows 设置】→【文件夹重定向】，单击【文档】→单击上方的属性图标，如图 4-38 所示。

STEP 5　参照图 4-39 进行设置，完成后单击【确定】按钮。图 4-39 中的根路径指向建立的共享文件夹“\\dc1\StoreDoc”（必须是 UNC 路径，否则客户端无法访问），系统会在此文件夹下自动为每一位登录的用户分别建立一个专用文件夹，例如，账户名称为 Jane 的用户登录后，系统会自动在“\\dc1\StoreDoc”下建立一个名称为 Jane 的文件夹。

图 4-39 中的【设置】下拉列表框中有下面几个选项。

- 【基本-将每个人的文件夹重定向到同一个位置】选项。此选项会将组织单位 sales 内所有用户的文件夹都重定向。

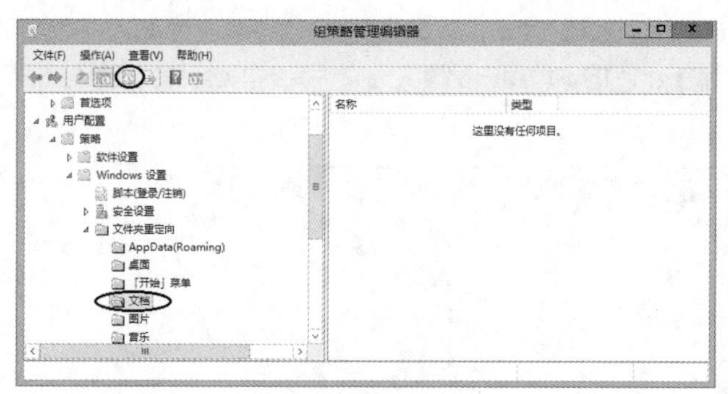

图 4-38 文件夹重定向

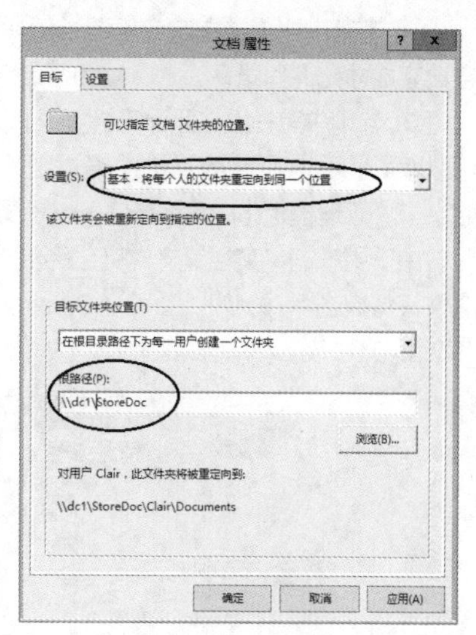

图 4-39 文档属性

- 【高级-为不同的用户组指定位置】选项。此选项会将组织单位 sales 内隶属于特定组的用户的文件夹重定向。
- 【未配置】选项。此选项就是不执行重定向。

图 4-39 中的【目标文件夹位置】下拉列表框中有下面几个选项。

- 【定向到用户的主目录】选项。若用户账户内有指定主目录，则此选项可将文件夹重定向到其主目录。
- 【在根目录路径下为每一用户创建一个文件夹】选项。此选项让每一个用户各有一个专用的文件夹。
- 【重定向到下列位置】选项。此选项将所有用户的文件夹重定向到同一个文件夹。
- 【重定向到本地用户配置文件位置】选项。此选项重定向回原来的位置。

2. 验证

利用组织单位 sales 内的任何一个用户账户到域成员计算机（以 ms1.long.com 为例）登录，如 jane（假设其显示名称为 jane），则 jane 的文档（在 Windows 7 内被称为“我的文档”）将被重定向到“\\dc1\storedoc\jane\documents”文件夹（也就是“\\dc1\storedoc\jane\文档”文件夹）。可以打开【文件资源管理器】→单击【jane】→选中文档并单击鼠标右键→选择【属性】选项，在弹出的对话框中看到“文档”文件夹位于重定向后的新位置“\\dc1\StoreDoc\jane”，如图 4-40 所示。

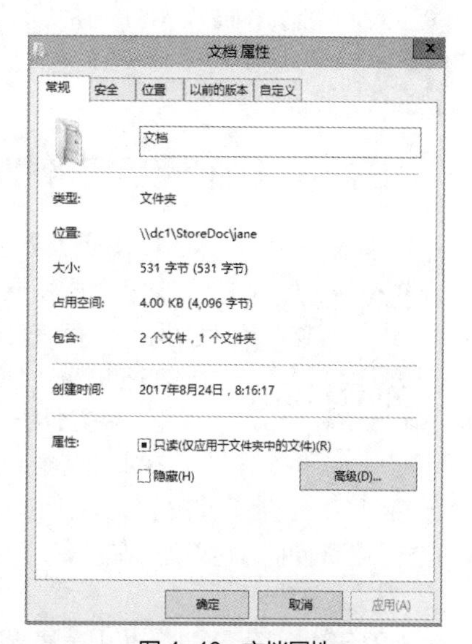

图 4-40 文档属性

几点说明如下。

① 用户可能需要登录两次后，文件夹才会成功地被重定向。用户登录时，系统默认并不会等待网络启动完成后再通过域控制器来验证用户，而是直接读取本地缓存

区的账户数据来验证用户，以便让用户快速登录。等网络启动完成，系统会自动在后台应用策略。不过，因为文件夹重定向策略与软件安装策略需在登录时才有作用，所以本实验可能需要登录两次。

② 若用户账户被指定使用漫游用户配置文件、主目录或登录脚本，则该用户登录时，系统会等网络启动完成才允许登录。

③ 若用户第一次在此计算机登录，因缓存区内没有该用户的账户数据，故必须等网络启动完成，此时可以取得最新的组策略设置值。通过组策略来更改客户端中此默认值的方法为：展开【计算机配置】→【策略】→【管理模板】→【系统】→【登录】，双击【计算机启动和登录时总是等待网络】选项。

由于用户的“文档”文件夹已经被重定向，因此用户原本位于本地用户配置文件文件夹内的“文档”文件夹将被删除，例如，图4-41所示为用户jane的本地用户配置文件文件夹的内容，其中已经看不到“文档”文件夹。

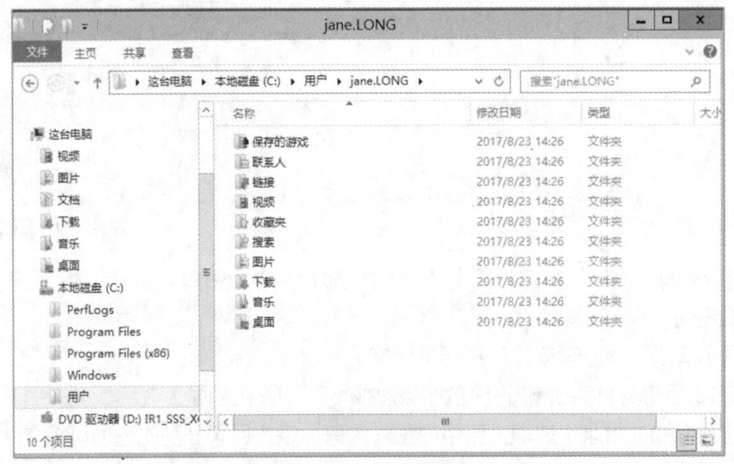

图4-41 jane的本地用户配置文件文件夹

注意 域用户Jane在MS1上登录后，其本地用户配置文件文件夹是C:\用户\jane.LONG。

任务4-8 使用组策略限制访问可移动存储设备

使用组策略限制访问可移动存储设备

1. 任务背景

未名公司基于AD管理用户和计算机，公司基于文件安全的考虑，希望限制员工使用可移动存储设备，避免员工通过可移动存储设备复制公司计算机数据，从而造成公司商业机密外泄。

2. 任务分析

在本任务中，公司仅禁止员工在客户机上使用移动存储设备，可以考虑在域级别修改【Default Domain Policy】组策略，在计算机策略中禁止使用可移动存储设备。这样员工即使插入可移动存储设备，也无法被域客户机识别。

3. 实施步骤

STEP 1 在DC1的【组策略管理】窗口中选中【Default Domain Policy】并单击鼠标右键，在弹出的快捷菜单中选择【编辑】选项，进行域默认组策略修改。

STEP 2 在弹出的【组策略管理编辑器】窗口中依次展开【计算机配置】→【策略】→【管理模

板】→【系统】→【可移动存储访问】，找到【所有可移动存储类：拒绝所有权限】，将此策略启用，如图 4-42 所示。

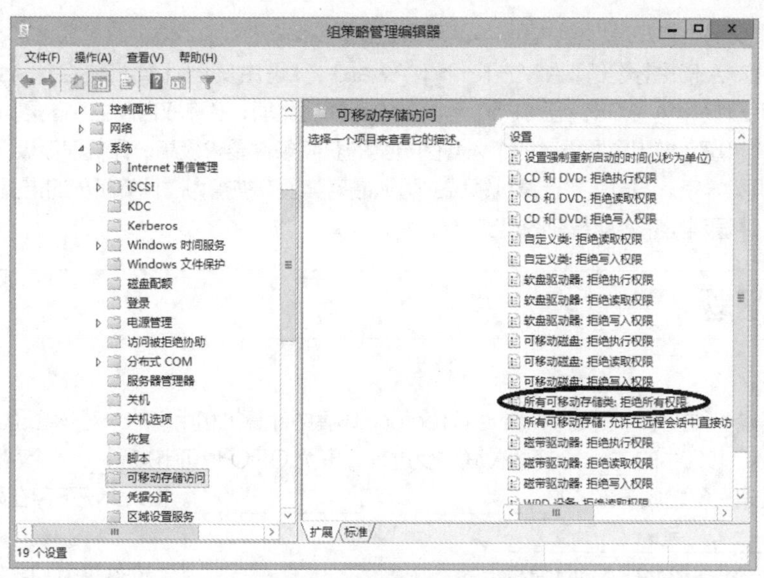

图 4-42 【组策略管理编辑器】窗口

STEP 3　活动目录的组策略一般定期更新，如果想让刚刚设置的策略马上生效，可以打开【命令提示符】窗口，输入“gpupdate/force”命令，执行刷新组策略操作。然后重启域客户机 win8-1 进行验证。

4. 任务验证

为了使组策略生效，刷新完策略之后要将客户机 win8-1 重新启动，计算机策略是计算机开机时才会应用的。重启系统后再插入可移动存储设置，系统会提示计算机插入了可移动存储设备，但是用户无法访问它，如图 4-43 所示。

图 4-43　用户无法访问可移动存储设备

4.4 【拓展阅读】图灵奖

你知道图灵奖吗？你知道哪位中国科学家获得过此殊荣吗？

图灵奖全称 A.M.图灵奖（A.M. Turing Award），是由美国计算机协会（Association for Computing Machinery，ACM）于 1966 年设立的计算机奖项，名称取自阿兰·图灵（Alan Turing），旨在奖励对计算机事业做出重要贡献的个人。图灵奖的获奖条件要求极高，评奖程序极严，一般每年仅授予一名计算机科学家。图灵奖是计算机领域的国际最高奖项，被誉为“计算机界的诺贝尔奖”。

2000 年，中国科学家姚期智获图灵奖。

4.5 习题

一、填空题

1. 组策略是一种技术，它支持 Active Directory 环境中计算机和用户的一对多管理。通过链接，一个 GPO 可与 AD DS 中的____个容器关联。反过来，多个 GPO 也可链接到____个容器。

2. 域级策略只影响属于该域的____________和____________。默认情况下存在两个域级策略，分别是____________和____________。

3. 本地策略设置存储在本地计算机上的______________________文件夹中，该文件夹为隐藏文件夹。

4. 可以在 AD DS 中针对__________、__________与__________来设置组策略。组策略内包含__________与__________两部分。

5. GPO 的内容被分为________与________两部分，它们分别被存储在不同的位置。

6. 组策略设置的每个领域都有 3 个部分：________、________与________。

7. 手动应用计算机配置组策略的方法是：到域成员计算机上打开【命令提示符】窗口或【Windows PowerShell】窗口，执行___________命令。如果手动应用所有组策略配置，则执行 gpupdate 命令。

8. 若计算机已经开机，则对于域控制器，默认每隔______分钟自动应用一次组策略；对于非域控制器，默认每隔______～______分钟自动应用一次组策略。

二、简答题

1. 简述组策略的概念和功能。

2. 简述组策略对象有哪些。

3. 简述组策略的应用时机。组策略没刷新的情况下新组策略多久会生效？

4. 简述组策略的处理顺序。当计算机配置与用户配置冲突时，哪个策略会优先？当策略与首选项冲突时，哪个会优先？

4.6 项目实训　使用组策略的首选项管理用户环境

项目实录

使用组策略的首选项管理用户环境

一、项目背景

未名公司基于 Windows Server 2016 活动目录管理公司员工和计算机，公司希望新加到域环境中的计算机和用户有其默认的一套部署方案，而不是逐个部署，这样既可以统一管理公司的计算机和用户，又可以极大减少管理员的工作量。公司希望通过简单的部署，使公司的域环境满足当前的业务需求。目前公司迫切需要解决的问题有以下两个。

① 自动为 sales 用户映射网络驱动器。

② 更改加入域的本地计算机管理员名字，从而提高安全性。

二、项目分析

对于这两个问题，可以通过计算机或用户的首选项来解决。

对于问题①，通过首选项可以映射驱动器，同时可以基于某个选项来过滤一定的对象，可以将 sales 设置为组织单位，这样“sales”组织单位里的用户都会自动映射驱动器。

对于问题②，可以通过首选项来更新本地计算机用户名。

三、做一做

本项目实录融入行业新技术、新规范和新标准，以 Windows Server 2016 网络操作系统为例，同时兼容 Windows Server 2012/2019 网络操作系统。

根据实训项目慕课进行项目的实训，检查学习效果。

项目5 使用组策略部署软件与限制软件的运行

学习背景

我们可以通过 AD DS 组策略来为企业内部用户与计算机部署（Deploy）软件，也就是自动为这些用户与计算机安装、维护与删除软件，还可以为软件的运行制定限制策略。

学习目标和素养目标

- 了解软件部署基本概念。
- 掌握计算机分配软件部署。
- 掌握用户分配软件部署。
- 掌握用户发布软件部署。
- 掌握部署 Microsoft Office。
- 掌握启用软件限制策略。
- 了解国家最高科学技术奖，激发科学精神和爱国情怀。
- “盛年不重来，一日难再晨。及时当勉励，岁月不待人。”盛世之下，青年学生要惜时如金，学好知识，报效国家。

5.1 相关知识

可以通过组策略将软件部署给域用户与计算机，也就是域用户登录或成员计算机启动时会自动安装或很容易安装被部署的软件，而软件部署分为分配（Assign）与发布（Publish）两种。一般来说，这些软件必须是 Windows Installer Package（也被称为 MSI 应用程序），也就是其内包含扩展名为.msi 的安装文件。

5.1.1 将软件分配给用户

将一个软件通过组策略分配给域用户后，用户在任意一台域成员计算机登录时，这个软件会被通告（Advertised）给该用户，但此软件并没有被安装，只安装了与这个软件有关的部分信息，例如，可能会在【开始】界面或【开始】菜单中自动建立该软件的快捷方式（视该软件是否支持此功能而定）。

用户单击该软件在【开始】界面（或【开始】菜单）中的快捷方式后，就可以安装此软件。

用户也可以通过控制面板来安装此软件。以 Windows 8.1 客户端来说，其安装方法为单击【开始】菜单→选择【控制面板】选项→选择【程序】选项，获得程序。

5.1.2 将软件分配给计算机

将一个软件通过组策略分配给域成员计算机后，这些计算机启动时就会自动安装这个软件（完整或部分安装，视软件而定），而且任何用户登录都可以使用此软件。用户登录后，就可以单击桌面或【开始】界面（或【开始】菜单）中的快捷方式来使用此软件。

5.1.3 将软件发布给用户

将一个软件通过组策略发布给域用户后，此软件并不会自动安装到用户的计算机内，不过用户可以通过控制面板来安装此软件。以 Windows 8.1 客户端来说，其安装方法为单击【开始】菜单→选择【控制面板】选项→选择【程序】选项，获得程序。

注意 只能分配软件给计算机，无法发布软件给计算机。

5.1.4 自动修复软件

被发布或分配的软件具备自动修复的功能（视软件而定），也就是客户端在安装完成后，若此软件程序内有关键性的文件损毁、遗失或不小心被用户删除，则在用户运行此软件时，系统会自动检测到此不正常现象，并重新安装这些文件。

5.1.5 删除软件

一个被发布或分配的软件，在客户端将其安装完成后，若之后不想再让用户使用此软件，则可在组策略内从已发布或已分配的软件列表中将此软件删除，并设置下次客户端应用此策略时（如用户登录或计算机启动时），自动将这个软件从客户端计算机中删除。

5.1.6 软件限制策略概述

任务 4-2 中的“2.【用户配置】→【策略】→【管理模板】中的其他设置”中介绍过如何利用文件名来限制用户可以或不可以运行特定的应用程序，然而若用户有权修改文件名，就可以突破此限制，此时可以通过本项目的软件限制策略进行控制。此策略的安全等级分为下面 3 种。

- 不受限：所有登录的用户都可以运行特定的程序（只要用户拥有适当的访问权限，如 NTFS 权限）。
- 不允许：无论用户对程序文件的访问权限如何，都不允许运行。
- 基本用户：允许以普通用户的权限（分配给 Users 组的权限）来运行程序。

系统默认的安全级别是所有程序都不受限，即只要用户对要运行的程序文件拥有适当访问权限，就可以运行此程序。不过可以通过下面的哈希规则、证书规则、路径规则与网络区域规则来建立例外的安全级别，以便拒绝用户运行指定的程序。

1. 哈希规则

哈希（Hash）是根据程序的文件内容算出来的字符串，因为不同程序有不同的哈希值，所以系统可用它来识别应用程序。在为某个程序建立哈希规则，并利用它禁止用户运行此程序时，系统会为该程序建立一个哈希值。而当用户要运行此程序时，其 Windows 操作系统会比较自行算出来的哈希值是否与软件限制策略中的哈希值相同，若相同，表示该程序就是被限制的程序，系统会拒绝运行该程序。

即使此程序的文件名被改变或被移动到其他位置，也不会改变其哈希值，因此它仍然会受到哈希规则的约束。

2. 证书规则

软件发行公司可以利用证书（Certificate）来签署其所开发的程序，而软件限制策略可以通过此证书来辨识程序，也就是说，可以建立证书规则来识别利用此证书所签署的程序，以便允许或拒绝用户运行此程序。

3. 路径规则

可以通过路径规则来允许或拒绝用户运行位于某个文件夹内的程序。由于是根据路径来识别程序，故若程序被移动到其他文件夹，此程序将不会再受到路径规则的约束。

除了文件夹路径外，也可以通过注册表路径来限制，例如，开放用户可以运行在注册表中指定的文件夹内的程序。

4. 网络区域规则

可以利用网络区域规则来允许或拒绝用户运行位于某个区域内的程序，这些区域包含本地计算机、Internet、本地 Intranet、受信任的站点与受限制的站点。

除了本地计算机与 Internet 之外，可以设置其他 3 个区域内包含的计算机或网站：打开网页浏览器 Internet Explorer→按<Alt>键→单击【工具】菜单→选择【Internet 选项】选项→选择【安全】选项卡→选择要设置的区域后单击【站点】按钮，如图 5-1 所示。

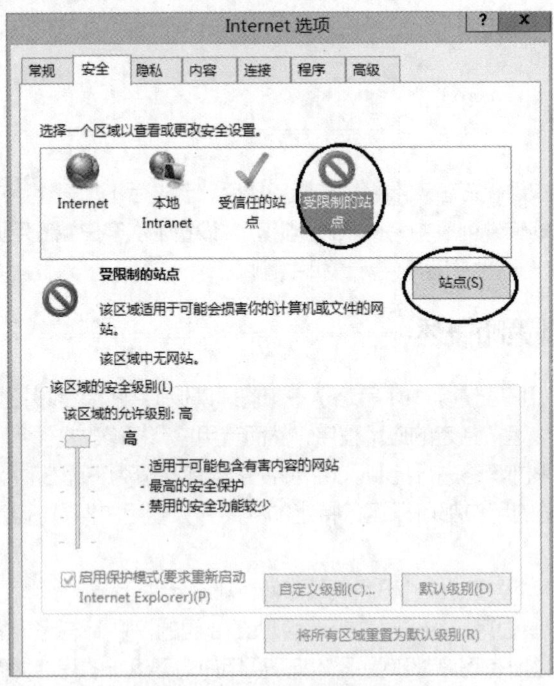

图 5-1 【Internet 选项】对话框

提示 网络区域规则适用于扩展名为.msi 的 Windows Installer Package。

5. 规则的优先级

用户可能会针对同一个程序设定不同的软件限制规则，而这些规则的优先级由高到低为：哈希规则、证书规则、路径规则、网络区域规则。

例如，用户针对某个程序设定了哈希规则，且设置其安全等级为“不受限”，然而用户同时针对此程序所在的文件夹设置了路径规则，且设置其安全等级为“不允许”。此时因为哈希规则的优先级高于路径规则，故用户仍然可以运行此程序。

5.2 实践项目设计与准备

未名公司基于 Windows Server 2012 活动目录管理公司员工和计算机，公司计算机常常需要统一部署软件，主要有以下 4 种情况。

① 公司所有域客户机都必须强制安装的软件。

② 公司特定部门的用户都必须强制安装的软件。

③ 公司用户或特定用户可以自行选择安装的软件。

④ 公司特定部门的用户对某些软件限制运行。

这 4 种情况对应以下 4 种解决方案。

① 计算机分配软件部署。

② 用户分配软件部署。

③ 用户发布软件部署。

④ 限制软件的运行。

本项目要用到 DC1.long.com 域控制器、WIN10-1（安装了 Windows 10 操作系统）和 MS1（安装了 Windows Server 2012 的成员服务器，是 1 台加入域的客户计算机）。

5.3 实践项目实施

下面开始具体任务。

任务 5-1 计算机分配软件（advinst.msi）部署

计算机分配软件（advinst.msi）部署

将“MSI 转换工具”软件分配给 long.com 域内的所有计算机。

1. 部署计算机分配软件（advinst.msi）

STEP 1 在域控制器（DC1）上创建一个用来存储共享软件的目录【software】，将该目录共享，并配置【Everyone】对该目录有读取的权限，将需要发布的软件复制到【software】目录中。

STEP 2 单击【开始】菜单→选择【管理工具】选项→双击【组策略管理】选项，在弹出的【组策略管理】窗口中选择【Default Domain Policy】并单击鼠标右键，在弹出的快捷菜单中选择【编辑】选项，进行域默认组策略修改。

STEP 3 在弹出的【组策略管理编辑器】窗口中依次展开【计算机配置】→【策略】→【软件设置】→选中【软件安装】并单击鼠标右键，在弹出的快捷菜单中选择【新建】→【数据包】选项，在弹出的对话框中输入共享目录地址“\\dc1\software”，单击【打开】按钮，如图 5-2 所示。

STEP 4 找到需要软件部署的软件并双击，在弹出的对话框中选择【已分配】单选项，如图 5-3 所示。

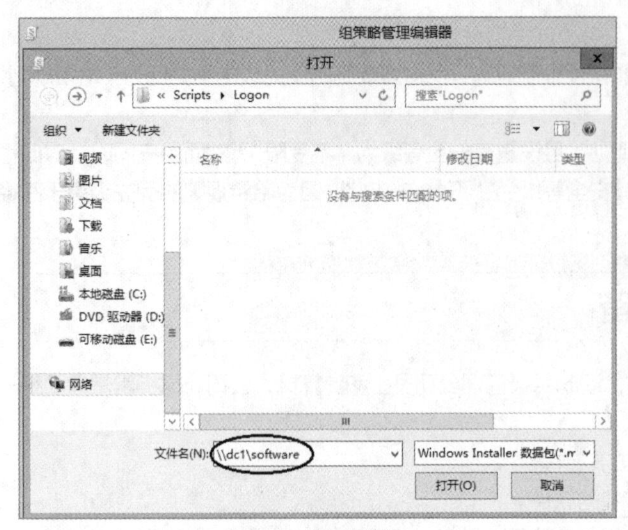

图 5-2 选择软件包

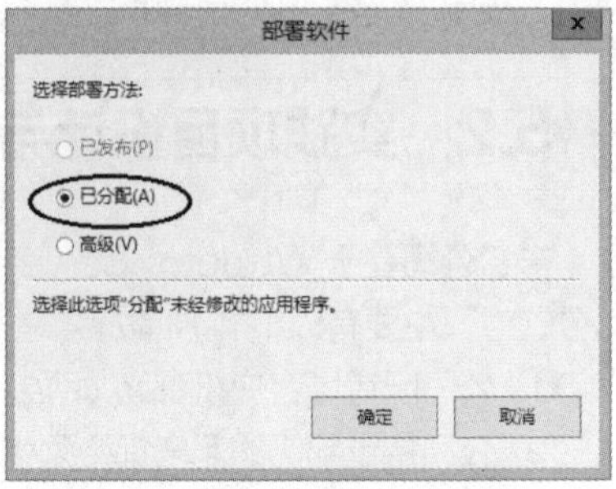

部署软件
选择部署方法:
已发布(P)
已分配(A)
高级(V)
选择此选项"分配"未经修改的应用程序。
确定
取消

图 5-3 【部署软件】对话框

STEP 5 查看软件部署，如图 5-4 所示。

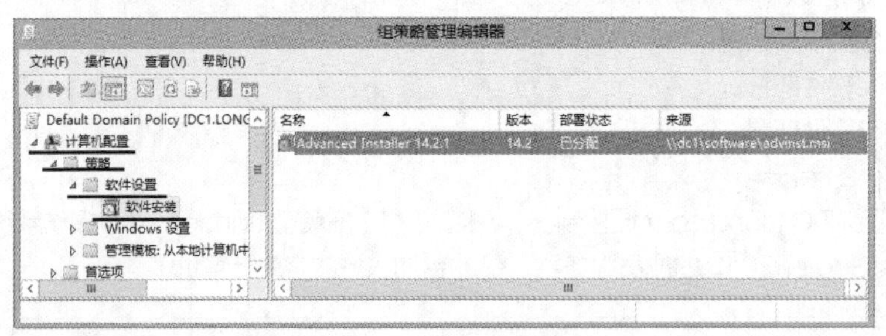

图 5-4 查看软件部署

2. 验证计算机分配软件（advinst.msi）

STEP 1 验证计算机分配软件（advinst.msi）部署。在客户机 win8-1 上执行“gpupdate/force”命令，立刻更新组策略。如果组策略的一个或多个应用必须在重启后才能生效，则客户机会提示可能需要重启计算机以完成组策略更新，依次按<Y>键和<Enter>键重启计算机，如图 5-5 所示。（注意此时桌面上只有一个回收站！）

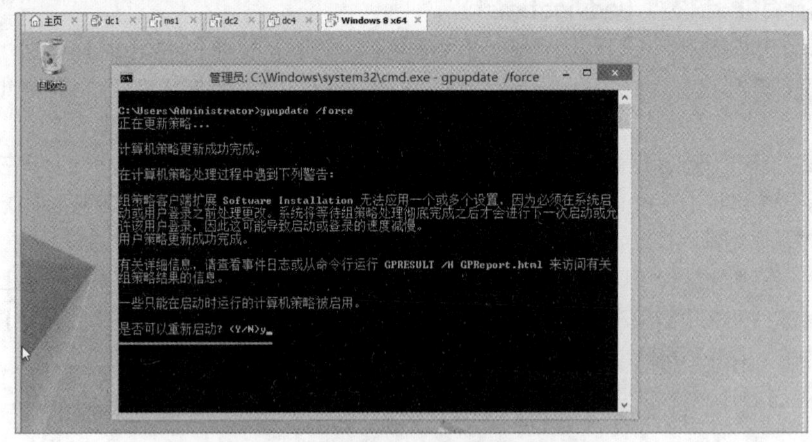

图 5-5 刷新组策略（必要时重启计算机）

STEP 2　客户机 win8-1 重新启动后，在该客户机弹出用户登录界面前会提示系统正在安装部署的软件。以 administrator@long.com 身份登录后可以看到刚刚部署的软件已经强制安装了，如图 5-6 所示。

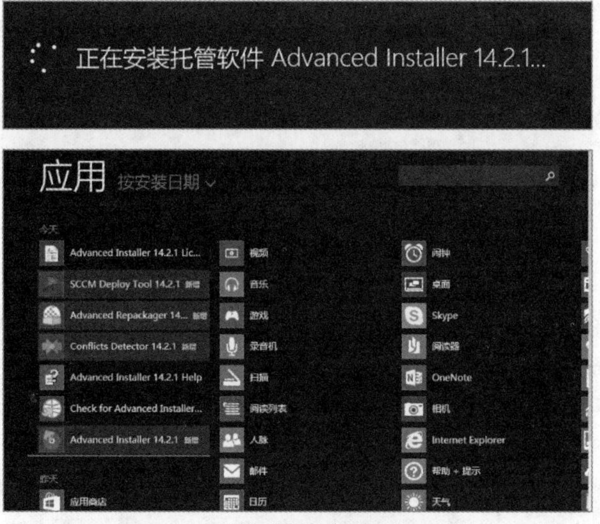

图 5-6　计算机软件安装策略应用成功

任务 5-2　用户分配软件（advinst.msi）部署

用户分配软件（advinst.msi）部署

将“MSI 转换工具”软件分配给 sales 组织单位内的所有域用户。

1. 部署用户分配软件（advinst.msi）

STEP 1　为了消除影响，在组策略中删除 DC1 上任务 5-1 部署的计算机分配软件。方法是在图 5-4 所示窗口中用鼠标右键单击【Advanced Installer 14.2.1】选项，选择【所有任务】→【删除】选项，如图 5-7 所示；然后单击客户机 win8-1 的【控制面板】窗口中的【卸载程序】选项，卸载程序。

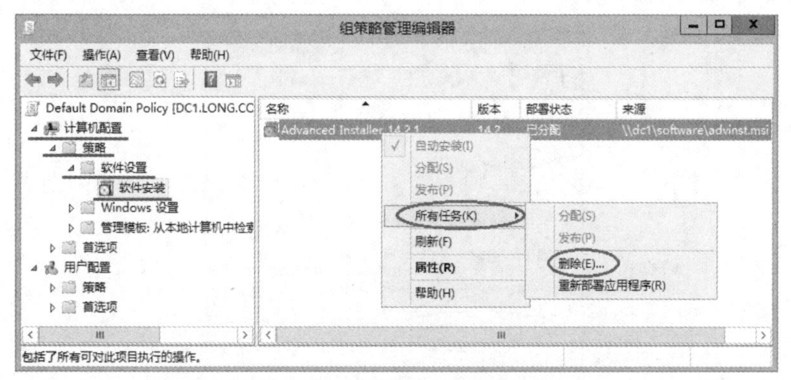

图 5-7　删除计算机分配软件部署

STEP 2　重新启动 DC1 和 win8-1，分别以域管理员账户登录计算机。

STEP 3　在 DC1 中单击【开始】菜单→选择【管理工具】选项→双击【组策略管理】选项，在弹出的【组策略管理】窗口中选中【sales】并单击鼠标右键，在弹出的快捷菜单中选择【在这个域中创建 GPO 并在此处链接】选项，如图 5-8 所示。在弹出的【新建 GPO】对话框中输入“sales 用户指派软件”。

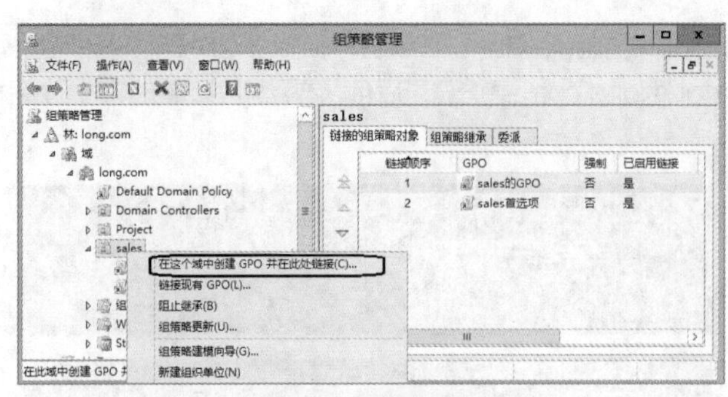

图 5-8　创建 GPO

STEP 4　用鼠标右键单击【sales】下的【sales 用户指派软件】，在弹出的快捷菜单中选择【编辑】选项。

STEP 5　在弹出的【组策略管理编辑器】窗口中依次展开【用户配置】→【策略】→【软件设置】→【软件安装】，用鼠标右键单击【软件安装】，在弹出的快捷菜单中选择【新建】→【数据包】选项，在弹出的对话框中输入共享目录地址“\\dc1\software”，找到需要部署的软件并双击，在弹出的对话框中选择【已分配】单选项，结果如图 5-9 所示。

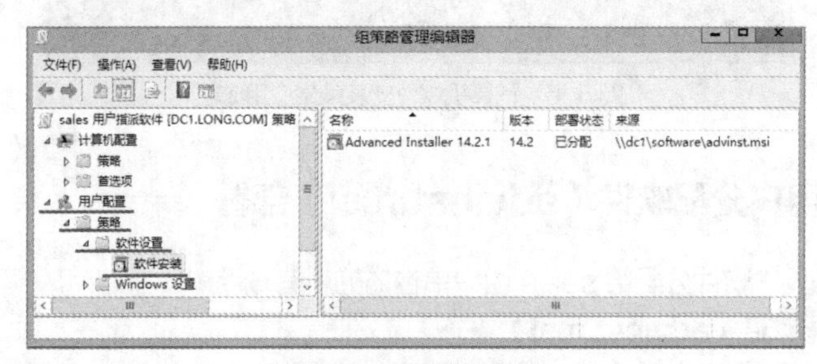

图 5-9　查看软件部署

STEP 6　在【组策略管理编辑器】窗口中用鼠标右键单击【Advanced Installer 14.2.1】，在弹出的快捷菜单中选择【属性】选项，在弹出的对话框中切换至【部署】选项卡，勾选【在登录时安装此应用程序】复选框，如图 5-10 所示。

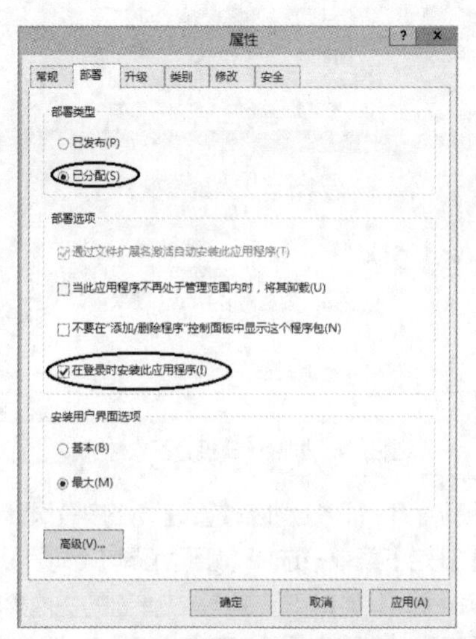

图 5-10　勾选【在登录时安装此应用程序】复选框

2. 验证用户分配软件（advinst.msi）

STEP 1　验证用户分配软件（advinst.msi）部署。在客户机 win8-1 上执行“gpupdate/force”命令，立刻更新组策略。如果组策略的一个或多个应用必须在计算机重启后才能生效，则客户机会提示可能需要重启计算机以完成组策略更新，依次按<Y>键和<Enter>键重启计算机。（注意此时桌面上只有一个回收站！）

STEP 2　客户机 win8-1 重新启动后，在该客户机弹出用户登录界面前会提示系统正在安装部署的软件。以 steven@long.com（steven 是 sales 组织单位的域用户）身份登录后，可以看到刚刚部署的软件已经强制安装了，桌面上增加了一个刚刚安装的软件的快捷方式，如图 5-11 所示。

图 5-11　用户分配软件安装策略应用成功

任务 5-3　用户发布软件（advinst.msi）部署

将“MSI 转换工具”软件发布给 sales 组织单位内的所有域用户。

1. 部署用户发布软件（advinst.msi）

STEP 1　为了消除影响，在组策略中删除 dc1 上任务 5-2 部署的用户分配软件。方法是用鼠标右键单击【Advanced Installer 14.2.1】选项，选择【所有任务】→【删除】选项；然后单击客户机 win8-1 的【控制面板】窗口中的【卸载程序】选项，卸载已安装的“Advanced Installer 14.2.1”。

STEP 2　重新启动 DC1 和 win8-1，分别以域管理员账户登录计算机。

STEP 3　单击【开始】菜单→选择【管理工具】选项→双击【组策略管理】选项，在弹出的【组策略管理】窗口中选中【sales】下的【sales 用户指派软件】并单击鼠标右键，在弹出的快捷菜单中选择【编辑】选项，如图 5-12 所示。

STEP 4　在弹出的【组策略管理编辑器】窗口中依次展开【用户配置】→【策略】→【软件设置】→【软件安装】，用鼠标右键单击【软件安装】，在弹出的快捷菜单中选择【新建】→【数据包】选项，在弹出的对话框中输入共享目录地址“\\dc1\software”，找到需要软件部署的软件并双击，在弹出的对话框中选择【已发布】单选项，结果如图 5-13 所示。

2. 验证用户发布软件（advinst.msi）

STEP 1　验证用户发布软件（advinst.msi）部署。在客户机 win8-1 上执行“gpupdate/force”命令，立刻更新组策略。如果组策略的一个或多个应用必须在计算机重启后才能生效，则客户机会提示可能需要重启计算机以完成组策略更新，依次按<Y>键和<Enter>键重启计算机。

STEP 2　客户机 win8-1 重新启动后，在客户机上使用 sales 组织单位中的域用户 steven 登录，打开【控制面板】窗口，选择【获得程序】选项，打开【获得程序】窗口，可以看到刚刚发布的软件。用户如果需要安装，则可以选中该软件进行手动安装，如图 5-14 所示。

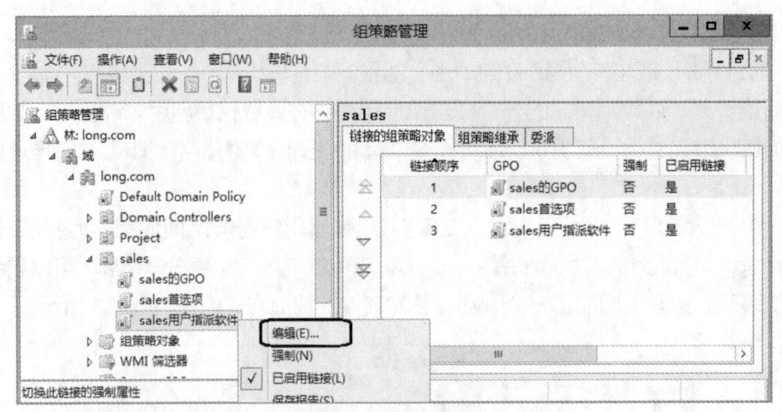

图5-12 编辑组策略

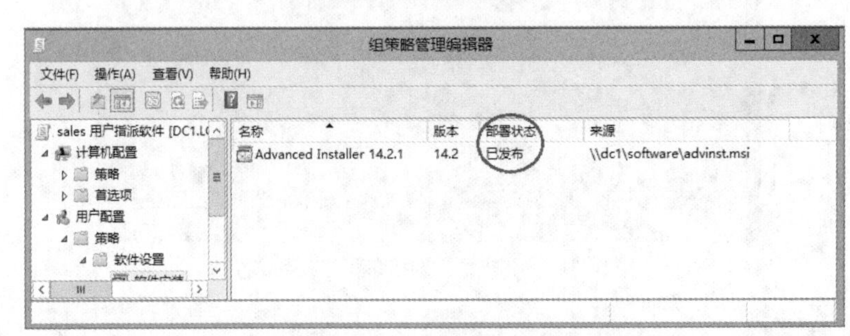

图5-13 查看软件部署

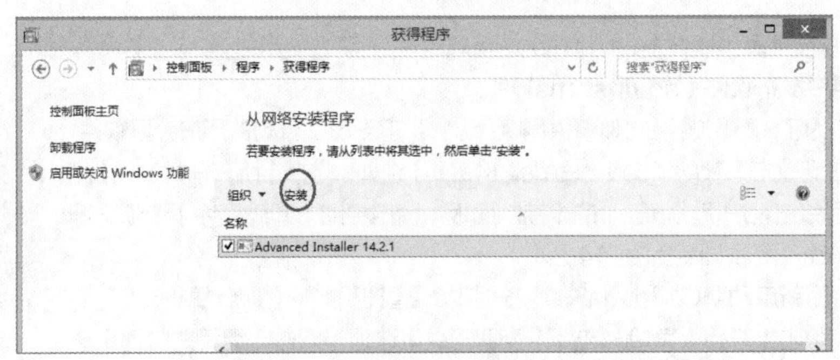

图5-14 sales用户软件发布策略应用成功

任务5-4 部署Microsoft Office 2010

要将Microsoft Office 2010（以下简称Office 2010）部署给客户端，虽然无法采用GPO软件安装的方法，但是可以使用启动脚本来部署，也就是客户端计算机启动时，执行启动脚本来安装Office 2010。

注意 需要具备本地系统管理员权限才可以安装Office 2010，而计算机启动时系统利用本地系统账户（Local System Account）来执行启动脚本，故有权安装Office 2010。若要通过登录脚本来安装，则因一般用户并不具备系统管理员权限，故无法在用户登录时安装Office 2010。

另外，若要部署Office 2007，则可采用GPO软件安装的方法来将其相关.msi文件部署给客户端，但是仅可采用分配给计算机的方式。

1. 准备好 Office 2010 安装文件

准备好 Office 2010 批量授权版（Volume License）的安装文件与产品密钥。将安装文件复制到可供客户端读取的任一共享文件夹内，例如，复制到前面使用的软件发布点，或另外建立一个共享文件夹并赋予用户（Domain Users）读取权限。下面假设使用软件发布点（“C:\office”，也就是“\\dc1\office”），将其复制到子文件夹 office2010X32 中，如图 5-15 所示，图中假设是 32 位版 Microsoft Office Professional Plus 2010。

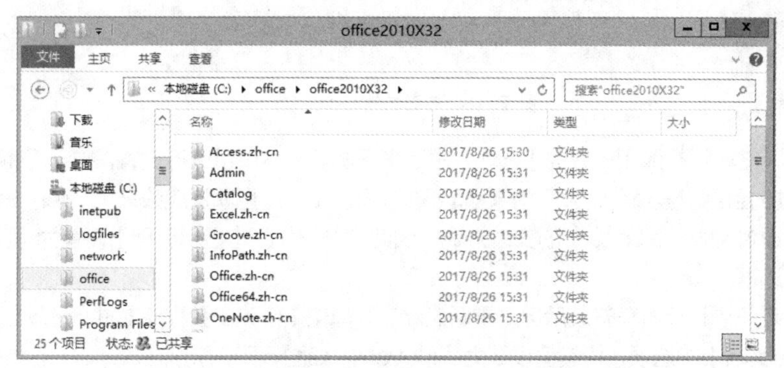

图 5-15　将安装文件复制到子文件夹 office2010X32 中

另外再建立一个共享文件夹，用来记录客户端安装 Office 2010 的结果。请将此共享文件夹的读取、写入权限赋予用户（Domain Users）。下面假设使用 DC1 的“C:\LogFiles”（图 5-16 中已建立好），并将其设置为共享文件夹“\\dc1\LogFiles”。

若软件非批量授权版，则需另外到微软网站下载 Office 2010 Administrative Template files（ADMX/ADML）and Office Customization Tool，然后运行 admintemplates_32.exe 或 admintemplates_64.exe（视 32 或 64 位版而定），并将解压缩后的 admin 文件夹复制到上述文件夹内（如文件夹 Office2010X32）。

2. 利用 Office 自定义工具（OCT）来自定义安装

下面使用 Office 自定义工具（Office Customization Tool，OCT）来建立 Office 2010 自定义安装文件（其扩展名为.msp），可在此文件内指定安装文件夹、输入密钥、选择要安装的软件（例如，只安装 PowerPoint，Word、Excel 等都不安装）等，客户端计算机执行启动脚本时，将根据此文件的内容来决定如何安装 Office 2010。

STEP 1　在保存 Office 2010 安装文件的计算机（如本例的 DC1）上：用鼠标右键单击【开始】菜单→选择【运行】选项→单击【浏览】按钮浏览存放 Office 2010 安装文件的文件夹→选择【setup.exe】后单击【打开】按钮，结果如图 5-16 所示→在“setup.exe”之后添加“/admin”并单击【确定】按钮。

STEP 2　出现图 5-17 所示的界面时，直接单击【确定】按钮。

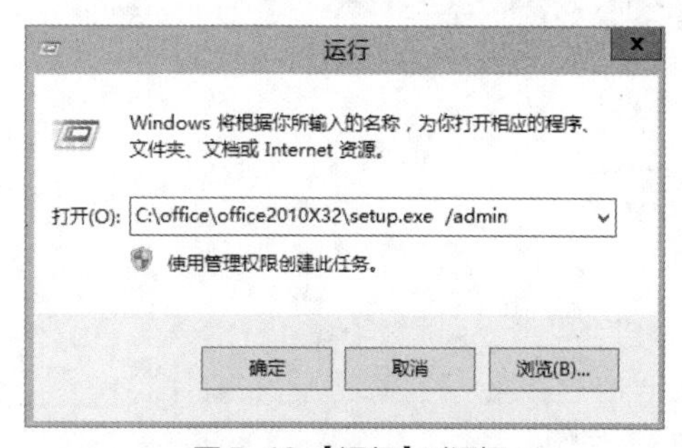

图 5-16 【运行】对话框

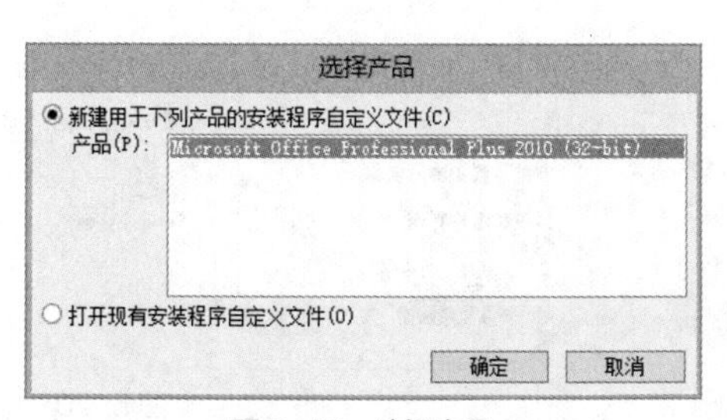

图 5-17　选择产品

STEP 3　单击【安装位置和单位名称】选项，然后输入 Office 2010 的安装路径（图 5-18 中采用默认值），单位名称请自行输入，如图 5-18 所示。

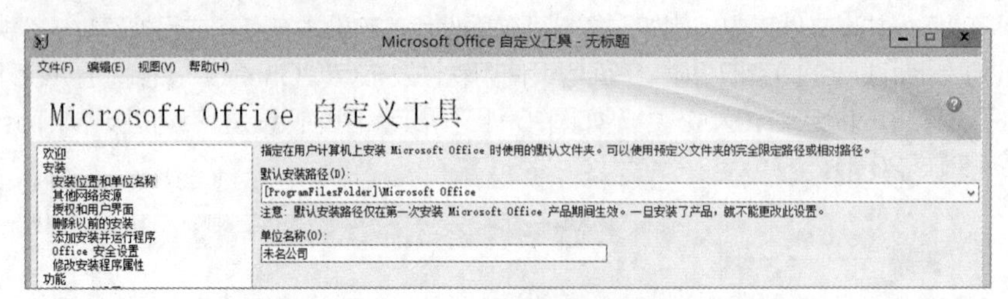

图 5-18　安装位置和单位名称

STEP 4　单击【授权和用户界面】选项，然后根据图 5-19 所示进行设置。由于 Office 2010 的安装在计算机启动时且用户登录前就会开始，因此不要求用户介入，也就是应该采用 Silent Installation（静默安装、Unattended Installation）的安装方式，因此图 5-19 中【显示级别】设置为【无】，且不勾选【完成通知】复选框。

STEP 5　若不想计算机在安装后自动重新启动，则单击【修改安装程序属性】选项，添加一个名称为【Setup_Reboot】的选项，将其值设置为【Never】，如图 5-20 所示。

注意　想让客户端自动启用（Activate）Office，可新建一个名称为【Auto_Activate】的选项并将其值设置为【1】。

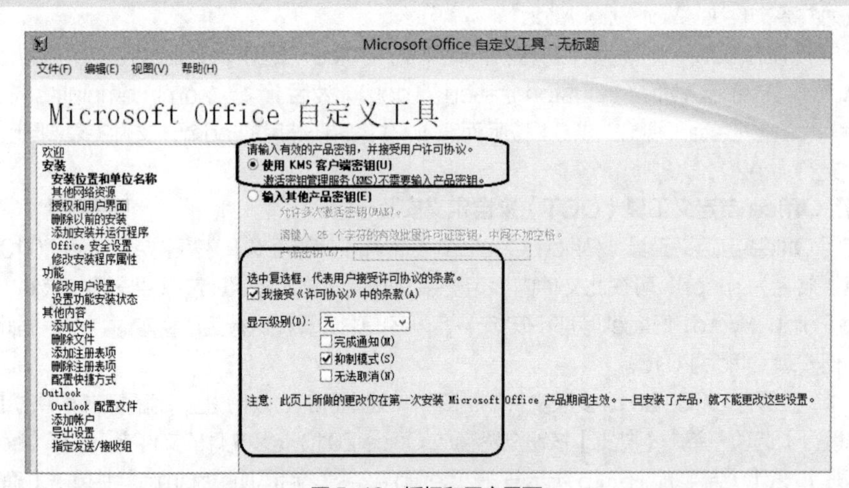

图 5-19　授权和用户界面

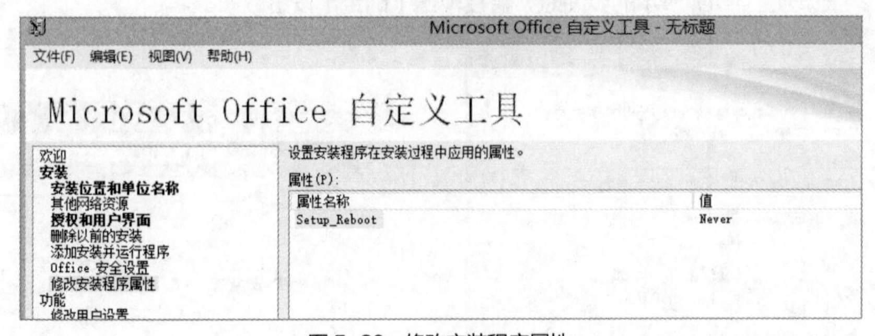

图 5-20　修改安装程序属性

STEP 6 设置功能安装状态后，选择欲安装的功能，例如，图 5-21 中仅选择 Microsoft Word、Office 共享功能与 Office 工具，其他都改为无法使用。

STEP 7 单击左上角的【文件】菜单→选择【另存为】选项→将此设置存储到 Office 2010 安装文件文件夹下的 Updates 子文件夹（以本范例来说就是“C: \office\office2010X32\Updates”）中，这里假设文件名为 office2010X32.MSP，如图 5-22 所示。

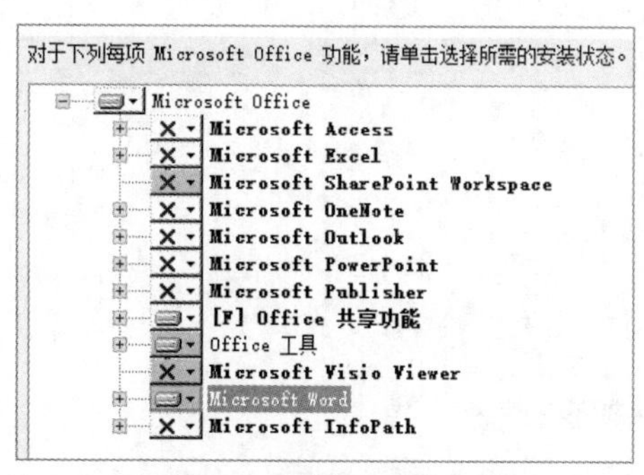

图 5-21 选择所需安装的功能

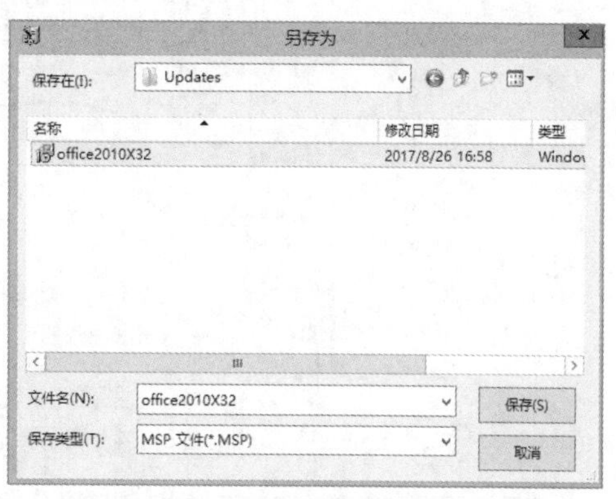

图 5-22 MSP 文件存储在 Updates 子文件夹

3. 建立启动脚本

此启动脚本是客户端计算机启动时将执行的脚本，通过它来安装 Office 2010。例如，范例文件 InstallOffice.bat，其中有 3 行命令是需要关注的，如图 5-23 所示。

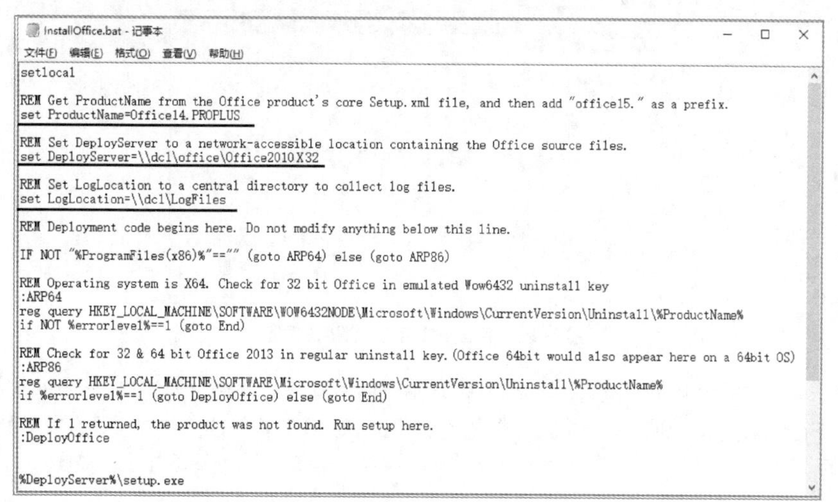

```
setlocal

REM Get ProductName from the Office product's core Setup.xml file, and then add "office15." as a prefix.
set ProductName=Office14.PROPLUS

REM Set DeployServer to a network-accessible location containing the Office source files.
set DeployServer=\\dc1\office\Office2010X32

REM Set LogLocation to a central directory to collect log files.
set LogLocation=\\dc1\LogFiles

REM Deployment code begins here. Do not modify anything below this line.

IF NOT "%ProgramFiles(x86)%"=="" (goto ARP64) else (goto ARP86)

REM Operating system is X64. Check for 32 bit Office in emulated Wow6432 uninstall key
:ARP64
reg query HKEY_LOCAL_MACHINE\SOFTWARE\WOW6432NODE\Microsoft\Windows\CurrentVersion\Uninstall\%ProductName%
if NOT %errorlevel%==1 (goto End)

REM Check for 32 & 64 bit Office 2013 in regular uninstall key. (Office 64bit would also appear here on a 64bit OS)
:ARP86
reg query HKEY_LOCAL_MACHINE\SOFTWARE\Microsoft\Windows\CurrentVersion\Uninstall\%ProductName%
if %errorlevel%==1 (goto DeployOffice) else (goto End)

REM If 1 returned, the product was not found. Run setup here.
:DeployOffice

%DeployServer%\setup.exe
```

图 5-23 启动脚本范例

- set ProductName= Office14.PROPLUS。

其中的 PROPLUS 随 Office 2010 版本的变化而有所不同，以本范例来说，它就是 Office 2010 安装文件夹下的 proplus.ww 文件夹的主文件名 proplus。若是部署 Office 2013，则将 Office14 改为 Office15。

- set DeployServer=\\dc1\office\office2010X32。

此行命令用来指定 Office 2010 安装文件的网络位置，例如，本范例的“\\dc1\office\office2010X32”。

- set LogLocation=\\dc1\LogFiles。

此行命令记录客户端安装 Office 2010 结果的存储位置，例如，本范例的“\\dc1\LogFiles”。

除了以上 3 项设置之外，不需要更改本范例文件的其他设置。

4. 通过 GPO 的启动脚本来部署 Office 2010 并验证

下面沿用前面的组织单位 sales 中的 sales 用户指派软件的 GPO 来设置启动脚本并部署 Office 2010。部署的步骤请参考本书前面的内容。不过请特别注意启动脚本文件的位置，如图 5-24 所示。

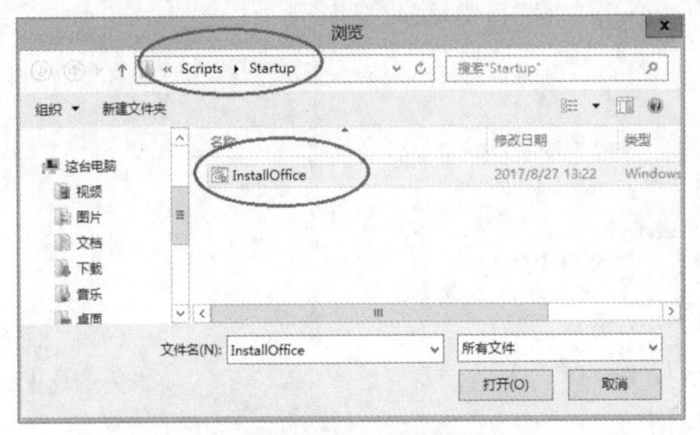

图 5-24　启动脚本文件一定要粘贴到此处

完成后的界面如图 5-25 所示，它是通过计算机配置来部署的（win8-1 在组织单位 sales 中）。

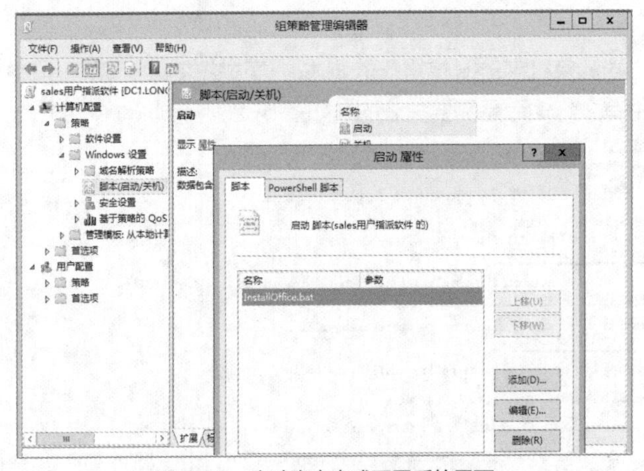

图 5-25　启动脚本完成配置后的界面

位于组织单位 sales 内的计算机启动时，会开始在后台安装 Office 2010，由于安装需花费一段时间，故若用户在此时登录，则需等一会儿才能看到 Office 2010 的相关快捷方式出现在【开始】菜单中，如图 5-26 所示。

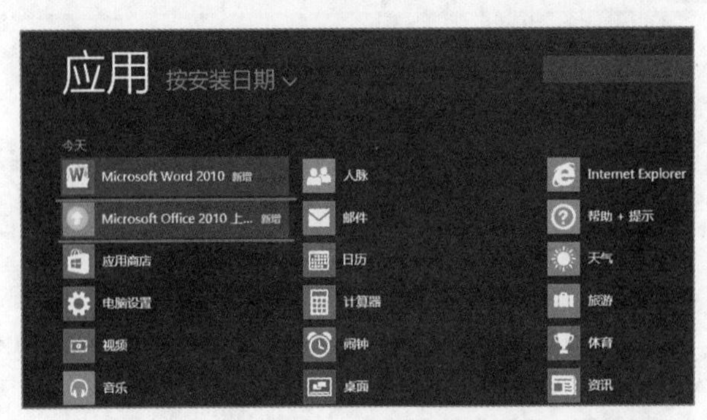

图 5-26　在 win8-1（sales 内的一台计算机）上验证结果

任务 5-5 对特定软件启用软件限制策略

可以通过本地计算机、站点、域与组织单位来设置软件限制策略。下面利用组织单位 sales 中的 sales 用户指派软件的 GPO 来练习软件限制策略（若尚未有此组织单位和 GPO，则先建立）：在域控制器 DC1 上单击【开始】菜单→选择【管理工具】选项→选择【组策略管理】选项→展开到组织单位【sales】→选中【sales 用户指派软件】并单击鼠标右键→选择【编辑】选项，在图 5-27 所示窗口中展开【用户配置】→【策略】→【Windows 设置】→【安全设置】，选中【软件限制策略】并单击鼠标右键→选择【创建软件限制策略】选项。

接着单击图 5-28 中的【安全级别】，从右侧【不受限】前面的对钩可知默认安全级别是所有程序都不受限，也就是只要用户对要运行的程序文件拥有适当访问权限，就可以运行该程序。

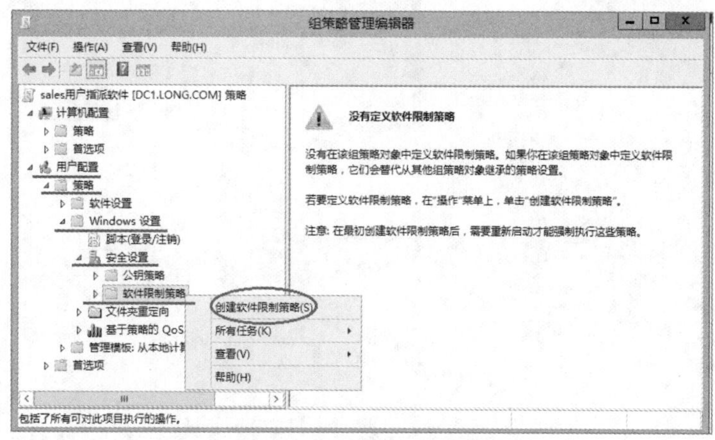

图 5-27 创建软件限制策略

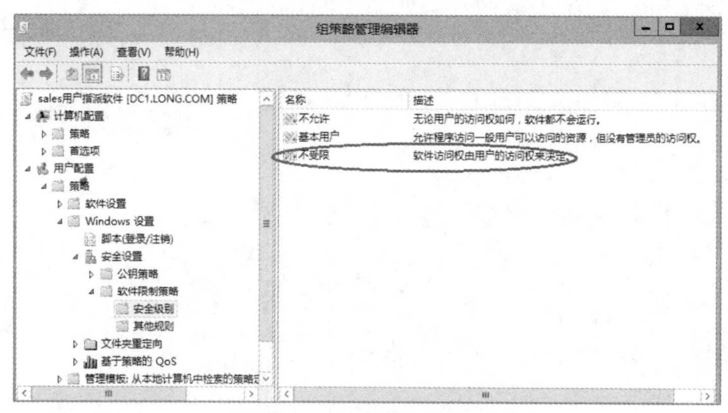

图 5-28 安全级别默认不受限

1. 建立哈希规则限制软件运行

利用哈希规则来禁止用户安装“MSI 转换工具”软件 advinst14.2.1.msi，其步骤如下。

建立哈希规则限制软件运行

STEP 1 本任务需要到域控制器 DC1 上进行设置，因此请先将 advinst14.2.1 安装文件复制到此计算机上（C:\software）。

STEP 2 选中【其他规则】并单击鼠标右键→选择【新建哈希规则】选项→单击【浏览】按钮，如图 5-29 所示。

STEP 3 浏览到advinst14.2.1安装文件的存储位置后，选择【advinst14.2.1.msi】，单击【打开】按钮，如图5-30所示。

STEP 4 选择【不允许】安全级别后，单击【确定】按钮，如图5-31所示。

STEP 5 图5-32所示为完成后的界面。

STEP 6 位于组织单位sales内的用户应用此策略（重启计算机win8-1再登录）后，在运行advinst的安装文件advinst14.2.1.msi时会被拒绝，且会出现图5-33所示的警告界面（以Windows 8.1客户端为例）。

图5-29 新建哈希规则

图5-30 打开限制的软件

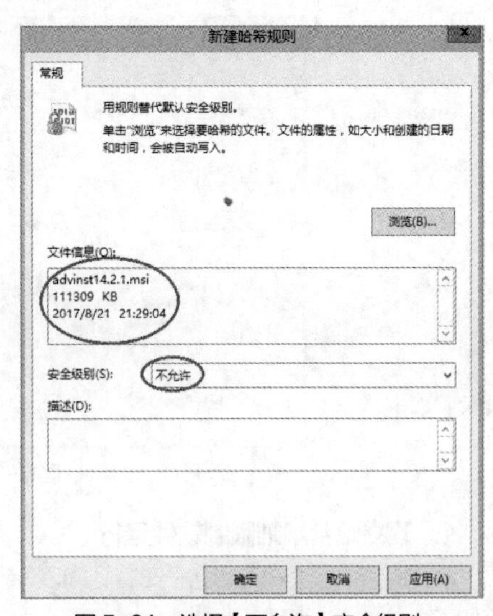

图5-31 选择【不允许】安全级别

注意 不同版本的advinst，其安装文件的哈希值不相同，因此要禁止用户安装其他版本的advinst，需要再针对它们建立哈希规则。

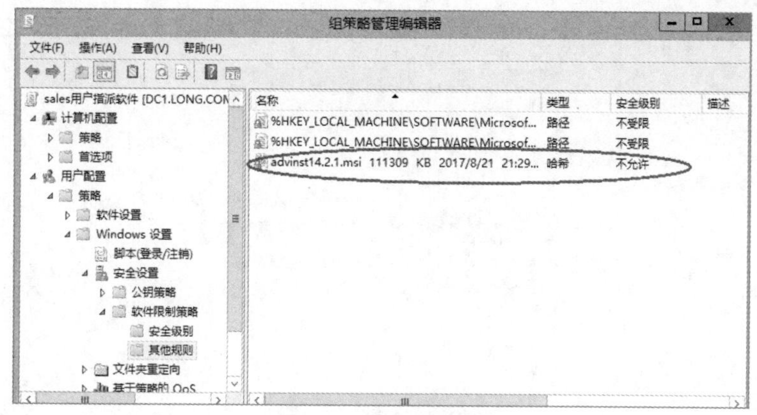

图 5-32 完成后的界面

图 5-33 哈希规则限制软件运行成功

2. 建立路径规则限制软件运行

建立路径规则限制软件运行

路径规则分为文件夹路径规则和注册表路径规则两种。在路径规则中可以使用环境变量，如%Userprofile%、%SystemRoot%、%Appdata%、%Temp%、%Programfiles%等。

（1）建立文件夹路径规则。

若要利用文件夹路径规则来禁止用户运行位于“\\dc1\systemtools”共享文件夹内的所有程序，则设置步骤如下。

STEP 1 选中【其他规则】并单击鼠标右键→选择【新建路径规则】选项，如图 5-34 所示。

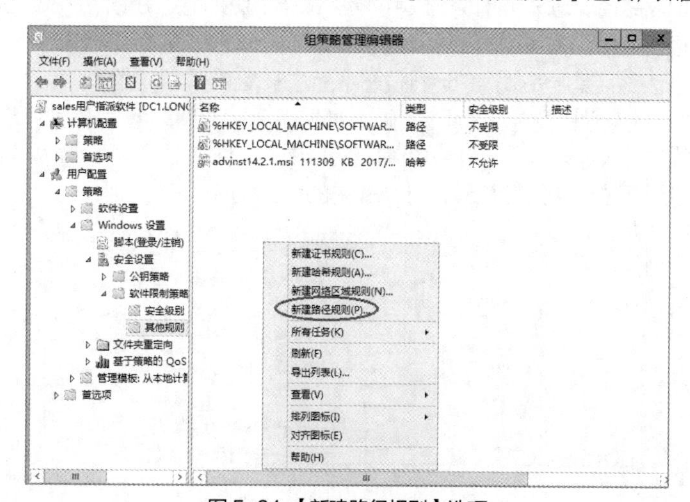

图 5-34 【新建路径规则】选项

STEP 2　输入或浏览路径，【安全级别】设置为【不允许】，单击【确定】按钮，如图 5-35 所示。

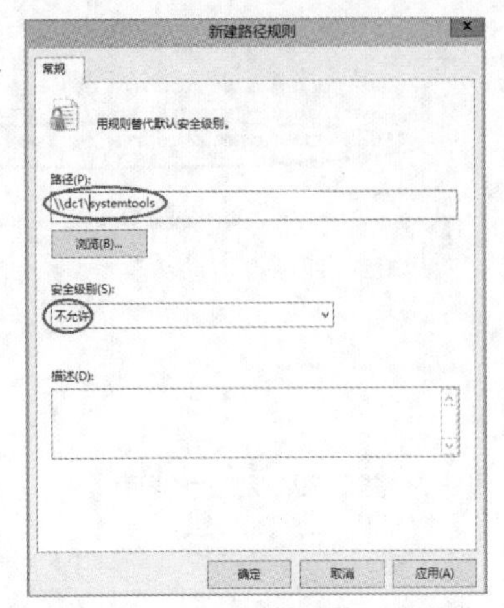

图 5-35　选择【不允许】安全级别

注意　若只是限制用户运行此路径内的某个程序，则输入此程序的文件名。例如，要限制的程序为 advinst.msi，请输入“\\dc1\systemtools\advinst.msi”；若无论此程序位于何处，都要禁止用户运行此程序，则输入程序名称 advinst.msi 即可。

STEP 3　图 5-36 所示为完成后的界面。

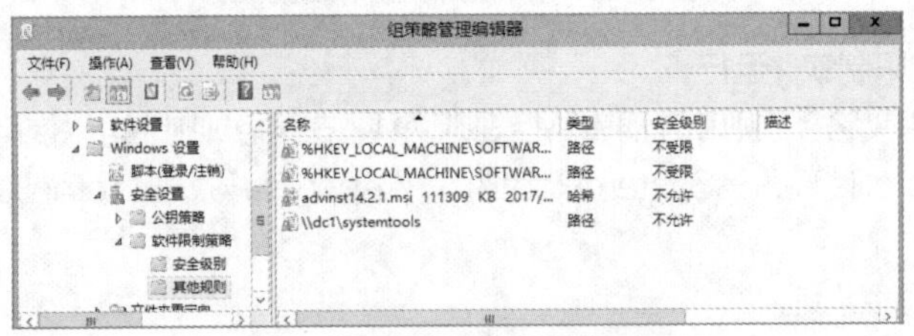

图 5-36　新建路径规则完成后的界面

（2）建立注册表路径规则。

也可以通过注册表路径规则来允许或禁止用户运行路径内的程序，由图 5-36 可看出，系统已经内置了两个注册表路径。

其中第 1 个注册表路径是要开放用户运行位于下面注册表路径内的程序。

HKEY_LOCAL_MACHINE\SOFTWARE\Microsoft\Windows NT\CurrentVersion\SystemRoot

利用注册表编辑器（REGEDIT.EXE）查看其对应到的文件夹为 C:\Windows，如图 5-37 所示，也就是说，用户可以运行位于文件夹 C:\Windows 内的所有程序。

图 5-37　C:\Windows 对应的注册表

若要编辑或新建注册表路径规则，则记得在路径前后附加%符号，举例如下。

% HKEY_LOCAL_MACHINE\SOFTWARE\Microsoft\Windows NT\CurrentVersion\ SystemRoot%

3. 建立网络区域规则

也可利用网络区域规则来允许或拒绝用户运行位于某个区域内的程序，这些区域包含本地计算机、Internet、本地 Intranet、受信任的站点与受限制的站点。

建立网络区域规则的方法与其他规则类似，如图 5-38 所示，选中【其他规则】并单击鼠标右键→选择【新建网络区域规则】选项→在【网络区域】下拉列表框中选择区域→设置【安全级别】，图 5-39 中表示只要是位于“受限制的站点”内的程序都“不允许”运行。设置完成后的界面如图 5-39 所示。

图 5-38　新建网络区域规则

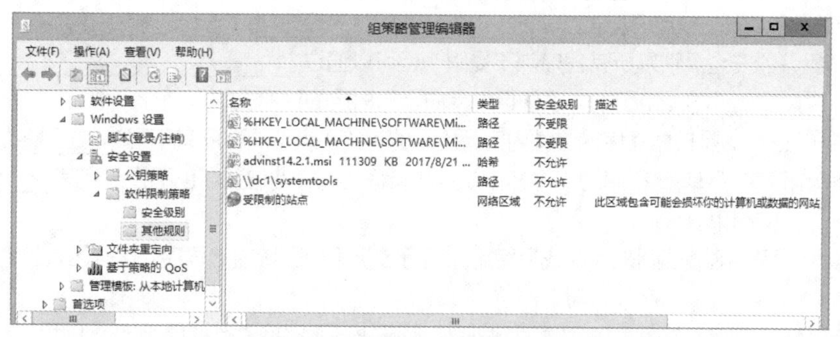

图 5-39　完成新建网络区域规则后的界面

4. 不将软件限制策略应用到本地系统管理员组

若不想将软件限制策略应用到本地系统管理员组（Administrators），则可双击【软件限制策略】右侧的【强制】选项→选择【除本地管理员以外的所有用户】单选项→单击【确定】按钮，如图 5-40 所示。

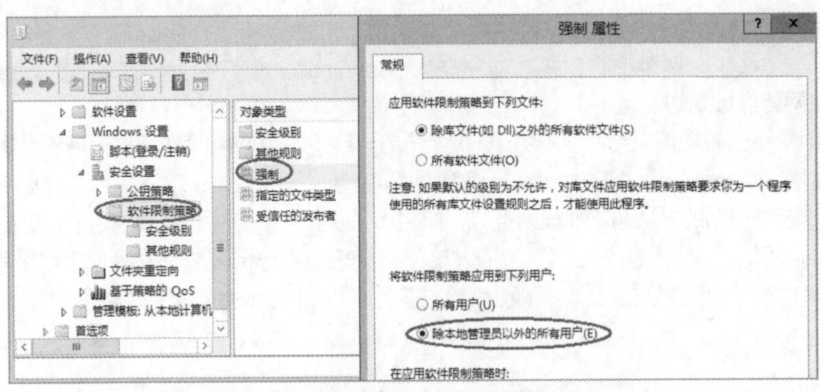

图5-40　不将软件限制策略应用到本地系统管理员组

5.4 【拓展阅读】国家最高科学技术奖

国家最高科学技术奖于2000年由国务院设立，由国家科学技术奖励工作办公室负责，是中国5个国家科学技术奖中最高等级的奖项，授予在当代科学技术前沿取得重大突破、在科学技术发展中卓有建树，或者在科学技术创新、科学技术成果转化和高技术产业化中创造巨大社会效益或经济效益的科学技术工作者。

国家科学技术奖励工作办公室官网显示，国家最高科学技术奖每年评选一次，授予人每次不超过两名，由国家主席亲自签署、颁发荣誉证书、奖章和奖金。截至2021年11月，共有35位杰出科学工作者获得该奖。其中，计算机科学家王选院士获此殊荣。

5.5 习题

一、填空题

1. 软件部署分为________与________两种。一般来说，这些软件必须是________（也被称为MSI应用程序），也就是其内包含扩展名为______的安装文件。

2. 可以将软件分配给______________，也可以将软件发布给______________。

3. 软件限制策略的安全等级分为3种：________、________、________。

4. 系统默认的安全级别是所有程序都不受限，但可以通过________、________、________与________来建立例外的安全级别，以便拒绝用户运行指定的程序。

5. 哈希（Hash）是根据程序的文件内容算出来的字符串，不同程序有不同的______，所以系统可用它来识别应用程序。即使此程序的文件名被改变或被移动到其他位置，也不会改变其______，因此仍然会受到______的约束。

6. 可以利用网络区域规则来允许或拒绝用户运行位于某个区域内的程序，这些区域包含________、________、________、________与________。

7. 针对同一个程序设定不同的软件限制规则，而这些规则的优先级由高到低分别为：________、________、________、________。

二、简答题

1. 你针对某个程序设定了哈希规则，且设置其安全等级为不受限，然而你同时针对此程序所在的文件夹设置了路径规则，且设置其安全等级为不允许。请问，用户是否可以运行此程序？为什么？

2. 通过组策略部署软件有什么缺点？

3. 发布应用程序与分配应用程序相比，其优点在哪里?

4. 什么类型的应用程序适合分配到计算机，而不是分配到用户?

5. 有一个应用程序的.MSI 文件，你希望某个组织单位中的所有用户和所有计算机都可使用该文件。为此，你需要采取什么步骤?

三、实战思考题

公司有一个 Active Directory 林。该公司有 3 处办事处。每个办事处都有一个组织单位和一个名为 Sales 的子组织单位。Sales 组织单位包含销售部的所有用户和计算机。公司计划在 3 个 Sales 组织单位内的所有计算机上部署 Microsoft Office 2007 应用程序。你需要确保 Office 2007 应用程序只安装在 Sales 组织单位内的计算机上。你该怎么做?

A. 创建名为 SalesAPP GPO 的组策略对象（GPO）。配置该 GPO 以将 Office 2007 应用程序分配给计算机账户。将 SalesAPP GPO 链接到域。

B. 创建名为 SalesAPP GPO 的组策略对象（GPO）。配置该 GPO 以将 Office 2007 应用程序分配给用户账户。将 SalesAPP GPO 链接到每个办事处的 Sales 组织单位。

C. 创建名为 SalesAPP GPO 的组策略对象（GPO）。配置该 GPO 以将 Office 2007 应用程序发布给用户账户。将 SalesAPP GPO 链接到每个办事处的 Sales 组织单位。

D. 创建名为 SalesAPP GPO 的组策略对象（GPO）。配置该 GPO 以将 Office 2007 应用程序分配给计算机账户。将 SalesAPP GPO 链接到每个办事处的 Sales 组织单位。

5.6 项目实训　对软件进行升级和重新部署

一、项目背景

你可以将已经部署给用户或计算机的软件升级到较新的版本，升级的方式有下面两种。

- 强制升级：无论是发布还是分配新版的软件，原来旧版的软件都会自动升级，不过刚开始此新版软件并未被完全安装（如仅建立快捷方式），只有用户需要使用此程序的快捷方式或需要运行此软件时，系统才会开始完整地安装这个软件的新版本。
- 选择性升级：无论是发布还是分配新版的软件，原来旧版的软件都不会自动升级，用户必须通过控制台来安装这个软件的新版本。

二、项目要求

本项目要求部署新版本软件（假设是 advinst 14.2.1），以便将用户的旧版本软件（假设是 advinst 14.1）升级，同时假设要针对组织单位 sales 内的用户，而且通过 sales 用户指派软件的 GPO 来练习。

（假设旧版本 advinst 14.1 已经发布给 sales 组织单位的域用户，并且已测试成功。）

三、做一做

本项目实录融入行业新技术、新规范和新标准，以 Windows Server 2016 网络操作系统为例，同时兼容 Windows Server 2012/2019 网络操作系统。

根据实训项目慕课进行项目的实训，检查学习效果。

项目6
管理组策略

学习背景

从前面的学习可以知道：通过 AD DS 的组策略（Group Policy）功能，可更容易地管理用户的工作环境与计算机环境，可以统一部署软件，以及限制特定软件的运行，也可以利用组策略使安全性标准化，以控制环境。总之，组策略的合理使用能够减轻网络管理负担，并降低网络管理成本。

但是组策略使用和管理不当，也会造成一些麻烦，本项目的主要内容就是如何管理组策略。

学习目标和素养目标

- 掌握组策略的处理规则。
- 掌握组策略的委派管理。
- 掌握 Starter GPO 的设置与使用。
- 掌握组策略管理实例。
- 了解为什么会推出 IPv6。接下来的 IPv6 时代，我国存在着巨大机遇，其中我国推出的“雪人计划”就是一件益国益民的大事，必将激发学生的爱国情怀和学习动力。
- “路漫漫其修远兮，吾将上下而求索。”国产化替代之路“道阻且长，行则将至，行而不辍，未来可期”。青年学生更应坚信中华民族的伟大复兴终会有时！

6.1 相关知识

域成员计算机在处理（应用）组策略时有一定的程序与规则，系统管理员必须了解它们，才能够通过组策略来管理用户与计算机的环境。

6.1.1 一般的继承与处理规则

组策略的设置是有继承性的，也有一定的处理规则。

- 若在高层父容器中设置了某个策略，但是在其下低层子容器中并未设置此策略的话，则低层子容器会继承高层父容器的这个策略设置值。

以图 6-1 来说明，若在高层的域 long.com 的 GPO 内，从【开始】菜单中删除【运行】选项的策略被设置为“已启用”，而位于低层的组织单位 sales 的这个策略被设置为“未配置”，则 sales 会继承 long.com 的设置值，也就是说，sales 的从【开始】菜单中删除【运行】选项策略是“已启用”。

若组织单位 sales 下还有其他子容器，且它们的这些策略也被设置为未配置，则它们也会继承这个设置值。

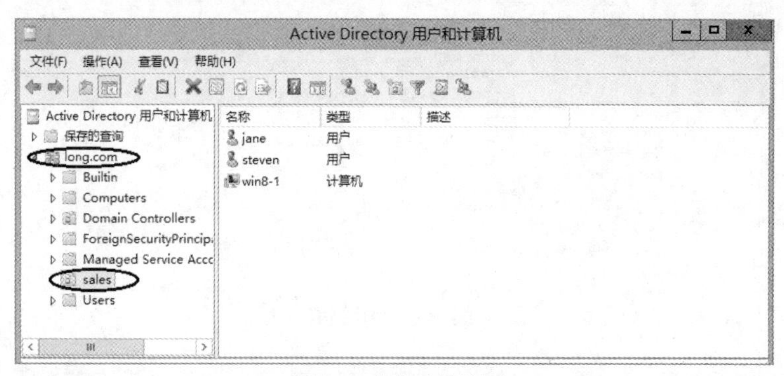

图 6-1　组策略的继承

- 若在低层子容器内的某个策略被设置，则此设置值默认会覆盖其从高层父容器继承下来的设置值。

以图 6-1 为例，若位于高层的域 long.com 的 GPO 内的从【开始】菜单中删除【运行】选项策略被设置为“已启用”，但是位于低层的组织单位 sales 的这个策略被设置为“已禁用”，则 sales 的设置值会覆盖 long.com 的设置值，也就是对于组织单位 sales 来说，其从【开始】菜单中删除【运行】选项策略是“已禁用”。

- 组策略设置是有累加性的。例如，若在组织单位 sales 内建立了 GPO，同时在站点、域内也都有 GPO，则站点、域与组织单位内的所有 GPO 设置值都会被累加起来作为组织单位 sales 的最后有效设置值。

但若站点、域与组织单位 sales 之间的 GPO 设置有冲突，则优先级为：组织单位的 GPO 最优先，域的 GPO 次之，站点的 GPO 优先权最低。

- 若组策略内的计算机配置与用户配置有冲突，则以计算机配置优先。
- 若将多个 GPO 链接到同一处，则所有这些 GPO 的设置值会被累加起来作为最后的有效设置值，但若这些 GPO 的设置相互冲突，则链接顺序在前面的 GPO 设置优先，例如，图 6-1 中的 sales 用户指派软件的 GPO 的设置优先于防病毒软件策略。

注意　本地计算机策略的优先权最低，也就是说，若本地计算机策略内的设置与站点、域或组织单位的设置相冲突，则以站点、域或组织单位的设置优先。

6.1.2　例外的继承设置

除了一般的继承与处理规则外，还可以设置下面的例外规则。

1. 禁止继承策略

可以实现不让子容器继承父容器的设置。例如，若让组织单位 sales 不继承域 long.com 的策略设置，则选中【sales】并单击鼠标右键→选择【阻止继承】选项，如图 6-2 所示。此时组织单位 sales 将直接以自己的 GPO 设置为其设置值，若其 GPO 内的设置为没有定义，则采用默认值。

2. 强制继承策略

可以强制子容器继承其父容器的 GPO 设置，无论子容器是否选择了阻止继承。例如，在图 6-3 中的域 long.com 下建立一个企业统一网络防护策略 GPO，以便通过它来设置域内所有计算机的安全措施，选中此策略并单击鼠标右键→选择【强制】选项，即可强制其下的所有组织单位都继承此策略。

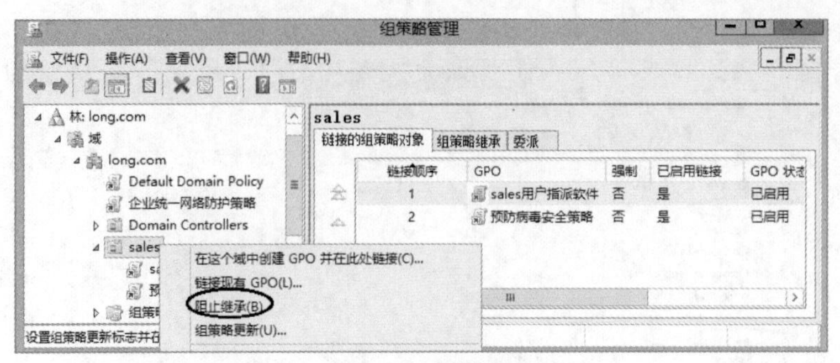

图 6-2　阻止继承

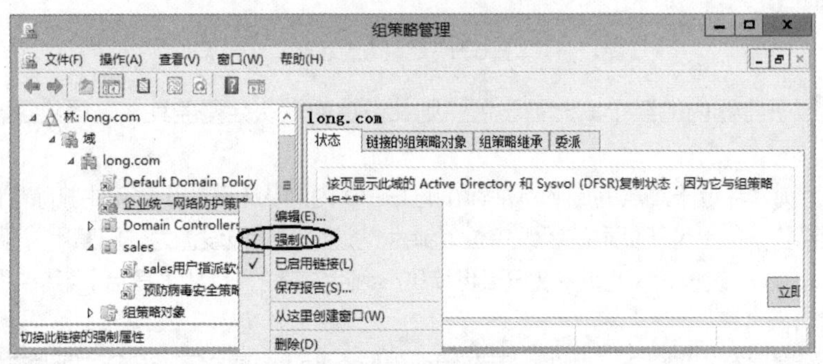

图 6-3　强制继承

3. 过滤组策略设置

以组织单位 sales 为例，针对此组织单位建立 GPO 后，此 GPO 的设置会被应用到这个组织单位内的所有用户与计算机，默认被应用到 Authenticated Users 组（经过身份验证的用户组），如图 6-4 所示。

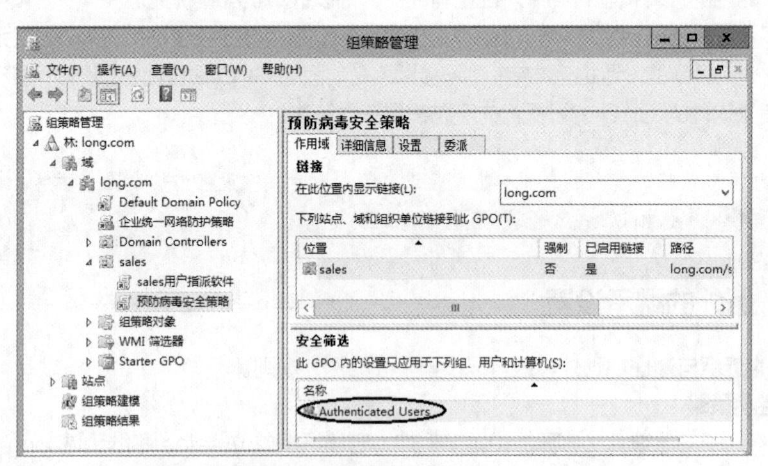

图 6-4　组策略默认被应用到 Authenticated Users 组

也可以让此 GPO 不要应用到特定的用户或计算机。例如，此 GPO 对所有 sales 人员的工作环境做了某些限制，但是却不希望将此限制加在 sales 经理身上。位于组织单位内的用户与计算机默认对该组织单位的 GPO 都具备读取与应用组策略权限，可以选中【sales 用户指派软件】→选择【委派】选项卡→单击【高级】按钮→选择【Authenticated Users】选项来查看，如图 6-5 所示。

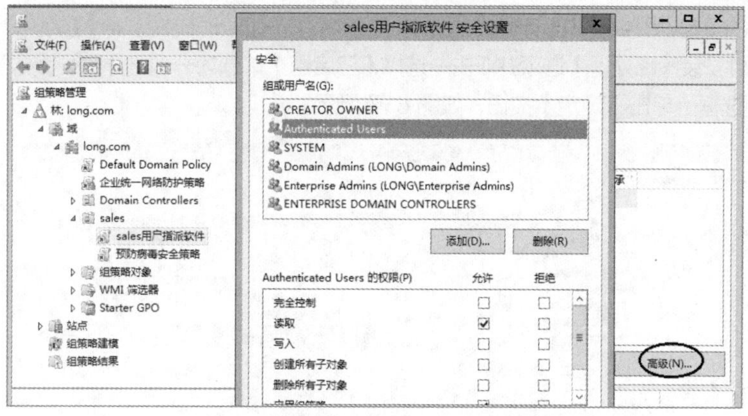

图 6-5　查看 Authenticated Users 组权限

若不想将此 GPO 的设置应用于组织单位业务部内的用户 steven，则单击【委派】选项卡中的【添加】按钮→选择用户 steven→将 steven 的【应用组策略】权限设置为【拒绝】，如图 6-6 所示。

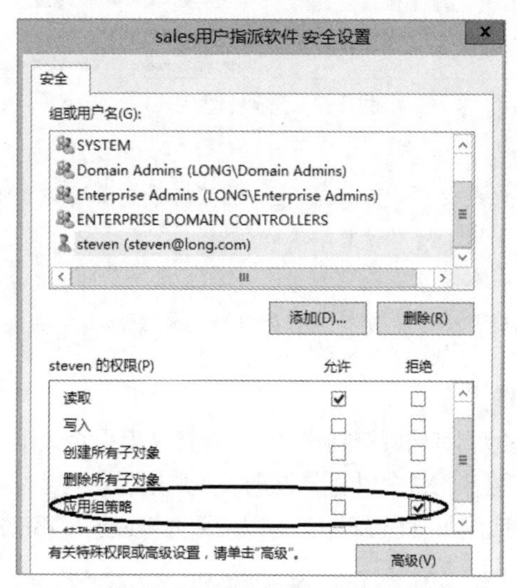

图 6-6　拒绝 steven 应用策略

6.1.3　特殊处理设置

这些特殊处理设置包括强制处理 GPO、慢速连接的 GPO 处理、环回处理模式与禁用 GPO 等。

1. 强制处理 GPO

客户端计算机在处理组策略的设置时，会将不同类型的策略交给不同的动态链接库（Dynamic-Link Library，DLL）来负责处理与应用，这些 DLL 被称为客户端扩展程序（Client-Side Extension，CSE）。

不过 CSE 在处理其所负责的策略时，只会处理上次处理过的最新变动策略，这种做法虽然可以提高处理策略的效率，但有时候却无法达到期望的目标。例如，在 GPO 内对用户做了某项限制，在用户因为这个策略受到限制之后，若用户自行将此限制删除，则当下一次用户计算机在应用策略时，CSE 会因为 GPO 内的策略设置值并没有变动而不处理此策略，因而无法自动将用户自行修改的设置改回来。

解决方法是强制要求 CSE 处理指定的策略，不论该策略设置值是否发生变化。可以针对不同策略进行单独设置。例如，假设要强制组织单位 sales 内的所有计算机处理（应用）软件安装策略：在 sales 用户指派软件 GPO 的设置界面中展开【计算机配置】→【策略】→【管理模板】→【系统】，选中【组策略】右侧的【配置软件安装策略处理】选项并双击→选择【已启用】单选项→勾选【即使尚未更改组策略对象也进行处理】复选框→单击【确定】按钮，如图 6-7 所示。

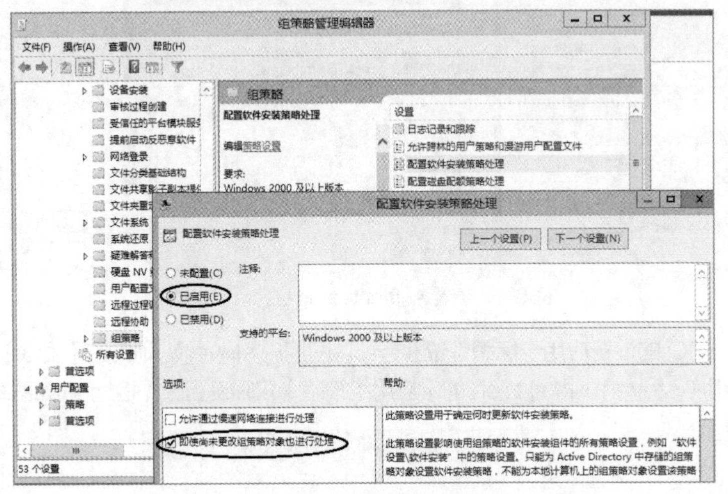

图 6-7　强制处理 GPO

注意　①策略名称最后两个字是处理（Processing）的策略设置都可以做类似的更改。②若要手动让计算机来强制处理（应用）所有计算机策略设置，则可以在计算机上执行“gpupdate/target: computer/force”命令；若是用户策略设置，则可以执行“gpupdate/ target: user/force”命令；或执行“gpupdate/force”命令来同时强制处理计算机策略与用户策略。

2. 慢速连接的 GPO 处理

可以让域成员计算机自动检测其与域控制器之间的连接速度是否太慢，若是则不要应用位于域控制器内指定的组策略设置。除了图 6-8 中的【配置注册表策略处理】与【配置安全策略处理】这两个策略之外（无论是否慢速连接都会应用），其他策略都可以设置为慢速连接不应用。

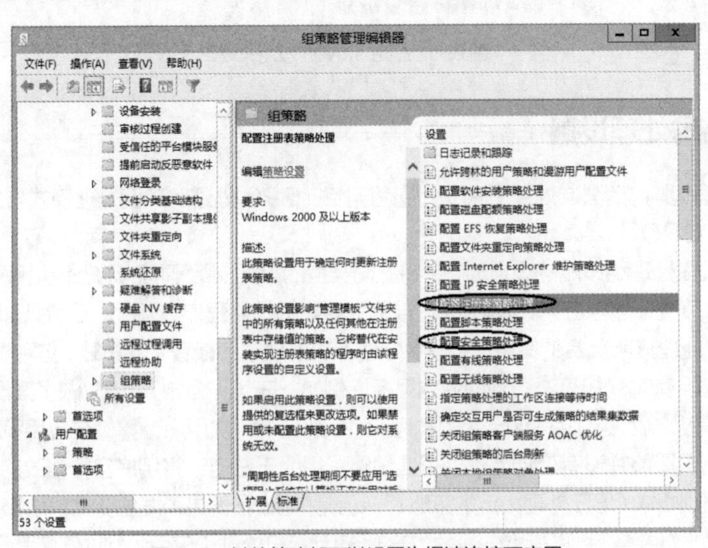

图 6-8　其他策略都可以设置为慢速连接不应用

假设要求组织单位 sales 内的每一台计算机都要自动检测是否为慢速连接，则可以在 sales 用户指派软件 GPO 的计算机配置界面中，选中【组策略】右侧的【配置组策略慢速链接检测】选项并双击→选择【已启用】单选项→在【连接速度】文本框中输入低速联机的定义值 500→单击【确定】按钮，如图 6-9 所示。只要组织单位 Sales 内有计算机设置连接速度低于 500kb/s，就会被视为慢速连接。如果停用或未设置此选项，则计算机也会将低于 500kb/s 视为慢速连接。

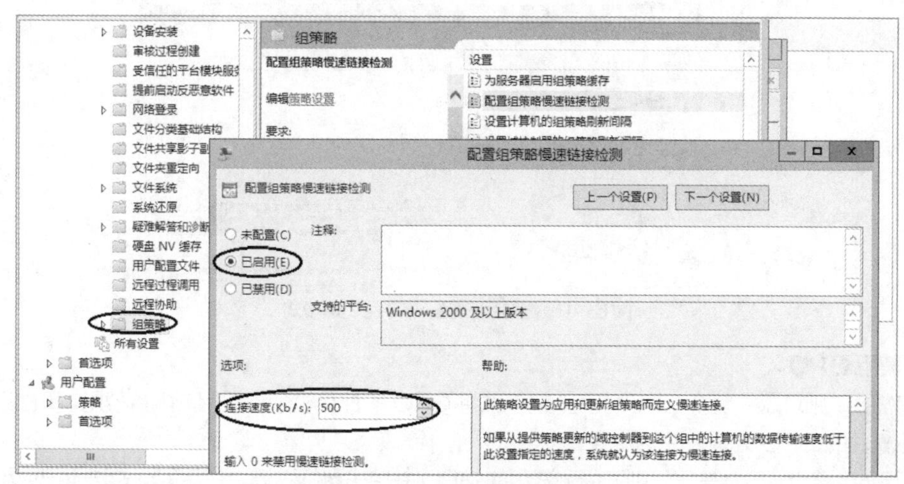

图 6-9　配置组策略慢速链接检测

接下来假设要求组织单位 sales 内的每一台计算机与域控制器之间即使是慢速连接，也需要启用【配置软件安装策略处理】策略，那么其设置方法与图 6-7 相同，不过此时需勾选【允许通过慢速网络连接进行处理】复选框。

3. 环回处理模式

一般来说，系统会根据用户或计算机账户在 AD DS 内的位置，来决定如何将 GPO 设置值应用到用户或计算机。例如，若服务器 DC1 的计算机账户位于组织单位服务器内，此组织单位有一个名称为“服务器 GPO”的 GPO，而用户 steven 的用户账户位于组织单位 sales 内，此组织单位有一个名称为“sales 用户指派软件”的 GPO，则当用户 steven 在 DC1 上登录域时，在正常的情况下，他的用户环境由 sales 用户指派软件的 GPO 的用户配置来决定，不过他的计算机环境是由服务器 GPO 的计算机配置来决定的。

然而若在 sales 用户指派软件的 GPO 的用户配置内设置，让组织单位 sales 内的用户一登录，就自动为他们安装某应用程序，则这些用户到任何一台域成员计算机上（包含 DC1）登录时，系统都将为他们在这台计算机内安装此应用程序。若不想替他们在这台重要的服务器 DC1 内安装应用程序，要怎么做呢？启用环回处理模式（Loopback Processing Mode）即可。

若在服务器 GPO 启用了环回处理模式，则无论用户账户位于何处，只要用户利用组织单位服务器内的计算机（包含服务器 DC1）登录，则用户的工作环境可改由服务器 GPO 的用户配置来决定，这样 steven 在服务器 DC1 登录时，系统不会替他安装应用程序。环回处理模式分为两种模式。

- 替代模式：直接改由服务器 GPO 的用户配置来决定用户的环境，而忽略 sales 用户指派软件的 GPO 的用户配置。
- 合并模式：先处理 sales 用户指派软件的 GPO 的用户配置，再处理服务器 GPO 的用户配置，若两者有冲突，则以服务器 GPO 的用户配置优先。

假设要在服务器 GPO 内启用环回处理模式，可在服务器 GPO 的计算机配置界面中选中【组策略】右侧的【配置用户组策略环回处理模式】并双击→选择【已启用】单选项→将【模式】设置为【替换】

或【合并】，如图 6-10 所示。

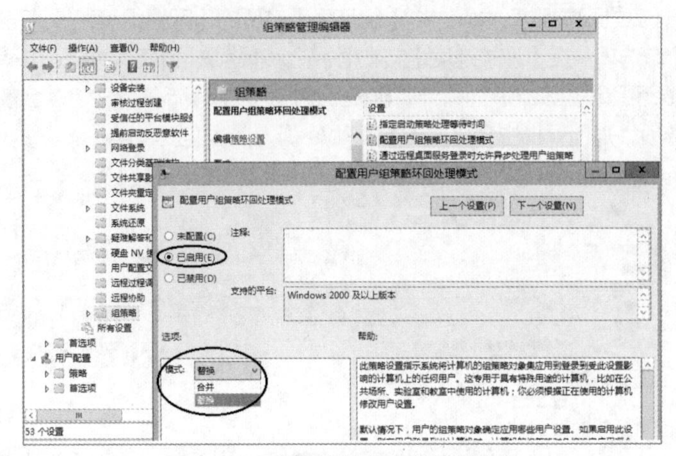

图 6-10　配置用户组策略环回处理模式

4. 禁用 GPO

若有需要，则可以将整个 GPO 禁用，或单独将 GPO 的计算机配置或用户配置禁用。下面以 sales 用户指派软件的 GPO 为例来说明。

- 若要将整个 GPO 禁用，则选中测试用的 GPO 并单击鼠标右键，然后取消勾选【已启用链接】选项，如图 6-11 所示。
- 若要将 GPO 的计算机配置或用户配置单独禁用，则可先进入【sales 用户指派软件】GPO 的编辑界面→选中【sales 用户指派软件】GPO→单击上方的属性图标→勾选【禁用计算机配置设置】或【禁用用户配置设置】复选框，如图 6-12 所示。

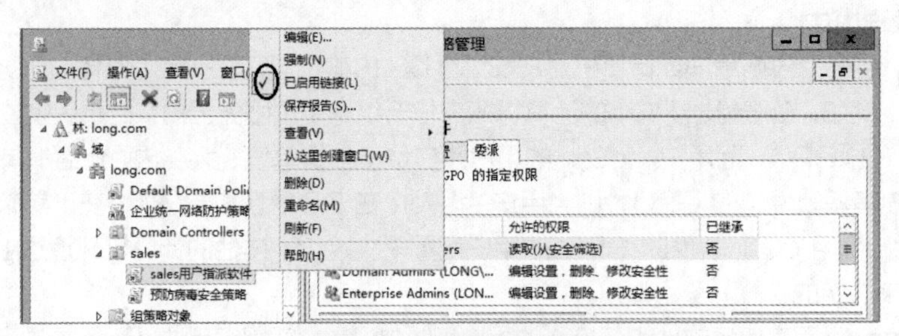

图 6-11　禁用整个 GPO

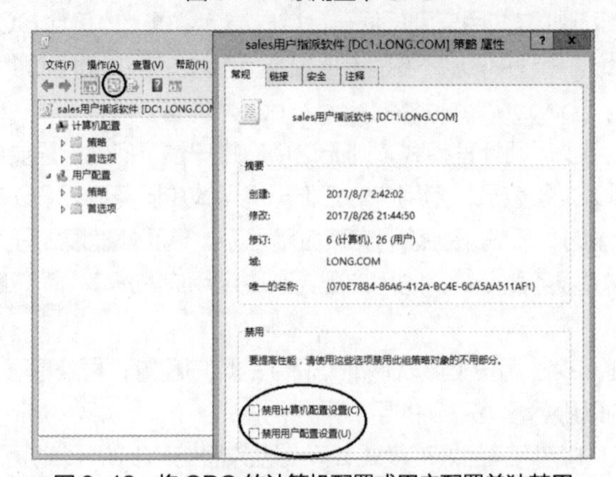

图 6-12　将 GPO 的计算机配置或用户配置单独禁用

6.1.4 更改管理 GPO 的域控制器

当添加、修改或删除组策略设置时，这些更改默认先被存储到扮演 PDC 模拟器操作主机角色的域控制器，然后由它复制到其他域控制器，域成员计算机再通过域控制器来应用这些策略。

但若系统管理员在济南，而 PDC 模拟器操作主机在远程的北京，济南的系统管理员会希望其针对济南员工设置的组策略能够直接存储到位于济南的域控制器，以便济南的用户与计算机能够通过这台域控制器来快速应用这些策略。

可以通过【DC 选项】来将管理 GPO 的域控制器从 PDC 模拟器操作主机更改为其他域控制器。

操作步骤：假设供济南分公司使用的 GPO 为济南分公司专用 GPO，则进入编辑此 GPO 的界面（【组策略管理编辑器】窗口），然后选中【济南分公司专用 GPO】→单击【查看】菜单→选择【DC 选项】→在弹出的对话框中选择要用来管理组策略的域控制器，如图 6-13 所示。

域控制器选择的选项有下面 3 种。

- 具有 PDC 模拟器操作主机令牌的域控制器：也就是使用 PDC 模拟器操作主机，这是默认值，也是建议值。
- Active Directory 管理单元使用的域控制器：当系统管理员执行组策略管理编辑器时，此组策略管理编辑器连接的域控制器就是要使用的域控制器。
- 使用任何可用的域控制器：此选项让组策略管理编辑器可以任意挑选一台域控制器。不建议采用此种方式。

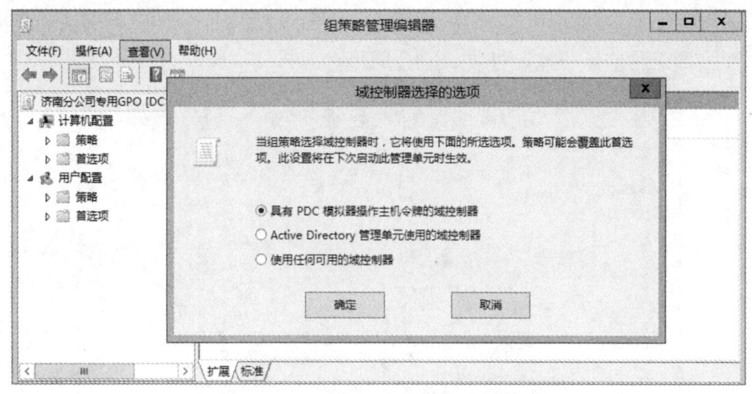

图 6-13 利用 DC 选项更改域控制器

6.1.5 更改组策略的应用间隔时间

前面已经介绍过域成员计算机与域控制器何时会应用组策略的设置。用户可以更改这些设置值，不过建议不要将更新组策略的间隔时间设得太短，以免增加网络负担。

1. 更改计算机配置的应用间隔时间

例如，要更改组织单位 sales 内所有计算机应用计算机配置的间隔时间，可在 sales 用户指派软件 GPO 的计算机配置界面中，依次展开【计算机配置】→【策略】→【管理模板】→【系统】→【组策略】，双击【设置计算机的组策略刷新间隔】选项→选择【已启用】单选项→单击【确定】按钮，如图 6-14 所示。在图 6-14 所示的界面中设置为每隔 90 分钟加上 0～30 分钟的随机值，也就是每隔 90～120 分钟应用一次。若禁用或未设置此策略，则默认每隔 90～120 分钟应用一次。若应用间隔设置为 0 分钟，则每隔 7 秒应用一次。

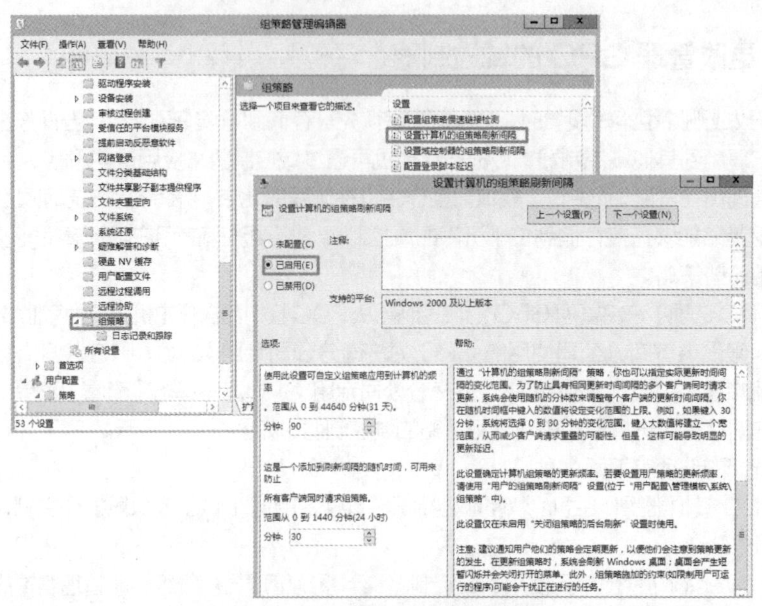

图 6-14　设置计算机的组策略刷新间隔

若要更改域控制器的应用计算机配置的间隔时间，则针对组织单位 Domain Controllers 内的 GPO 来设置（如 Default Domain Controllers GPO），其策略名称是【设置域控制器的组策略刷新间隔】，每隔 5 分钟应用一次组策略。若禁用或未设置此策略，则默认每隔 5 分钟应用一次。若将应用间隔时间设置为 0 分钟，则每隔 7 秒应用一次，如图 6-15 所示。

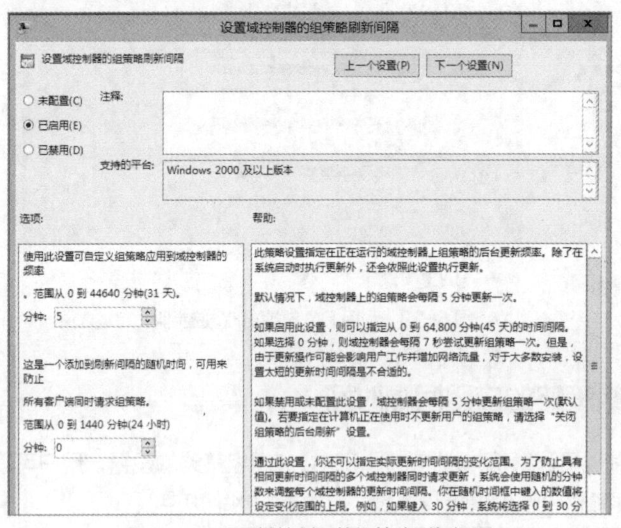

图 6-15　设置域控制器的组策略刷新间隔

2. 更改用户配置的应用间隔时间

例如，要更改组织单位 sales 内所有用户的应用用户配置的间隔时间，请在 sales 用户指派软件 GPO 的用户配置界面中，通过图 6-16 中【组策略】右侧的【设置用户的组策略刷新间隔】选项来设置，其默认也是每隔 90 分钟加上 0～30 分钟的随机值，也就是每隔 90～120 分钟应用一次。若停用或未设置此策略，则默认每隔 90～120 分钟应用一次。若将间隔时间设置为 0 分钟，则每隔 7 秒应用一次。

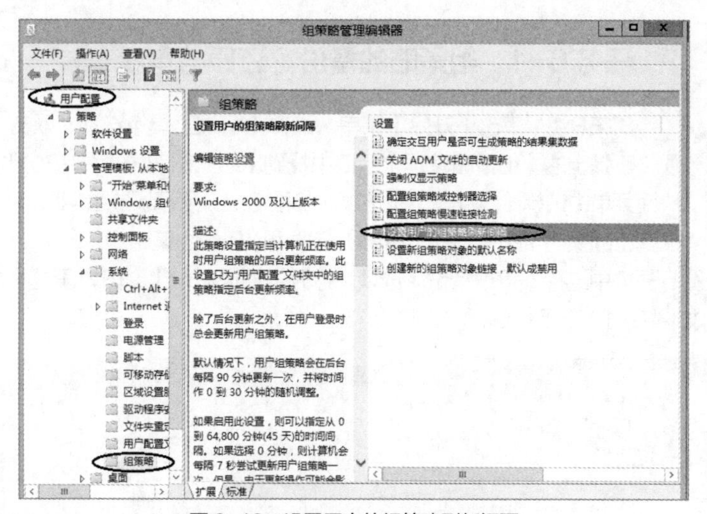

图 6-16 设置用户的组策略刷新间隔

6.2 实践项目设计与准备

1. 组策略管理上的挑战

未名公司基于 Windows Server 2012 活动目录管理用户和计算机，在公司的多个组织单位中都部署了组策略。在组策略管理时发现很难直观显示管理员部署的组策略内容，往往需要借助其他工具或者日志来查询。

在应用一些新的组策略时，有时发现一些计算机并没有应用新的组策略，这样给公司的生产环境的部署带来了一定的困扰。公司希望通过规范地管理组策略，提高域环境的可用性，实现域用户和计算机的高效管理。

2. 应对组策略管理上的挑战

为了解决有些组策略没有应用上的问题，必须先明白组策略的应用优先级——本地策略→站点策略→域策略→父组织单位策略→子组织单位策略，这样才能将组策略部署到位。如果父组织单位策略设置了一个限制，子组织单位不想继承，则可以阻止继承，如果父组织单位策略需要强制下发，则可以将父组织单位策略设置为强制，这样尽管子组织单位不想继承，设置阻止继承也无济于事。

本项目要完成以下任务。

① 组策略的禁止和强制继承（参考 6.1.1 小节和 6.1.2 小节）。

② 组策略的备份和还原。

③ 查看组策略。

④ 针对某个对象查看其组策略。

⑤ 使用 WMI 筛选器。

⑥ 管理组策略的委派。

⑦ 设置和使用 Starter GPO。

在本次项目实训中，会用到 dc1.long.com、win8-1.long.com、ms1.long.com。

6.3 实践项目实施

下面开始具体任务，实施任务的顺序遵循由易到难的原则。

任务6-1 组策略的备份、还原与查看

STEP 1 单击【开始】菜单→选择【管理工具】选项，双击【组策略管理】选项，在弹出的【组策略管理】窗口中找到【组策略对象】并单击鼠标右键，在弹出的快捷菜单中选择【全部备份】选项，如图6-17所示。或者用鼠标右键单击单个策略，在弹出的快捷菜单中选择【备份】选项可以备份组策略。

STEP 2 在图6-17中选择【管理备份】选项，打开【管理备份】窗口，通过此窗口可以将已经备份的组策略还原，如图6-18所示。

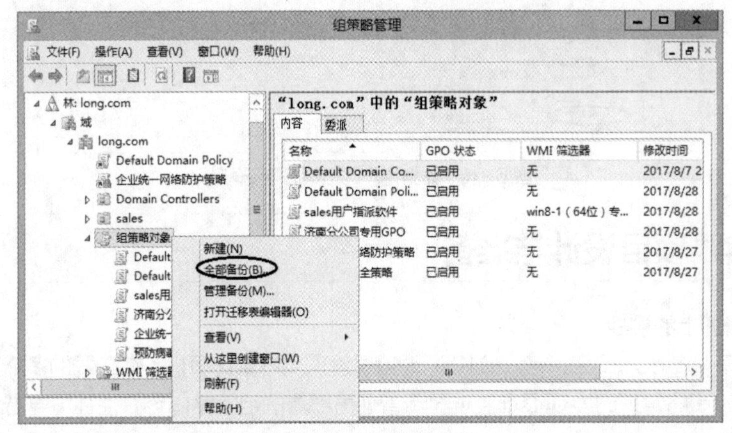

图6-17 组策略备份

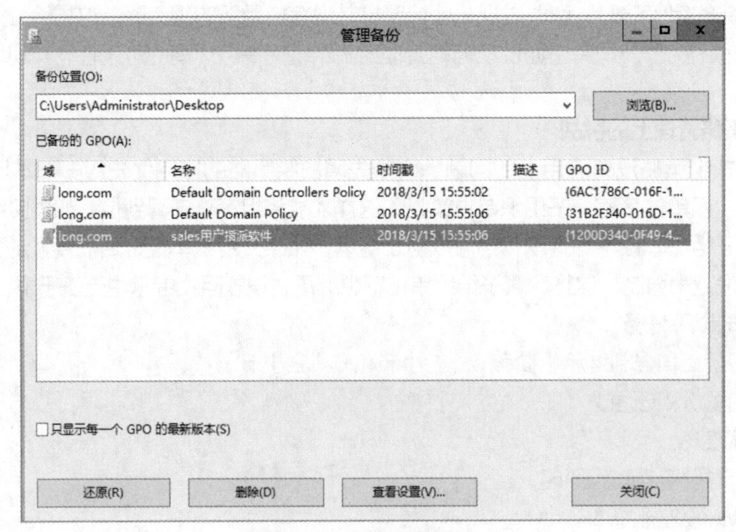

图6-18 【管理备份】窗口

STEP 3 单击【开始】菜单→选择【管理工具】选项，双击【组策略管理】选项，在弹出的【组策略管理】窗口中找到【Default Domain Policy】并单击鼠标右键，在弹出的快捷菜单中选择【保存报告】选项，如图6-19所示，将报告保存到指定位置。双击指定位置保存的文件，就可以通过网页查看该组策略设置的条目，如图6-20所示。

STEP 4 在【组策略管理】窗口中选中【Default Domain Policy】策略，在右边切换至【设置】

选项卡，同样可以很详细地查看组策略的设置，如图 6-21 所示。

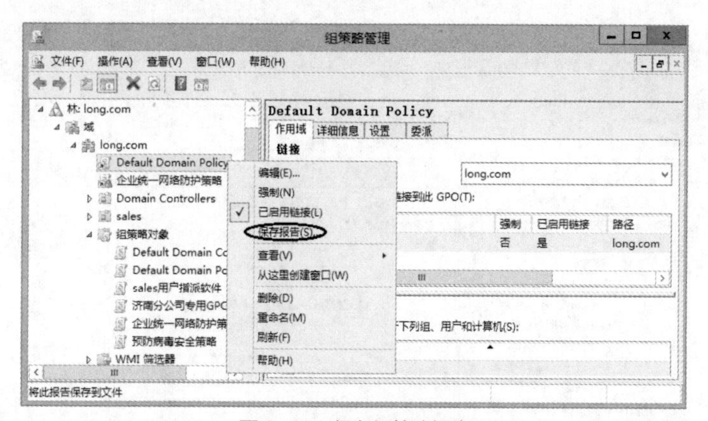

图 6-19 保存组策略报告

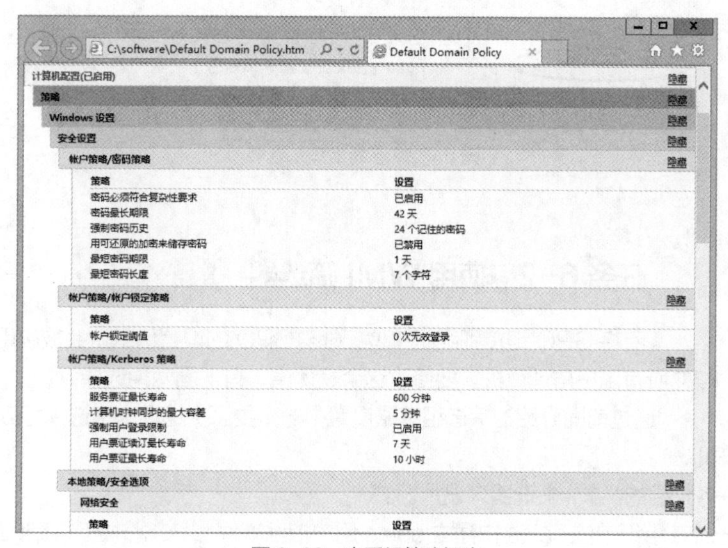

图 6-20 查看组策略报告

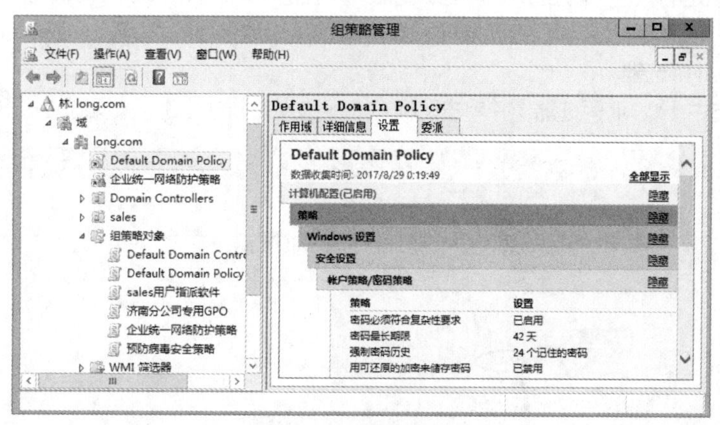

图 6-21 查看组策略设置

STEP 5 针对某个对象查看其组策略。单击【开始】菜单→选择【管理工具】选项，双击【组策略管理】选项，在弹出的【组策略管理】窗口中找到【组策略结果】，并单击鼠标右键，在弹出的快捷菜单中选择【组策略结果向导】选项，通过向导选择某个对象，查看应用到该对象的组策略，如图 6-22 所示。

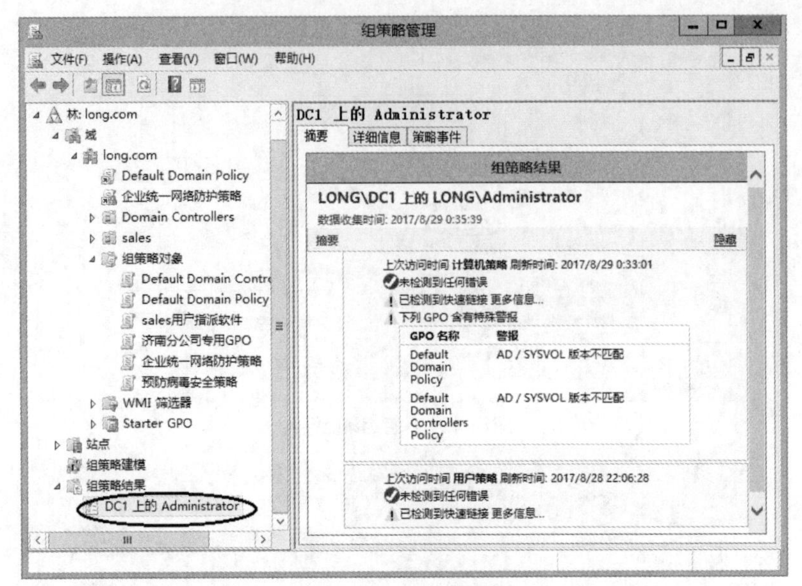

图 6-22　查看组策略结果

任务 6-2　使用 WMI 筛选器

若将 GPO 链接到组织单位，则该 GPO 的设置值默认会被应用到此组织单位内的所有用户与计算机。要修改这个默认值，有下面两种选择。

- 通过前面介绍的筛选组策略设置中的【委派】选项卡来选择待应用此 GPO 的用户或计算机。
- 通过本任务介绍的 WMI 筛选器来设置。

例如，假设已经在组织单位 sales 内建立 sales 用户指派软件 GPO，并通过它来让此组织单位内的计算机自动安装指定的软件（前面讲过），但只想让 64 位的 Windows 8.1 计算机安装此软件，其他操作系统的计算机并不需要安装，此时可以通过 WMI 筛选器来达到目的。

1. 新建 WMI 筛选器

STEP 1　选中【WMI 筛选器】并单击鼠标右键→选择【新建】选项，如图 6-23 所示。

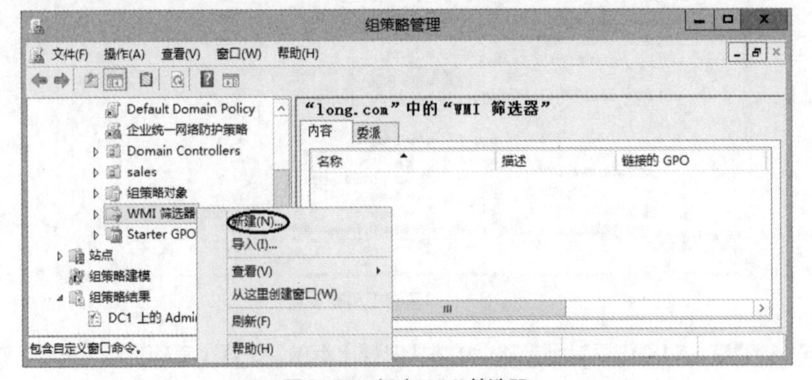

图 6-23　新建 WMI 筛选器

STEP 2　在【名称】与【描述】文本框中分别输入适当的文字说明后单击【添加】按钮。这里将【名称】设置为【Windows 8.1（64 位）专用的筛选器】，如图 6-24 所示。

STEP 3　在【命名空间】文本框中使用默认的【root\CIMv2】，然后在【查询】文本框中输入下面的查询命令后单击【确定】按钮，如图 6-25 所示。

```
select * from Win32_OperatingSystem Where Version like "6.3%" and ProductType="1"
```

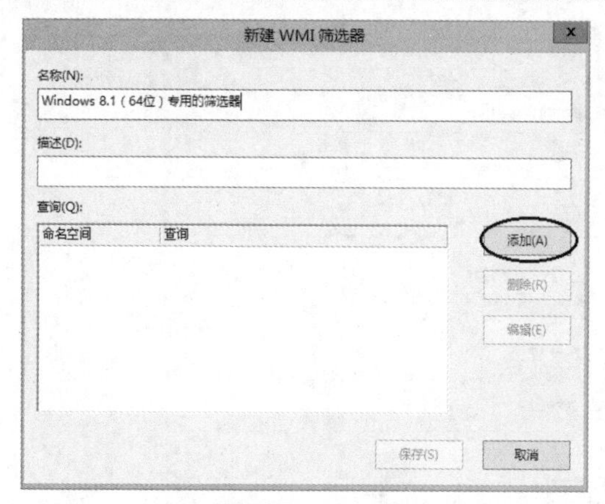

图 6-24　输入名称

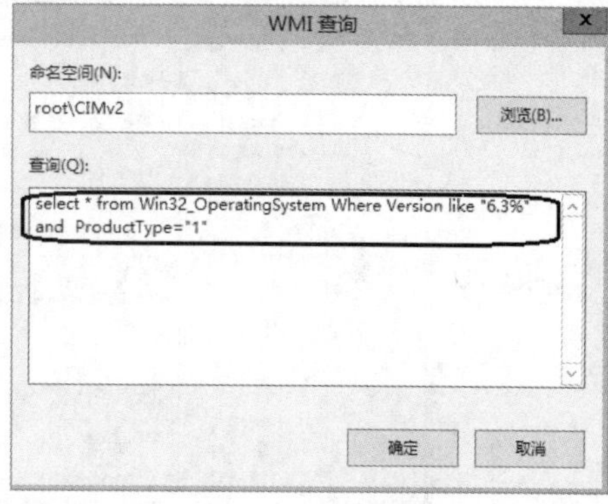

图 6-25　WMI 查询

STEP 4　出现图 6-26 所示的警告信息，直接单击【确定】按钮。

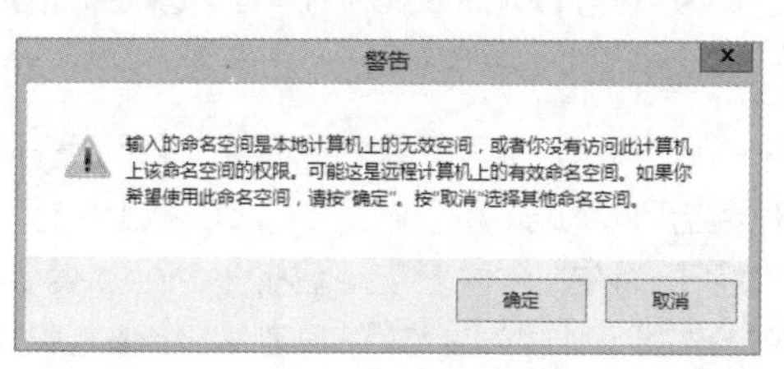

图 6-26　警告信息

STEP 5　重复在图 6-24 所示的对话框中单击【添加】按钮，然后在【查询】文本框中输入下面的查询命令后单击【确定】按钮，如图 6-27 所示，出现警告信息后仍单击【确定】按钮。该命令用来选择 64 位的系统。

```
select * from win32_Processor Where Addresswidth=" 64"
```

STEP 6　在【新建 WMI 筛选器】对话框中单击【保存】按钮，如图 6-28 所示。

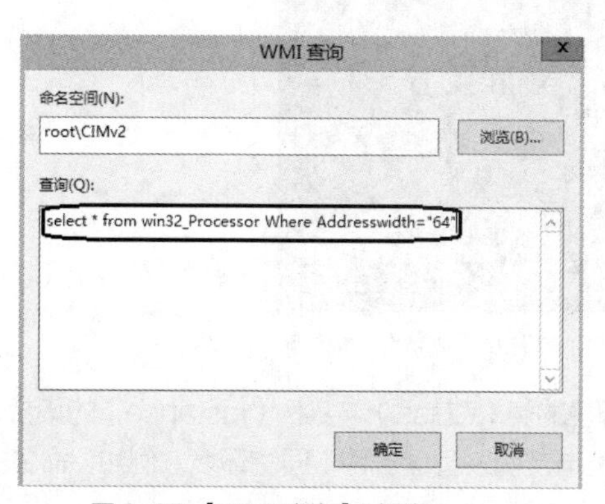

图 6-27 【WMI 查询】对话框

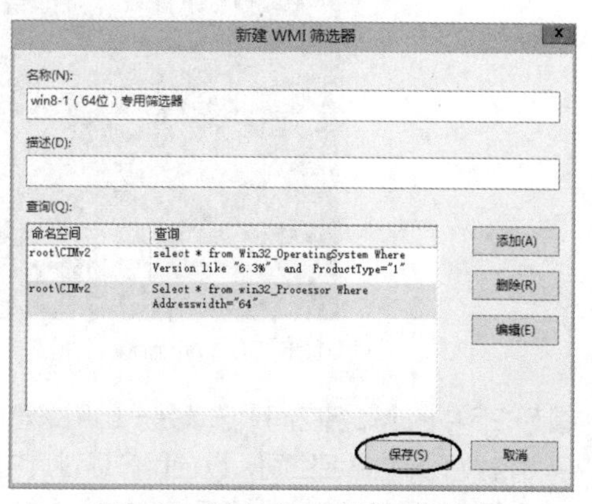

图 6-28 【新建 WMI 筛选器】对话框

STEP 7　在 sales 用户指派软件 GPO 下方的【WMI 筛选】选项组中选择刚才建立的【Windows 8.1（64 位）专用的筛选器】，如图 6-29 所示。

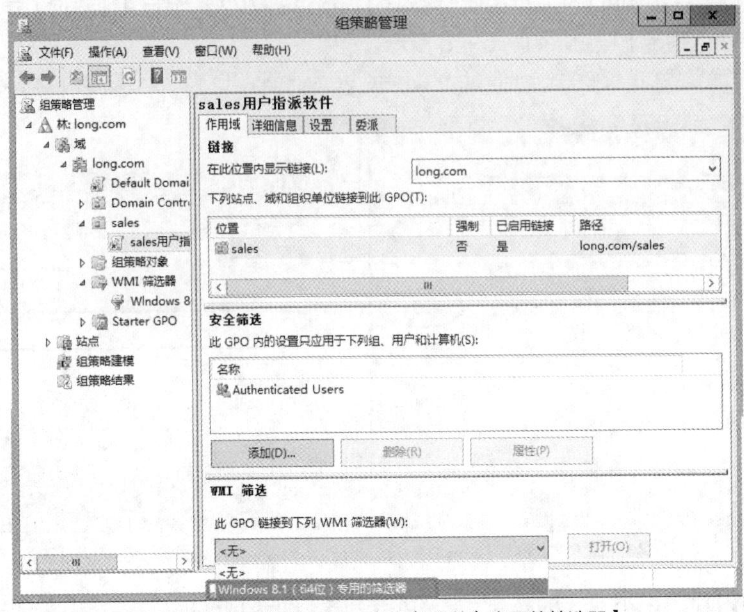

图 6-29　应用【Windows 8.1（64 位）专用的筛选器】

2. 验证 WMI 筛选器

组织单位 sales 内所有的 Windows 8.1 客户端都会应用 sales 用户指派软件 GPO 策略设置，但是其他 Windows 操作系统并不会应用此策略。可以到客户端计算机上执行“gpresult/r”命令来查看计算机应用了哪些 GPO，图 6-30 所示为在一台位于 sales 内的 Windows 7 客户端上执行“gpresult/r”命令看到的结果。因为 sales 用户指派软件 GPO 搭配了 Windows 8.1（64 位）专用的筛选器，故 Windows 7 计算机并不会应用此策略（被 WMI 筛选器拒绝）。（先强制使组策略生效。）

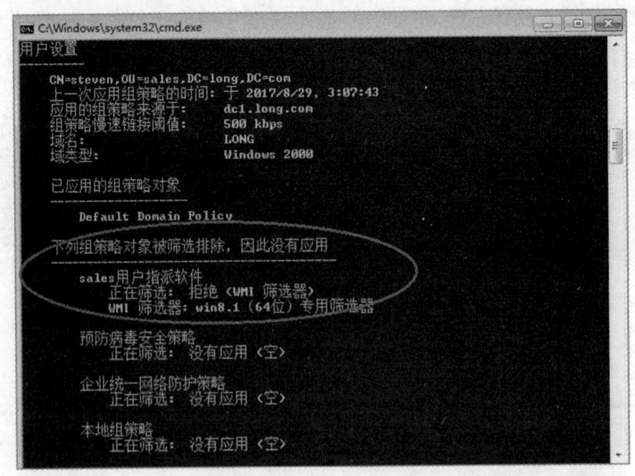

图 6-30　Windows 7 拒绝应用“sales 用户指派软件”组策略

图 6-25 中的【命名空间】选项是一组用来管理环境的类（Class）与实例（Instance）的集合，系统内包含各种不同的命名空间，以便用户通过其内的类与实例来管理各种不同的环境。例如，命名空间 CIMv2 内包含的是与 Windows 环境有关的类与实例。

图 6-25 中的【查询】文本框内需要输入 WMI 查询语言（WQL）来执行筛选工作，其中，Version like 后面的数字所代表的 Windows 版本如表 6-1 所示。

表 6-1　Version like 后面的数字所代表的 Windows 版本

数字	数字所代表的 Windows 版本
6.3	Windows 8.1 与 Windows Server 2012 R2
6.2	Windows 8 与 Windows Server 2012
6.1	Windows 7 与 Windows Server 2008 R2
6.0	Windows Vista 与 Windows Server 2008
5.2	Windows Server 2003
5.1	Windows XP

而 ProductType 右侧的数字所代表的意义如表 6-2 所示。

表 6-2　ProductType 右侧的数字所代表的意义

数字	所代表的意义
1	客户端等级的操作系统，如 Windows 8.1、Windows 8
2	服务器等级的操作系统且是域控制器
3	服务器等级的操作系统但不是域控制器

任务 6-3　管理组策略的委派

可以将 GPO 的链接、添加与编辑等管理工作，分别委派给不同的用户来负责，以减轻系统管理员的管理负担。

1. 站点、域或组织单位的 GPO 链接委派

可以将链接 GPO 到站点、域或组织单位的工作委派给不同的用户来执行。以组织单位 sales 为例，可以单击组织单位【sales】后，通过【委派】选项卡来将链接 GPO 到此组织单位的工作委派给用户，如图 6-31 所示。由图 6-31 可知，默认 Administrators、Domain Admins 或 Enterprise Admins 等群组内的用户才拥有此权限。还可以通过【委派】选项卡中的【权限】下拉列表框来设置【执行组策略建模分析】与【读取组策略结果数据】这两个权限。

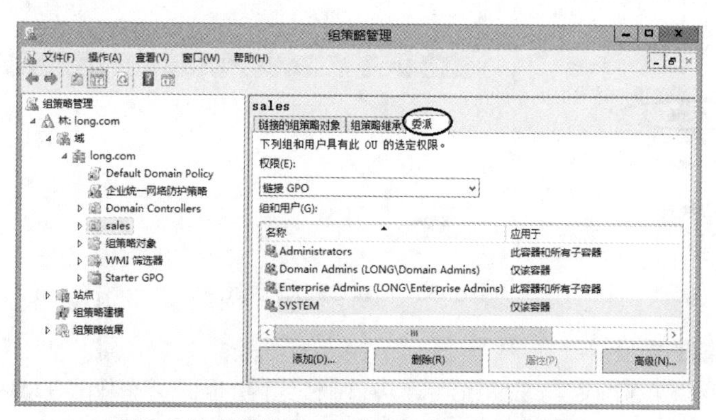

图 6-31　将链接 GPO 到 sales 的工作委派给用户

2. 编辑 GPO 的委派

默认 Administrators、Domain Admins 或 Enterprise Admins 组内的用户才有权限编辑 GPO，图 6-32 所示为 sales 用户指派软件 GPO 的默认权限列表，可以通过此列表来赋予其他用户权限，这些权限包含“读取”、“编辑设置”与“删除、修改安全性”这 3 种。

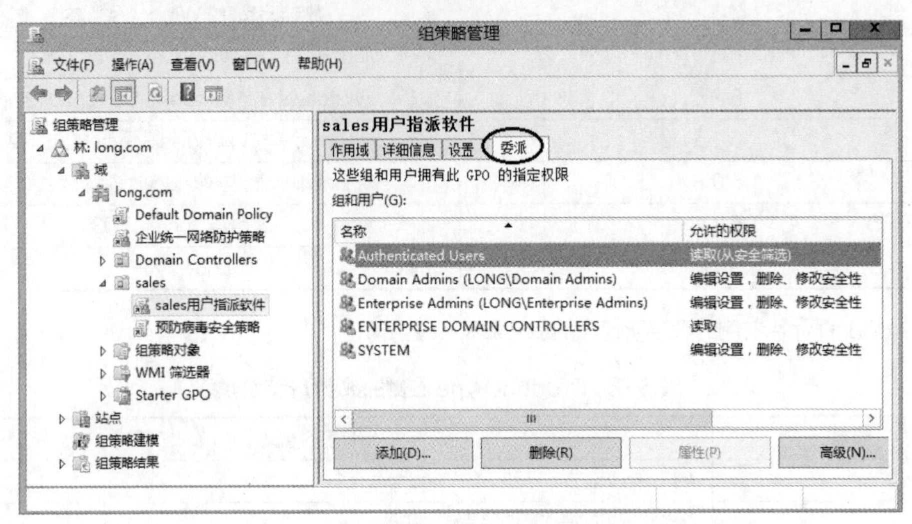

图 6-32　将 sales 用户指派软件 GPO 的编辑工作委派给不同用户

3. 新建 GPO 的委派

系统默认 Domain Admins 与 Group Policy Creator Owners 组内的用户才有权限新建 GPO。单击【组策略对象】→选择【委派】选项卡，可以查看或添加在域中有权限新建 GPO 的组和用户，如图 6-33 所示。也可通过此选项卡来将此权限赋予其他用户。

Group Policy Creator Owners 组内的用户在新建 GPO 后，即可成为这个 GPO 的拥有者，因此用户对这个 GPO 拥有完全控制的权限，可以编辑这个 GPO 的内容，但无权利编辑其他的 GPO。

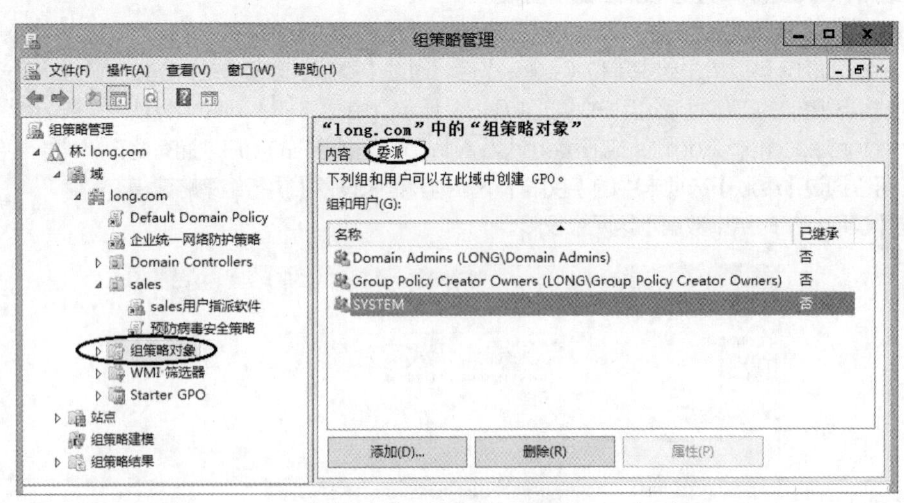

图 6-33　新建 GPO 的委派

4. WMI 筛选器的委派

系统默认 Domain Admins 与 Enterprise Admins 组内的用户才有权限在域内建立新的 WMI 筛选器，并且可以修改所有的 WMI 筛选器，如图 6-34 所示的【完全控制】权限。而 Administrators

与 Group Policy Creator Owners 组内的用户也可以建立新的 WMI 筛选器并修改其自行建立的 WMI 筛选器，不过不可以修改其他用户建立的 WMI 筛选器，如图 6-34 中的【创建者所有者】权限。也可以通过此选项卡将权限赋予其他用户。

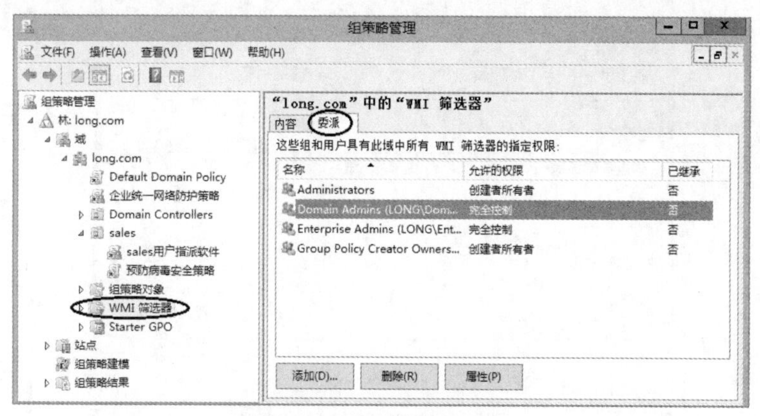

图 6-34　WMI 筛选器的委派

Group Policy Creator Owners 组内的用户在添加 WMI 筛选器后，即可成为此 WMI 筛选器的拥有者，对此 WMI 筛选器拥有完全控制的权限，可以编辑此 WMI 筛选器的内容，不过无权编辑其他的 WMI 筛选器。

任务 6-4　设置和使用 Starter GPO

Starter GPO 内仅包含管理模板的策略设置。可以将经常用到的管理模板策略设置值创建到 Sarter GPO 内，然后在建立常规 GPO 时，可以直接将 Starter GPO 内的设置值导入这个常规 GPO 中，如此便可以节省建立常规 GPO 的时间。建立 Starter GPO 的步骤如下。

STEP 1　选中【Starter GPO】并单击鼠标右键→选择【新建】选项，如图 6-35 所示。

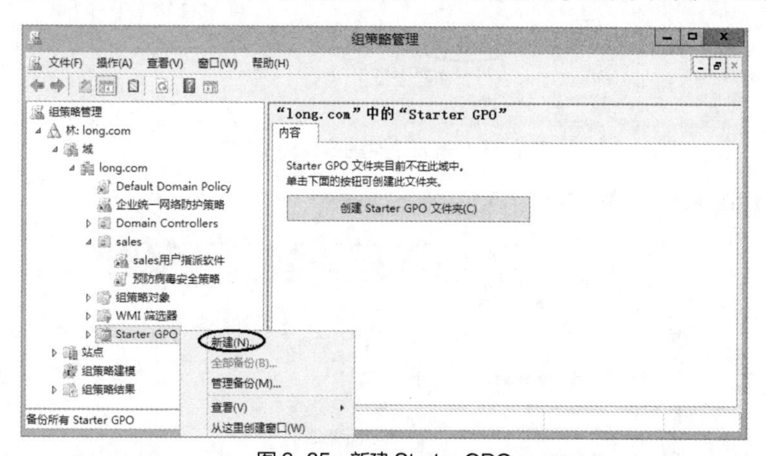

图 6-35　新建 Starter GPO

> **注意**　不用单击窗口右侧的【创建 Starter GPO 文件夹】按钮，因为在建立第 1 个 Starter GPO 时，系统也会自动建立此文件夹，此文件夹的名称是“StarterGPOs”，它位于域控制器的 sysvol 共享文件夹下。

STEP 2　为此 Starter GPO 设置【名称】和【注释】后单击【确定】按钮，如图 6-36 所示。

STEP 3　选中此 Starter GPO 并单击鼠标右键→选择【编辑】选项，如图 6-37 所示。

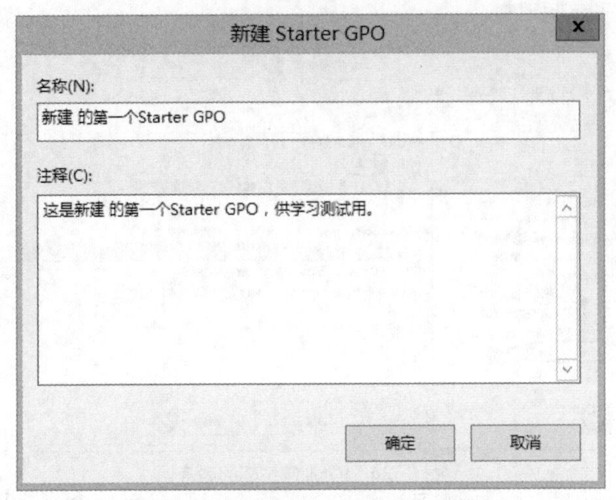

图 6-36 【新建 Starter GPO】对话框

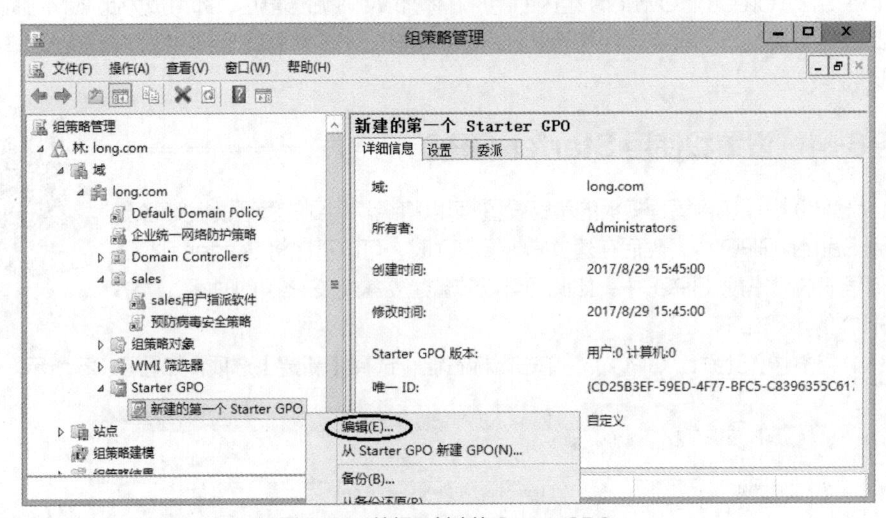

图 6-37　编辑已创建的 Starter GPO

STEP 4　编辑计算机与用户配置的【管理模板】策略，如图 6-38 所示。

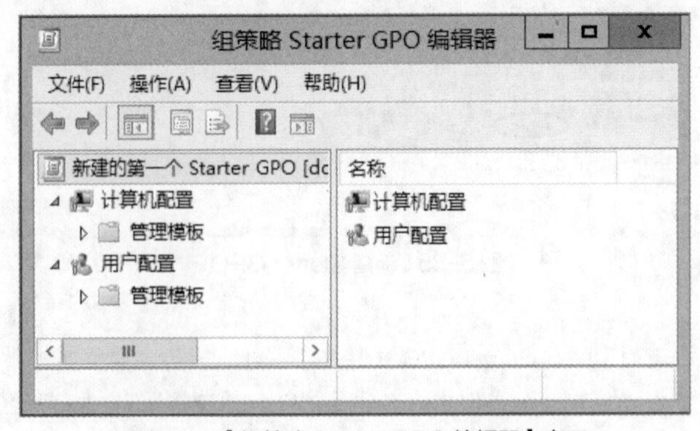

图 6-38 【组策略 Starter GPO 编辑器】窗口

STEP 5 完成 Starter GPO 的建立与编辑后，再建立常规 GPO 时，就可以选择从这个 Starter GPO 来导入其【管理模板】的设置值，如图 6-39 所示。

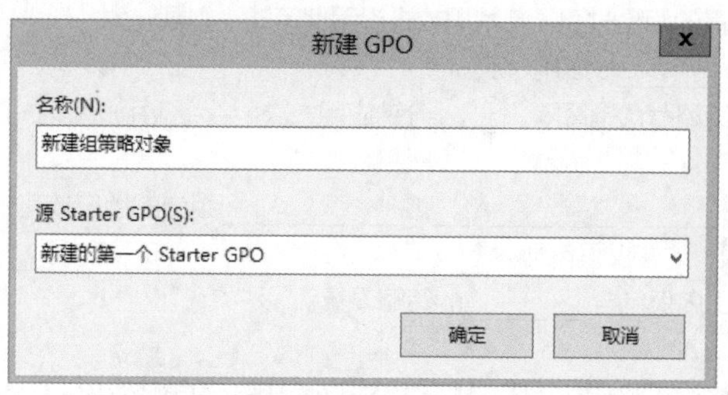

图 6-39　从源 Starter GPO 中新建 GPO

6.4 【拓展阅读】IPv4 和 IPv6

2019 年 11 月 26 日是全球互联网发展历程中值得铭记的一天，一封来自欧洲 RIPE NCC 的邮件宣布全球 43 亿个 IPv4 地址正式耗尽，人类互联网跨入了 IPv6 时代。

全球 IPv4 地址耗尽到底是怎么回事？全球 IPv4 地址耗尽对我国有什么影响？该如何应对？

IPv4 又称互联网通信协议第 4 版，是网际协议开发过程中的第 4 个修订版本，也是此协议第一个被广泛部署的版本。IPv4 是互联网的核心，也是使用最广泛的网际协议版本。IPv4 使用 32 位（4Byte）地址，地址空间中只有 4 294 967 296 个地址。全球 IPv4 地址耗尽，意思就是全球联网的设备越来越多，“这一串数字”不够用了。IP 地址是分配给每个联网设备的一系列号码，每个 IP 地址都是独一无二的。IPv4 中规定 IP 地址长度为 32 位，互联网的快速发展使得目前 IPv4 地址已经告罄。IPv4 地址耗尽意味着不能将任何新的 IPv4 设备添加到互联网，因此各国开始积极布局 IPv6。

对于我国而言，在接下来的 IPv6 时代，我国存在着巨大机遇，其中我国推出的“雪人计划”就是一件益国益民的大事，这一计划将助力中华民族的伟大复兴，助力我国在互联网方面取得更多话语权。

6.5 习题

一、填空题

1. 若在高层父容器中设置了某个策略，但是在其下的低层子容器中并未设置此策略，则低层子容器会________高层父容器的这个策略设置值。若在低层子容器内的某个策略被设置，则此设置值默认会________由其高层父容器继承下来的设置值。

2. 若本地计算机策略、站点、域与组织单位 sales 之间的 GPO 设置有冲突，则优先级从高到低依次为：______________、_________、_________、_________。

3. 若组策略内的计算机配置与用户配置有冲突，则以__________优先。

4. 若将多个 GPO 链接到同一处，则所有这些 GPO 的设置会被累加起来作为最后的有效设置值，但若这些 GPO 的设置相互冲突，则链接顺序在前面的 GPO__________。

5. 若要手动让计算机来强制处理（应用）所有计算机策略设置，则可以在计算机上执行______命令；若是用户策略设置，则可以执行____________命令；或执行____________命令来同时强制处理计算机与用户策略。如果要查看当前用户的组策略结果，则可以执行__________命令。

6. 环回处理模式分为两种：____________、____________。

7. 当添加、修改或删除组策略设置时，这些更改默认先被存储到＿＿＿＿＿＿的域控制器，然后再由它复制到其他域控制器，域成员计算机再通过＿＿＿＿＿来应用这些策略。

8. 应用计算机配置的间隔时间，若禁用或未设置此策略，则默认为＿＿＿＿分钟。若应用间隔设置为0分钟，则每隔＿＿＿＿秒应用一次。

9. 域控制器的组策略默认是每隔＿＿＿分钟应用一次。若将应用间隔时间设置为0分钟，则每隔＿＿＿秒应用一次。

10. 默认＿＿＿＿＿、＿＿＿＿＿或＿＿＿＿＿组内的用户才有权限编辑GPO，管理员可以赋予其他用户权限，这些权限包含＿＿＿＿＿、＿＿＿＿＿与＿＿＿＿＿3种。

11. Starter GPO内仅包含＿＿＿＿的策略设置。

二、选择题

1. 公司有一个Active Directory林，其中包含8个链接的组策略对象（GPO）。其中一个GPO向用户对象发布应用程序。有个用户报告说，他得不到该应用程序，因此无法安装。你需要确定是否应用了GPO，你该怎么做？（　　）

A. 针对该用户运行组策略结果实用工具

B. 针对其计算机运行组策略结果实用工具

C. 在【命令提示符】窗口中执行GPRESULT /SCOPE COMPUTER命令

D. 在【命令提示符】窗口中执行GPRESULT /S <system name> /Z命令

2. 所有咨询师都属于名为TempWorkers的全局组。你在名为SecureServers的新组织单位中放入了3个文件服务器，这3个文件服务器包含位于共享文件夹中的机密数据。每当这些咨询师访问机密数据失败时，你需要将他们的失败尝试记录下来，你应该执行哪两个操作？（每个正确答案表示解决方法的一部分，请选择两个正确答案。）（　　）

A. 创建一个新GPO，并将其链接到SecureServers组织单位；配置【审核特权使用】【失败审核】策略设置

B. 创建一个新GPO，并将其链接到SecureServers组织单位；配置【审核对象访问】【失败审核】策略设置

C. 创建一个新GPO，并将其链接到SecureServers组织单位；从TempWorkers全局组的网络用户权限设置中配置【拒绝】访问此计算机

D. 在3个文件服务器的每个共享文件夹上，将这3个服务器添加到【审核】选项卡；在【审核项目】对话框中配置【失败完全控制】设置

E. 在3个文件服务器的每个共享文件夹上，将TempWorkers全局组添加到【审核】选项卡；在【审核项目】对话框中配置【失败完全控制】设置

三、简答题

1. 想要只允许用户3次无效登录尝试，你必须配置什么设置？

2. 你希望为公司中的所有客户端计算机提供一致的安全设置，但这些计算机账户分散在多个组织单位中。对此，提供一致的安全设置的最佳做法是什么？

3. 你为某个组织单位配置了文件夹重定向，但是没有任何用户文件夹重定向到网络位置。你在查看根文件夹时发现，虽然其中已创建了以每个用户命名的子目录，但是这些子目录为空。问题出在哪里？

4. 你通过组策略将一个登录脚本分配给某个组织单位。该脚本位于名为Scripts的共享网络文件夹中。一些组织单位的用户收到了该脚本，而其他用户没有。可能是什么原因造成此问题？为了防止这类问题重现，可以执行哪些步骤？

6.6 项目实训 使用 WMI 筛选器

一、项目背景

若将 GPO 链接到组织单位，则该 GPO 的设置值默认会被应用到此组织单位内的所有用户与计算机，要修改这个默认值，有下面两种选择。

- 通过前面介绍的筛选组策略设置中的【委派】选项卡来选择待应用此 GPO 的用户或计算机。
- 通过本项目介绍的 WMI 筛选器来设置。

二、项目要求

假设已经在组织单位 sales 内建立 sales 用户指派软件 GPO，并通过它来让此组织单位内的计算机自动安装指定的软件（前面讲过），但只想让 64 位的 Windows 10 计算机安装此软件，其他操作系统的计算机并不需要安装，此时可以通过 WMI 筛选器来达到目的。

三、做一做

本项目实录融入行业新技术、新规范和新标准，以 Windows Server 2016 网络操作系统为例，同时兼容 Windows Server 2012/2019 网络操作系统。

根据实训项目慕课进行项目的实训，检查学习效果。

第3部分

管理与维护 AD DS

千丈之堤，以蝼蚁之穴溃；百尺之室，以突隙之烟焚。

——《韩非子·喻老》

项目7
配置活动目录的对象和信任

07

学习背景

在初始部署 AD DS 后，AD DS 管理员最常见的任务是配置和管理 AD DS 对象。大多数公司会给每位员工分配一个用户账户，并把用户账户添加到 AD DS 中的一个或多个组中。用户账户和组账户用于访问基于 Windows Server 的网络资源，如网站、邮箱和共享文件夹。此外管理员还要配置和管理 AD DS 信任。两个域之间具备信任关系后，双方的用户便可以访问对方域内的资源，并利用对方域的成员计算机登录。

本项目描述如何配置委派任务、如何配置域或林的信任。

学习目标和素养目标

- 掌握对 AD DS 对象的管理访问权限的委派。
- 掌握域与林信任概述。
- 掌握建立快捷方式信任。
- 掌握建立林信任。
- 明确职业技术岗位所需的职业规范和精神，树立社会主义核心价值观。
- “高山仰止，景行行止。”为计算机事业做出过巨大贡献的王选院士，应是青年学生崇拜的对象，也是师生学习的榜样。“面壁十年图破壁，难酬蹈海亦英雄。”“为中华之崛起而读书”，从来都不仅限于纸上。

7.1 相关知识

7.1.1 委派对 AD DS 对象的管理访问权限

很多 AD DS 管理任务非常容易执行，但是重复性也可能很高。Windows Server 2012 AD DS 中可用的选项之一，是将某些管理任务委派给其他管理员或用户。通过委派控制权，这些用户能够执行一些 Active Directory 管理任务，而且无须授予他们比所需的权限更高的权限。

1. Active Directory 对象权限

Active Directory 对象权限允许用户控制哪些管理员或用户可访问单个对象或对象属性，以及控制他们的访问权类型，从而达到保护资源的目的。用户使用权限来分配对组织单位或组织单位层次结构的管理特权，以便管理 Active Directory 对象。

（1）标准权限和特殊权限。

用户可以使用标准权限来配置大多数 Active Directory 对象权限任务。标准权限最为常用。但是，如果需要授予更细致的权限级别，就要用到特殊权限。特殊权限允许对特定的一类对象或者某个对象类的各个属性设置权限。例如，用户可以授予某个用户对容器中的组对象类的完全控制权限，也可以只授予用户修改容器中的组成员身份所需的权限，或者只授予用户更改所有用户账户的单个属性（如电话号码）所需的权限。

（2）配置权限。

配置权限时，可使用表 7-1 所示的选项。

表 7-1　配置权限可使用的选项

选项	描述
可以允许或拒绝权限	拒绝权限优先于授予用户账户和组的任何允许权限。只有在必须移除某个用户因成为某个组的成员而获得的权限时，才使用拒绝权限
当不允许执行某个操作的权限时，该权限即为隐式拒绝	例如，如果 Marketing 组被授予对某个对象的读取权限，并且在该对象的 DACL 中未列出任何其他安全主体，那么不是 Marketing 组成员的用户将隐式被拒绝访问。操作系统不允许非 Marketing 组成员的用户读取该用户对象的属性
当需要使大组中的一部分账户不能执行大组有权执行的任务时，应显式拒绝权限	例如，要防止名为 Don 的用户查看某个用户对象的属性，但是 Don 是 Marketing 组的成员，而该组有权查看该用户对象的属性。对此，可以显式拒绝 Don 的读取权限，以防止他查看那个用户对象的属性

（3）继承权限。

一般而言，当在父对象上设置了权限时，该容器中的对象将继承父对象的权限。例如，如果在组织单位级别分配权限，那么默认情况下，该组织单位中的对象将继承这些权限。可以修改或删除继承的权限，但是在将权限显式分配给子对象时，必须首先打破权限继承，然后再分配所需的权限。

Windows Server 2012 中的继承权限在以下方面简化了管理权限的任务。

- 在创建子对象时，无须手动将权限应用到子对象。
- 应用于父对象的权限统一应用于所有子对象。
- 若要修改容器中所有对象的权限，则只需要修改父对象的权限，子对象会自动继承这些更改。

2. 有效权限

“有效权限”工具可帮助确定对 Active Directory 对象的权限。该工具计算授予指定用户或组的权限，并计算实际从组成员身份获得的权限，以及从父对象继承的任何权限。

（1）有效权限的特点。

Active Directory 对象的有效权限有以下特点。

- 累积权限是授予用户账户和组账户的 Active Directory 权限的组合。
- 拒绝权限覆盖同级的继承权限。显式分配的权限优先。
- 在对象类或属性上设置的显式“允许”权限将覆盖继承的“拒绝”权限。
- 对象所有者总是可以更改权限。所有者控制如何在对象上设置权限，以及将权限授予何人，创建 Active Directory 对象的人就是其所有者。Administrators 组拥有在安装 Active Directory 期间创建的，或者由内置 Administrators 组的任何成员创建的对象。所有者总是可以更改对象的权限，即便是所有者对该对象的所有访问权都被拒绝。

注意  当前所有者可将取得所有权权限授予另一个用户，这将使该用户能随时取得该对象的所有权。该用户必须实际获得所有权才能完成所有权移交。

（2）检索有效权限。

为了检索有关 AD DS 中的有效权限的信息，可以使用“有效权限”工具。如果指定的用户或组是域对象，那么指定的用户或组必须有权读取该对象在域中的成员身份信息。

在计算有效权限时，不能使用特殊标识。这意味着，如果将权限分配给任何特殊标识，那么它们将不会包含在有效权限列表中。

3. 控制委派

控制委派是将 Active Directory 对象的管理职责分配给另一个用户或组的能力，如图 7-1 所示。

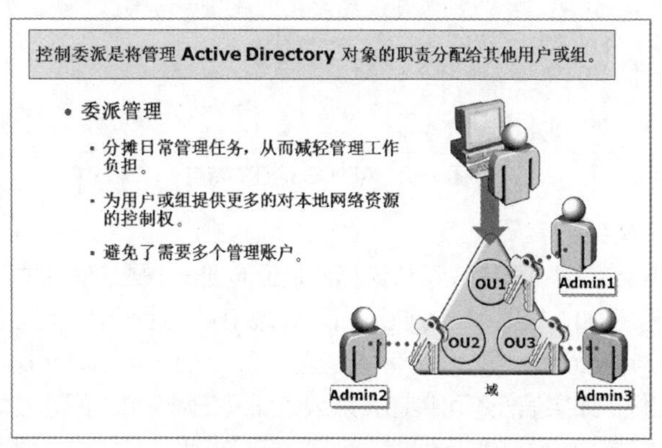

图 7-1 控制委派

委派管理将日常管理任务分摊给多个用户，从而减轻网络管理工作人员的管理负担。利用委派管理，可以将基本管理任务分配给普通用户或组。例如，可以给部门主管分配修改其部门组成员身份的权力。

通过委派管理，可以授予公司中的组对其本地网络资源的更多控制权。通过限制管理员组的成员，还可以帮助保护网络，使其免受意外或恶意破坏。

可以按照以下 4 种方式定义管理控制的委派。

- 授予创建或修改某个组织单位中的所有对象，或者域中的所有对象的权限。
- 授予创建或修改某个组织单位中的所有对象，或者域级别的某些类型对象的权限。
- 授予创建或修改某个组织单位中的所有对象，或者域级别的某个对象的权限。
- 授予修改某个组织单位中的所有对象，或者域级别的某个对象的某些属性的权限（如授予重置用户账户密码的权限）。

委派管理权限的主要益处之一是可以授权用户在 AD DS 的有限范围内执行特定任务，而无须授予他们任何更宽泛的管理权限。可以将委派权限的范围限制为某个组织单位或者某个对象，甚至是对象的某个属性。

在只有一个管理员团队负责所有管理任务的小型公司中，可能不会选择控制委派。但是，很多公司可能会找到某种方法来委派对某些任务的控制。通常，这会在部门组织单位级别或者在分支机构组织单位级别实现。

7.1.2 配置 AD DS 信任

采用 AD DS 的很多公司将只部署一个域，但是大型公司，或者需要访问其他公司或其他业务单位资源的公司，可能需要在同一个 Active Directory 林或者一个单独的林中部署多个域。对于在域间访问资源的用户，必须为域或林配置信任。本小节描述如何在 Active Directory 环境中配置和管理信任。

1. AD DS 信任

信任允许安全主体将其凭据从一个域传到另一个域，并且是允许域间资源访问所必需的。配置了域间信任后，用户可以在自己的域中进行身份验证，然后通过安全凭据访问其他域中的资源。其特点如图 7-2 所示。

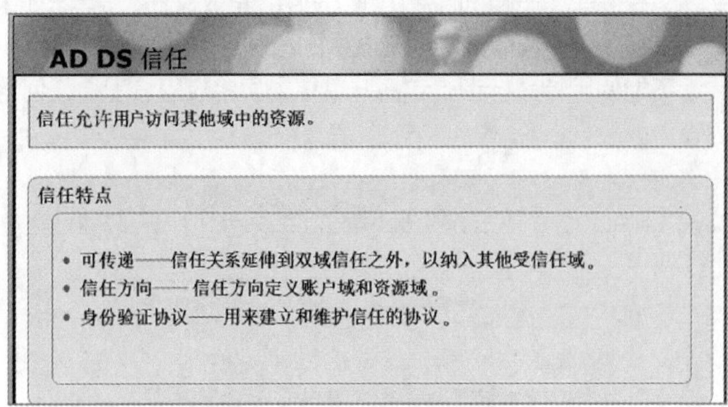

图 7-2　AD DS 信任的特点

所有信任都具备以下特点。

- 信任可定义为可传递或不可传递。可传递信任是延伸到一个域的信任关系自动延伸到信任该域的域树中的所有域。例如，如果 beijing.long.com 域和 long.com 域相互之间有可传递信任，并且 long.com 域和 smile.com 域之间也有可传递信任，那么 beijing.long.com 域和 smile.com 域之间也将相互信任。如果信任不可传递，那么信任只在两个域之间建立。
- 信任方向定义用户账户和资源位于何处。用户账户位于受信任域中，而资源位于信任域中。信任方向从受信任域指向信任域。在 Windows Server 2012 中有 3 种信任方向：单向传入、单向传出、双向信任。
- 信任还有用于建立信任的不同协议。配置信任的两种协议分别是 Kerberos 协议版本 5，以及 Windows NT 局域网（LAN）管理器（NTLM 协议）。大多数情况下，Windows Server 2012 使用 Kerberos 协议来建立和维护信任。

2. AD DS 信任选项

图 7-3 表示了所有的信任选项。表 7-2 描述了 Windows Server 2012 支持的信任类型。

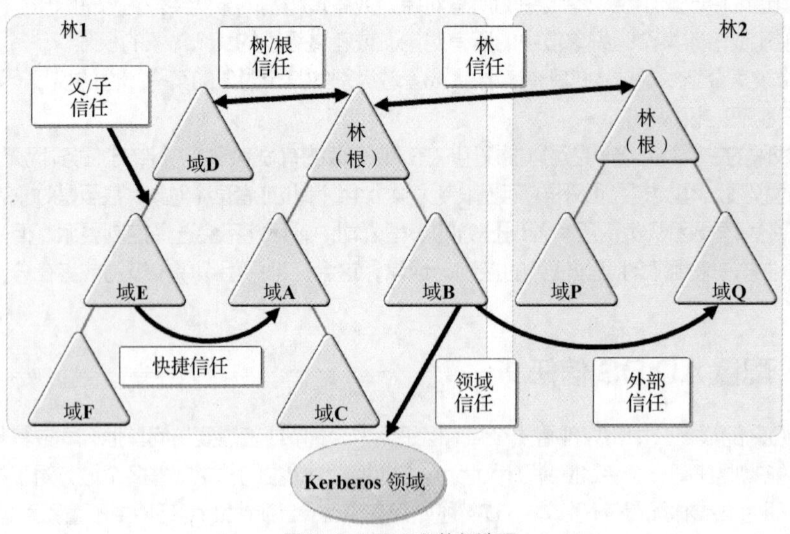

图 7-3　AD DS 信任选项

表 7-2　AD DS 信任类型

信任类型	描述
父/子	存在于同域树中的域之间。此双向可传递信任允许安全主体在林中的任何域中进行身份验证。这些信任是默认创建的，并且不可移除。父/子信任总是使用 Kerberos 协议
树/根	存在于林中的所有域树之间。此双向可传递信任允许安全主体在林中的任何域中进行身份验证。这些信任是默认创建的，并且不可移除。树/根信任总是使用 Kerberos 协议
外部	可创建在不属于同一林的不同域之间。这些信任可以是单向或双向的，并且不传递。外部信任总是使用 NTLM 协议
领域	可在非 Windows 操作系统域（称为 Kerberos 领域）与 Windows Server 2012 域之间创建。这些信任可以是单向或双向的，并且可以是可传递的，也可以是不可传递的。领域信任总是使用 Kerberos 协议
林	可创建在 Windows Server 2003 林功能级别或更高功能级别的林之间。这些信任可以是单向或双向的，并且可以是可传递的，也可以是不可传递的。林信任总是使用 Kerberos 协议
快捷	可在 Windows Server 2012 林内创建，以便减少林中的域之间的登录时间。在通过树/根信任时，此单向或双向信任尤其有用，因为通向目标的信任路径有可能减少。快捷信任总是使用 Kerberos 协议

问题与思考：① 如果要在Windows Server 2012域和Windows NT 4.0域之间配置信任，那么你需要配置哪种类型的信任？② 如果需要在域之间共享资源，但又不想配置信任，那么如何允许访问共享资源？

参考答案：① 必须配置外部信任。② 选择之一是允许匿名访问资源。例如，可以在 Windows SharePoint Services 站点上存储数据，并允许匿名访问 SharePoint 站点。另一种选择是，在资源所在的域中，创建需要访问这些资源但又属于其他域的用户的账户。当这些用户试图访问资源时，他们需要输入目标域所要的凭据。

3. 信任在林中的工作方式

（1）受信任域对象。

在设置同林内的域之间、跨林的域之间，以及与外部域之间的信任时，有关这些信任的信息存储在 AD DS 中，以便在需要时检索，如图 7-4 所示。受信任域对象（TDO）存储着这些信息。

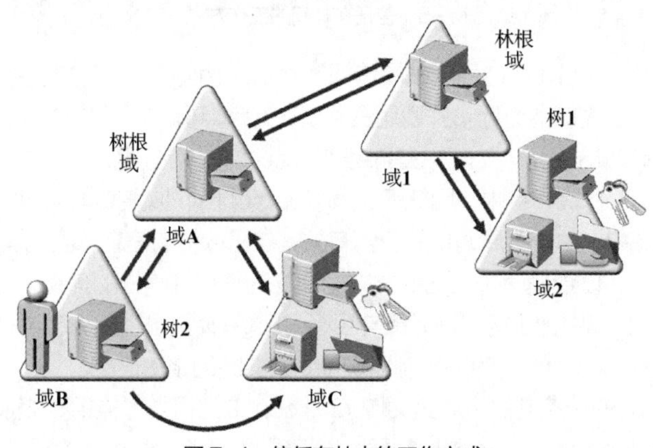

图 7-4　信任在林中的工作方式

TDO 存储有关信任的信息，如信任可传递性和类型。每当创建信任时，将同时创建新的 TDO，并存储在该信任的域中的 System 容器中。

（2）使用户能访问林中的资源。

当用户尝试访问另一个域中的资源时，Kerberos 协议必须确定信任域与被信任域之间是否有信任关系。

为了确定此关系，Kerberos 协议遍历信任路径（利用 TDO 获得对目标域的域控制器的引用）。目标域控制器为被请求的服务发出一个服务票证。信任路径是信任层次结构中的最短路径。

当受信任域中的用户尝试访问其他域中的资源时，该用户的计算机首先联系自己域中的域控制器，以向资源验证身份。如果资源不在该用户的域中，那么域控制器将使用与其父级的信任关系，并将该用户的计算机引向其父域中的域控制器。

这种查找资源的尝试将沿着信任层次结构向上连续进行，有可能直到林根域，然后沿着信任层次结构向下，直至联系到资源所在域中的域控制器。

4. 信任在林间的工作方式

Windows Server 2012 支持跨林信任，这种信任允许一个林中的用户访问另一个林中的资源。当用户尝试访问受信任林中的资源时，AD DS 必须首先找到资源，然后才验证用户身份，验证成功后允许用户访问资源。

Windows 8.1 客户端计算机查找并访问含有 Windows Server 2012 服务器的另一个林中的资源的工作方式如图 7-5 所示。

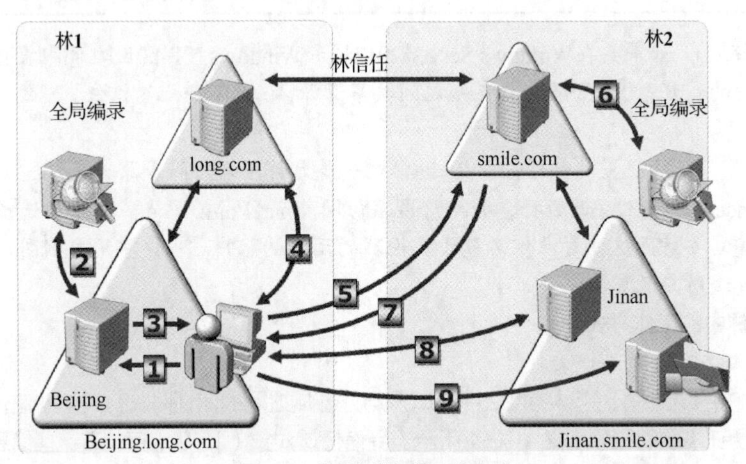

图7-5　信任在林间的工作方式

① 登录到 Beijing.long.com 域的用户试图访问 smile.com 林中的某个共享文件夹。该用户的计算机联系 Beijing.long.com 中的域控制器，并使用资源所在的计算机的服务主体名（SPN）请求服务票证。SPN 可以是主机或域的 DNS 名称，也可以是服务连接点对象的可分辨名称。

② 资源不在 Beijing.long.com 中，因此 Beijing.long.com 的域控制器查询全局编录，以了解资源是否位于林中的另一个域内。由于全局编录只包含有关其自己的林的信息，因此找不到对应的 SPN。然后全局编录检查其数据库，以查找有关与它的林之间建立的任何林信任的信息。如果全局编录找到林信任，那么它将把林信任 TDO 中列出的名称后缀与目标 SPN 的后缀进行比较。找到匹配项后，全局编录提供有关如何从 Beijing.long.com 中的域控制器定位到该资源的路由信息。

③ Beijing.long.com 的域控制器将对其父域 long.com 的引用发送给用户的计算机。

④ 用户计算机联系 long.com 中的域控制器，以获得对 smile.com 林的根域中的域控制器的引用。

⑤ 用户计算机使用 long.com 域中的域控制器返回的引用，联系 smile.com 林中的域控制器，以获得对被请求服务的服务票证。

⑥ 资源不在 smile.com 林的林根域中，因此域控制器联系其全局编录以查找 SPN。全局编录找到该 SPN 的匹配项，然后将其发送给域控制器。

⑦ 域控制器将对 Jinan.smile.com 的引用发送给用户计算机。

⑧ 用户计算机联系 Jinan.smile.com 域控制器上的密钥发行中心（Key Distribution Center，KDC），并通过协商获得允许用户访问 Jinan.smile.com 域中的资源的票证。

⑨ 用户计算机将服务器服务票证发送给共享资源所在的计算机，该计算机读取用户的安全凭据，然后构造访问令牌，访问令牌给予用户对资源的访问权。

问题与思考：① 快捷信任和外部信任之间有什么区别？

② 在设置林信任时，为了使林信任起作用，DNS上需要有哪些信息？

参考答案：① 快捷信任配置在同林的两个域之间。外部信任配置在不同林的两个域之间。快捷信任还可以传递，而外部信任不能。

② 为了配置信任，以及在配置后使信任起作用，双方林中的域控制器需要能够解析对方林中的域控制器的DNS名称。这意味着，必须配置DNS以启用该名称解析。可通过配置条件转发、存根区域或区域传递来启用名称解析。

5. 用户主体名称

用户主体名称（User Principal Name，UPN）是仅在登录 Windows Server 2012 网络时使用的登录名。其主要特点如图 7-6 所示。

- UPN 是包含用户登录名与域后缀的登录名。
- 域后缀可以是用户的主域、林中的任何其他域，或者自定义域名。
- 可以添加更多 UPN 后缀。
- UPN 在林中必须是唯一的。

UPN 后缀可用于在受信任林之间路由身份验证请求

- 如果两个林中使用了相同的 UPN 后缀，那么 UPN 后缀路由自动禁用。
- 可以手动启用或禁用跨信任的名称后缀路由。

图 7-6　用户主体名称的主要特点

UPN 有两个部分，它们由@符号分隔，例如 suzan@long.com。

① 第一部分为用户主体名称前缀，如例中的 suzan。

② 第二部分为用户主体名称后缀，如例中的 long.com。

默认情况下，后缀是创建该用户账户的域名。可以使用网络中的其他域，或者创建附加后缀为用户配置其他后缀。例如，可能需要配置后缀来创建与用户的电子邮件地址匹配的用户登录名。

UPN 具备以下优点。

① 用户可使用其 UPN 登录到林中的任何域。

② UPN 可与用户的电子邮件名称相同，因为 UPN 的格式与标准电子邮件地址的格式相同。

注意　用户主体名称在林中必须是唯一的。

名称后缀路由是提供跨林名称解析的机制。

- 当两个 Windows Server 2012 林通过林信任连接时，名称后缀路由自动启用。例如，如果在

long.com 林和 smile.com 林之间配置了林信任，那么在 long.com 林中有账户的用户可使用其 UPN 来登录到 smile.com 林中的计算机。身份验证请求将自动路由到 long.com 林中的相应域控制器。

- 但是，如果两个林有相同的 UPN 后缀，那么当用户登录另一个林中的计算机时，用户将无法使用附带该后缀的 UPN 名称。例如，如果 long.com 和 smile.com 组织都使用 research.com 作为 UPN 后缀，那么用户将无法使用此后缀在对方的林中登录。
- 在配置林信任时，可确定 UPN 名称后缀路由错误。如果多个林共用同一个 UPN 后缀，那么在尝试配置信任时，【新建信任向导】对话框将检测并显示两个 UPN 名称后缀之间的冲突。

7.1.3 选择性身份验证设置

在 Windows Server 2012 林中限制跨信任身份验证的另一个选项是选择性身份验证。利用选择性身份验证，可以限制林中的哪些计算机可由另一个林中的用户访问。其特点如图 7-7 所示。

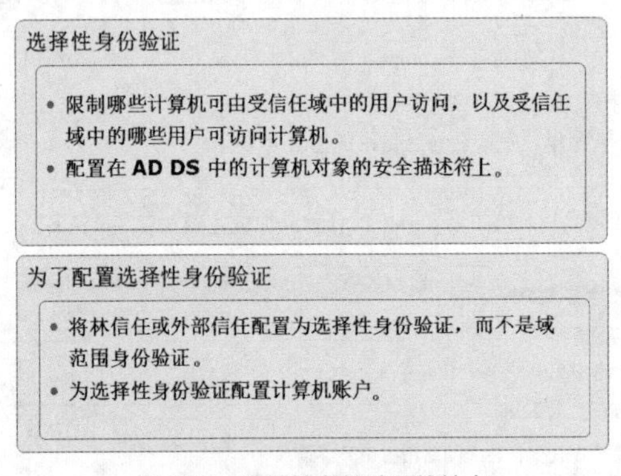

图 7-7 选择性身份验证的特点

（1）选择性身份验证。

选择性身份验证是可在林间信任上设置的安全性设置。通常，在配置林或外部信任时，受信任林或受信任域中的所有用户账户都能访问信任域中的所有计算机。利用选择性身份验证，可以限制哪些计算机可供另一个域中的用户访问，以及另一个域中的哪些用户可访问计算机。

此身份验证权限是在 AD DS 中的计算机对象的安全描述符上设置的。实际位于信任林资源计算机中的安全描述符没有此权限。按此方式控制身份验证为共享资源提供了一层额外的保护。控制身份验证将防止在其他组织中工作的任何通过身份验证的用户随意访问共享资源，除非在 AD DS 中对该计算机对象有写入访问权的某人显式将此权限授予该用户。

注意 为了对林信任启用选择性身份验证，包含共享资源的信任林必须使林功能级别设置为 Windows Server 2003 或者更高版本。若要对外部信任启用选择性身份验证，则包含共享资源的信任域必须使域功能级别设置为 Windows 2000 纯模式或者更高版本。

（2）配置选择性身份验证。

配置选择性身份验证需要两个步骤。

① 将林信任或外部信任配置为选择性身份验证，而不是域范围身份验证。可以在首次创建信任时进行此配置，也可以修改现有信任。在使用【新建信任向导】对话框创建林信任时，系统会提示对于每个林域，是启用域范围身份验证，还是启用选择性身份验证。通过修改信任的身份验证属性，可以更改现有信任的配置。

② 为选择性身份验证配置计算机账户。在创建跨林信任后，可以将对资源域计算机账户的“允许身份验证”权限授予另一个林中的选定账户。没有此权限的账户将无法连接到这些计算机，并且无法向这些计算机验证身份。

问题与思考：① 如果在林中配置了一个新的UPN后缀，而在此之前，已经在另一个林中配置了同样的UPN后缀，那么会发生什么情况？

② 在什么情况下，你会实施选择性身份验证？

参考答案：① 用户将无法使用该UPN后缀登录到不是其主林的其他林中。

② 在配置林信任的几乎任何情况下，实施选择性身份验证是最佳的安全做法。默认情况下，全林身份验证意味着受信任林中的用户账户可用来访问信任林中任何计算机上的资源。这有可能导致安全设置配置不正确。利用选择性身份验证，可以严格限制允许通过林信任访问哪些服务器。

7.2 实践项目设计与准备

1. 场景描述

为了优化 AD DS 管理员的工作效率，Long Bank 将把某些管理任务委派给初级管理员。这些管理员将被授予管理不同组织单位中的用户和组账户的访问权。

Long Bank 还建立了与 Smile Ltd.之间的伙伴关系。两家公司中的一些用户能够访问对方公司中的资源。但是，两家公司之间的访问必须限制为尽可能少量的用户和服务器。

在本次项目实训中，需要给其他管理员委派 AD DS 对象的控制权，还将测试委派权限，以确保管理员可执行所要的操作，但是不能执行其他操作。

同时，还将基于企业管理员提供的信任配置设计来配置信任关系，而且将测试信任配置，以确保信任配置正确。

2. 网络拓扑图

本项目的总拓扑图如图 7-8 所示。

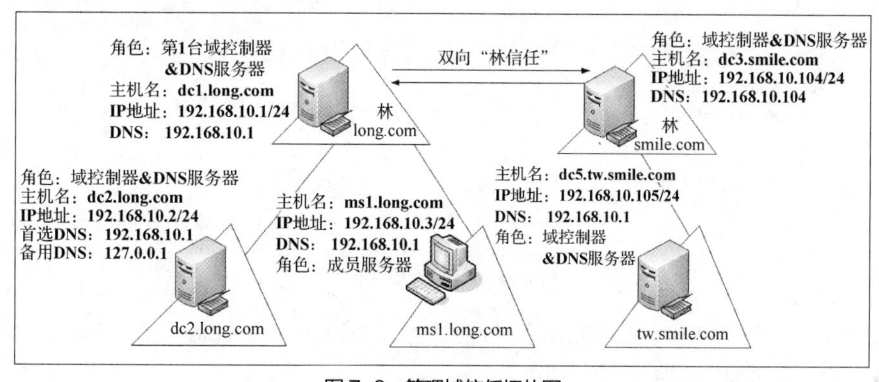

图 7-8 管理域信任拓扑图

7.3 实践项目实施

任务 7-1 委派 AD DS 对象的控制权

在本次任务中，将给其他管理员委派 AD DS 对象的控制权；还将测试委派权限，以确保管理员可执行所要的操作，但是不能执行其他操作。

1. 任务环境具体介绍

Long Bank 决定委派北京分部的管理任务。在该分部中，分部经理必须能够创建和管理用户和组账户。客户服务人员必须能够重置用户密码，并配置某些用户信息，如电话号码和地址。

（1）组织结构。

- dc1.long.com 是域控制器。
- sales 是 long.com 下的组织单位，CustomerService 是 sales 的子组织单位，Jhon 是组织单位 CustomerService 的用户。
- BeijingManagerGG 和 Beijing_CustomerServiceGG 是两个全局组，其成员分别是 Steven 和 Alice。

（2）本实验的主要任务。

① 分配对 sales 组织单位中的用户和组的完全控制权。

② 在 sales 组织单位中分配重置密码和配置私有用户信息的权限。

③ 验证分配给 sales 组织单位的有效权限。

④ 允许 Domain Users 登录到域控制器。

⑤ 测试 sales 组织单位的委派权限。

分配对 sales 组织单位中的用户和组的完全控制权

2. 分配对 sales 组织单位中的用户和组的完全控制权

STEP 1　在 dc1.long.com 上打开【Active Directory 用户和计算机】对话框，选中【sales】并单击鼠标右键，然后选择【委派控制】选项，如图 7-9 所示。（组织单位 sales、全局组 BeijingManagerGG 已提前创建。）

STEP 2　在【控制委派向导】对话框中的【欢迎使用控制委派向导】界面单击【下一步】按钮。在【用户或组】界面单击【添加】按钮。

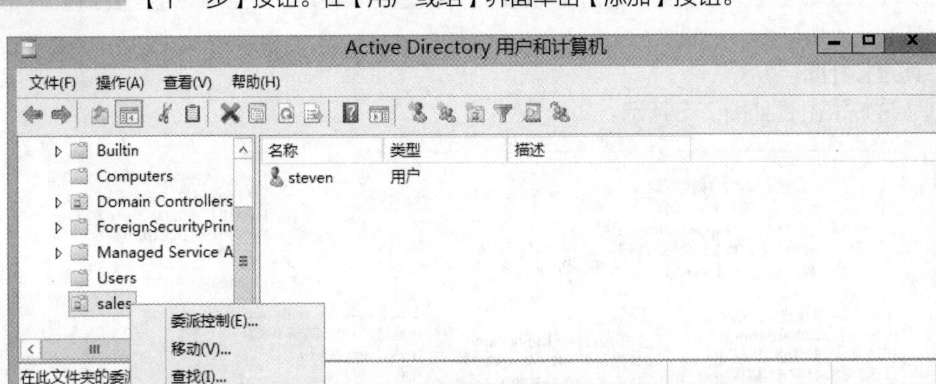

图 7-9　新建“委派控制”

STEP 3　在【选择用户、计算机或组】对话框中输入“BeijingManagerGG”，单击【确定】按钮，然后单击【下一步】按钮，如图 7-10 所示。

STEP 4　在【要委派的任务】界面中勾选【创建、删除和管理用户账户】和【创建、删除和管理组】复选框，如图 7-11 所示。单击【下一步】按钮，然后单击【完成】按钮。

3. 在 sales 组织单位中分配重置密码和配置私有用户信息的权限

STEP 1　在 dc1.long.com 上的【Active Directory 用户和计算机】窗口中选中【sales】并单击鼠标右键，然后选择【委派控制】选项。在【控制委派向导】对话框中的【欢迎使用控制委派向导】界面单击【下一步】按钮。

STEP 2　在【用户或组】界面单击【添加】按钮。在【选择用户、计算机或组】对话框中，输入“Beijing_

CustomerServiceGG”，单击【确定】按钮，然后单击【下一步】按钮。

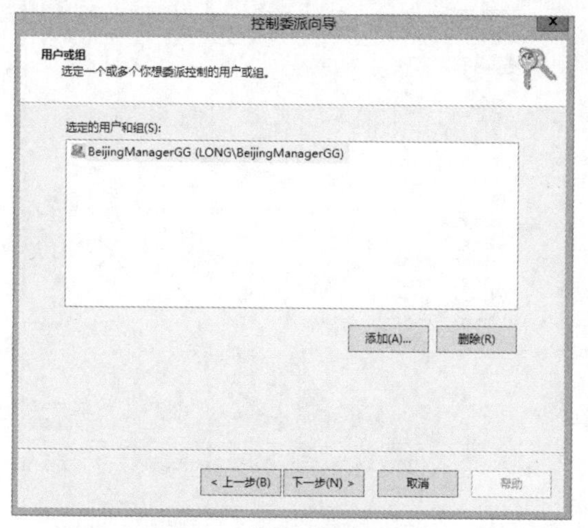

图 7-10 【用户或组】界面

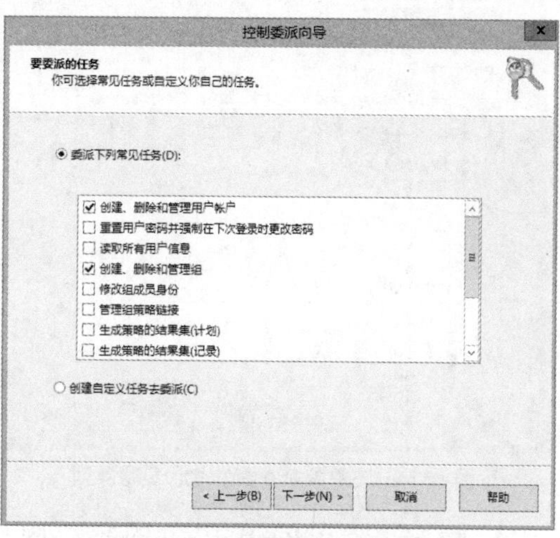

图 7-11 【要委派的任务】界面

STEP 3　在【要委派的任务】界面中勾选【重置用户密码并强制在下次登录时更改密码】复选框，如图 7-12 所示。单击【下一步】按钮，然后单击【完成】按钮。

在 sales 组织单位中分配重置密码和配置私有用户信息的权限

STEP 4　选中【sales】并单击鼠标右键，然后选择【委派控制】选项。在【控制委派向导】对话框中的【欢迎使用控制委派向导】界面单击【下一步】按钮。

STEP 5　在【选择用户、计算机或组】对话框中输入“Beijing_CustomerServiceGG”，单击【确定】按钮，然后单击【下一步】。在【要委派的任务】界面选择【创建自定义任务去委派】单选项，然后单击【下一步】按钮，如图 7-13 所示。

STEP 6　在【Active Directory 对象类型选择】界面选择【只是在这个文件夹中的下列对象】单选项，勾选【用户对象】复选框。然后单击【下一步】按钮，如图 7-14 所示。

STEP 7　在【权限】界面勾选【常规】复选框。勾选【读取和写入个人信息】复选框，如图 7-15 所示。单击【下一步】按钮，然后单击【完成】按钮。

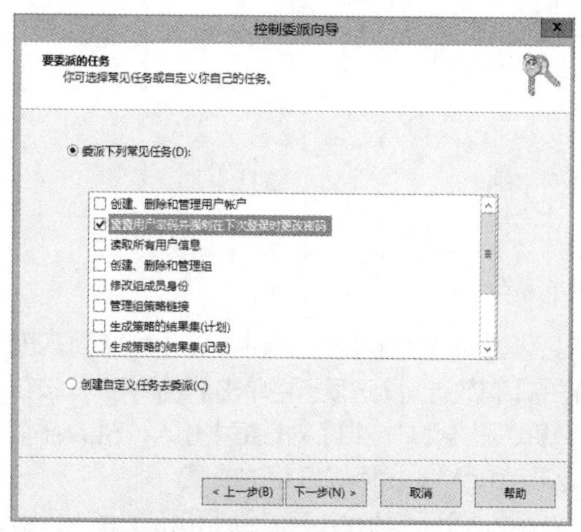

图 7-12　选择要委派的任务 1

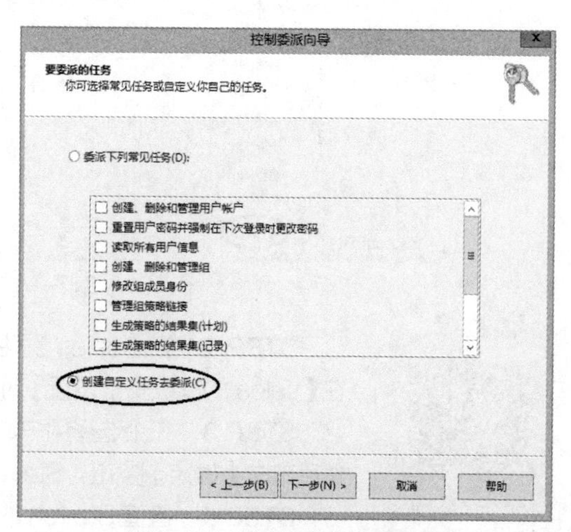

图 7-13　选择要委派的任务 2

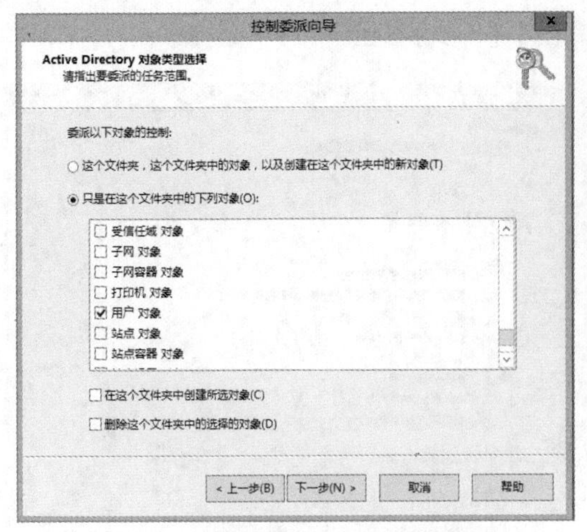

图 7-14　选择 Active Directory 对象类型

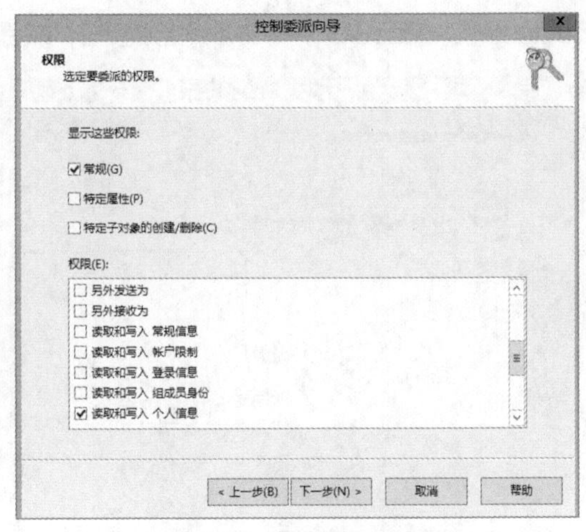

图 7-15　选定要委派的权限

4. 验证分配给 sales 组织单位的有效权限

STEP 1　在 dc1.long.com 上的【Active Directory 用户和计算机】窗口中选择【查看】菜单中的【高级功能】选项。展开 long.com，选中【sales】并单击鼠标右键，然后选择【属性】选项，如图 7-16 所示。

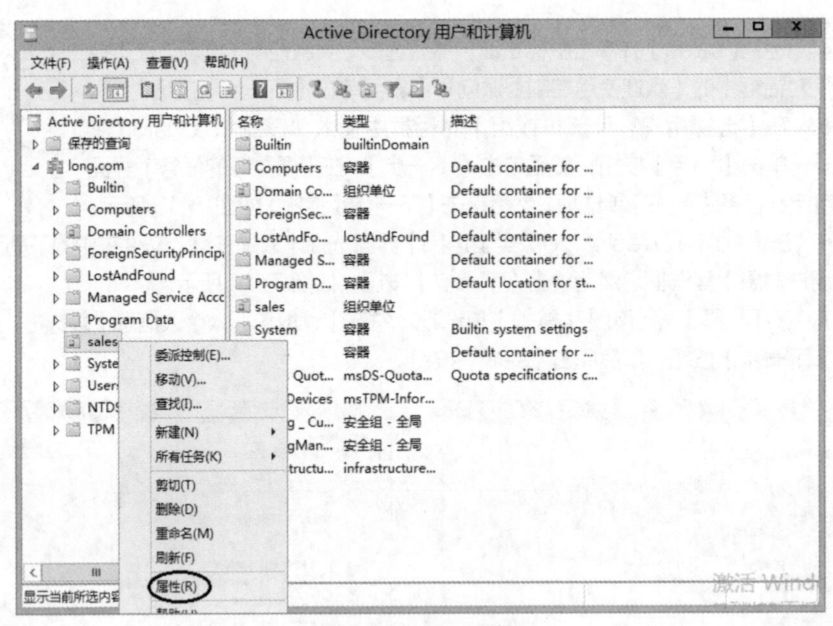

图 7-16　sales 属性

验证分配给 sales 组织单位的有效权限

STEP 2　在【sales 属性】对话框中的【安全】选项卡中单击【高级】按钮。在【sales 的高级安全设置】对话框的【有效访问】选项卡中单击【选择用户】按钮。

STEP 3　在【选择用户、计算机、服务账户或组】对话框中输入“Steven”，然后单击【确定】按钮。Steven 是 BeijingManagerGG 组的成员。

STEP 4　检查 Steven 的有效权限。验证 Steven 有“创建和删除用户和组账户”的权限，如图 7-17 所示，单击【确定】按钮。

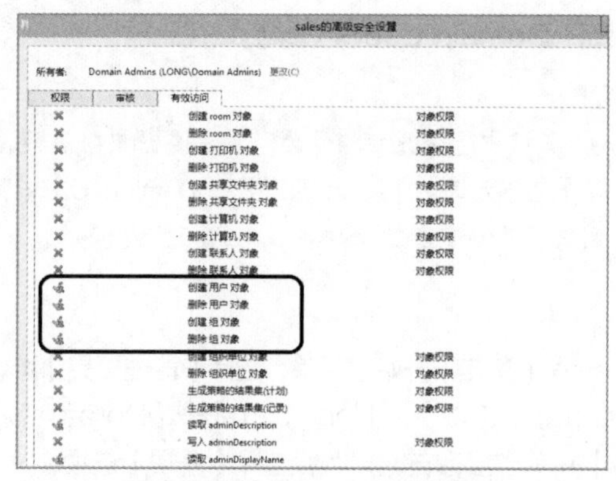

图 7-17　检查 Steven 的有效权限

STEP 5　展开【sales】，单击【CustomerService】，选中【Jhon】并单击鼠标右键，在弹出的快捷菜单中选择【属性】选项，如图 7-18 所示。

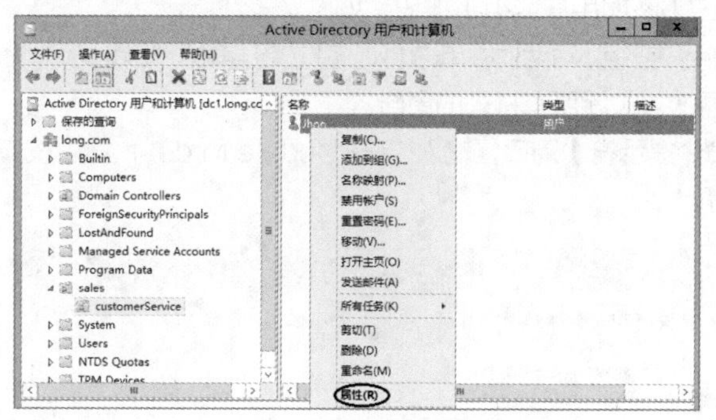

图 7-18　查看 Jhon 用户属性

STEP 6　在【Jhon 属性】对话框中的【安全】选项卡中单击【高级】按钮。

STEP 7　在【Jhon 的高级安全设置】对话框的【有效访问】选项卡中单击【选择用户】按钮。在【选择用户、计算机、服务账户或组】对话框中输入“Alice”，然后单击【确定】按钮。Alice 是 Beijing_Customer ServiceGG 组的成员。

STEP 8　检查 Alice 的有效权限。验证 Alice 有“重置密码和写入个人信息”的权限，如图 7-19 所示，然后单击【确定】按钮。

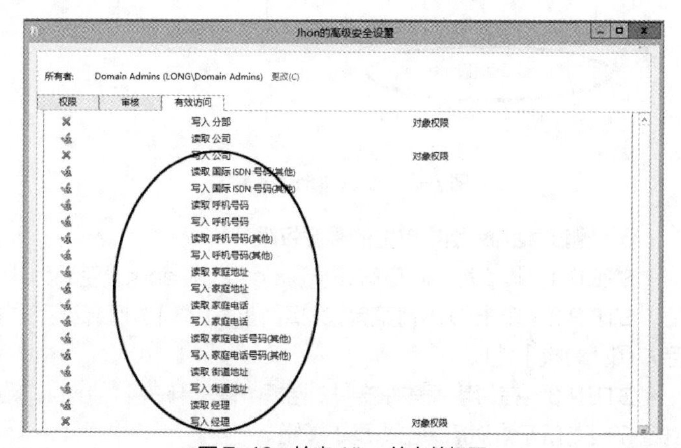

图 7-19　检查 Alice 的有效权限

允许 Domain Users 登录到域控制器

5. 允许 Domain Users 登录到域控制器

> **注意** ① 任务中包含此步骤是为了测试委派权限。最佳做法是在 Windows 工作站上安装管理工具，而不是允许 Domain Users 登录到域控制器。② 详细图文操作请查看前面项目 5 中的相关内容。

STEP 1　在 dc1.long.com 上单击【开始】菜单，选择【管理工具】选项，然后选择【组策略管理】选项。依次展开【林：long.com】→【域】→【long.com】→【Domain Controllers】。选中【Default Domain Controllers Policy】并单击鼠标右键，然后选择【编辑】选项。

STEP 2　在【组策略管理编辑器】窗口中依次展开【计算机配置】→【策略】→【Windows 设置】→【安全设置】→【本地策略】，然后单击【用户权限分配】。

STEP 3　选择【允许本地登录】选项并双击。在【允许本地登录 属性】对话框中勾选【定义这些策略设置】复选框，单击【添加用户或组】按钮，如图 7-20 所示。

STEP 4　在【添加用户或组】对话框中单击【浏览】按钮，输入“Domain Users”“Administrators”，然后单击【确定】按钮两次。关闭所有打开的窗口。

STEP 5　打开【命令提示符】窗口，输入“GPUpdate/force”，然后按<Enter>键。等待命令执行完成，然后重启计算机。

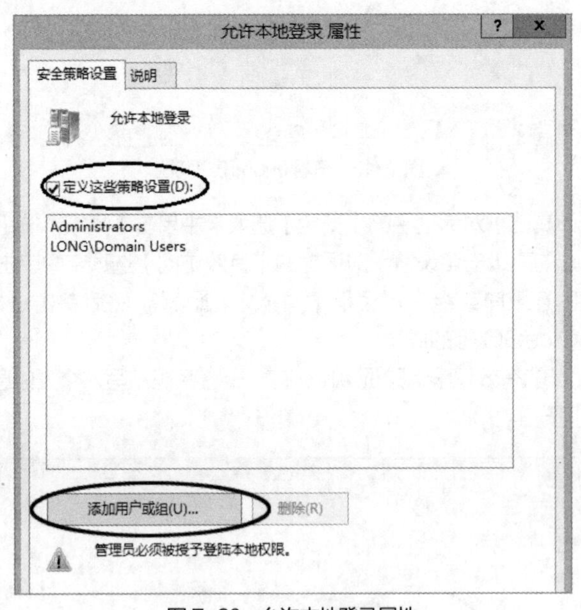

图 7-20　允许本地登录属性

测试 sales 组织单位的委派权限

6. 测试 sales 组织单位的委派权限

STEP 1　以 Steven 身份登录到 dc1.long.com，密码为“Pa$$w0rd”。

STEP 2　单击【开始】菜单，选择【管理工具】选项，然后双击【Active Directory 用户和计算机】选项。

STEP 3　在【用户账户控制】对话框中输入用户名“steven”和密码“Pa$$w0rd”，如图 7-21 所示。然后单击【是】按钮。

注意 在【用户账户控制】对话框中不要输入管理员账户和密码!

STEP 4　展开【Long.com】，选中【sales】并单击鼠标右键，然后选择【新建】→【用户】选项，创建一个新用户，如图 7-22 所示。此任务将成功完成，因为执行此任务的权限已经委派给了 Steven。

STEP 5　选中【sales】并单击鼠标右键，然后选择【新建】→【组】选项，创建名为 Group 1 的新组。此任务将成功完成，因为执行此任务的权限已经委派给了 Steven。

图 7-21 【用户账户控制】对话框

图 7-22 新建用户

STEP 6　选中【ITAdmins】并单击鼠标右键，此时快捷菜单中没有【新建】选项，test2 用户无权在 ITAdmins 组织单位中创建任何新对象，如图 7-23 所示。

STEP 7　注销，然后以 Alice 身份登录到 dc1.long.com，密码为“Pa$$w0rd”。

STEP 8　单击【开始】菜单→选择【管理工具】选项→双击【Active Directory 用户和计算机】选项。

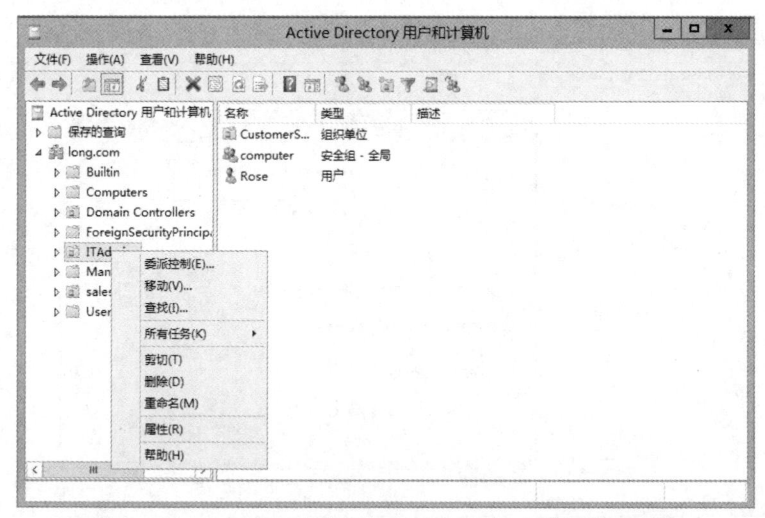

图 7-23 test2 用户无权在 ITAdmins 组织单位中创建任何新对象

STEP 9　在【用户账户控制】对话框中输入账户“Alice”和密码“Pa$$w0rd”，然后单击【是】按钮。

STEP 10　展开【long.com】，选中【sales】并单击鼠标右键，然后查看快捷菜单，发现没有【新建】选项。用户 Alice 无权在 sales 组织单位中创建任何新对象，如图 7-24 所示。

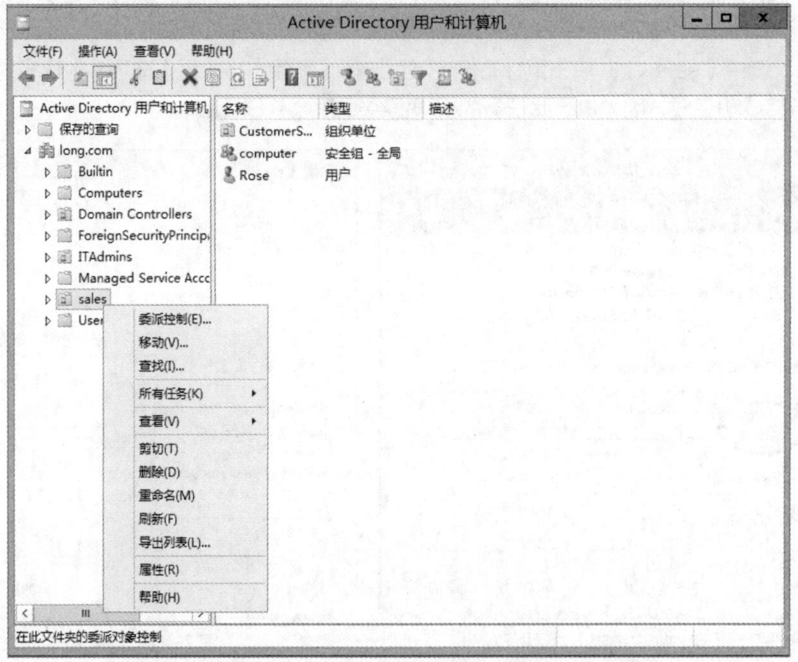

图 7-24　用户 Alice 无权在 sales 组织单位中创建任何新对象

STEP 11　展开【sales】，单击【customerService】，选中【Jhon】并单击鼠标右键，然后选择【重置密码】选项。在【重置密码】对话框的【新密码】和【确认密码】文本框中输入“Pa$$w0rd”，然后单击【确定】按钮，如图 7-25 所示，在后续弹出的提示框中继续单击【确定】按钮。

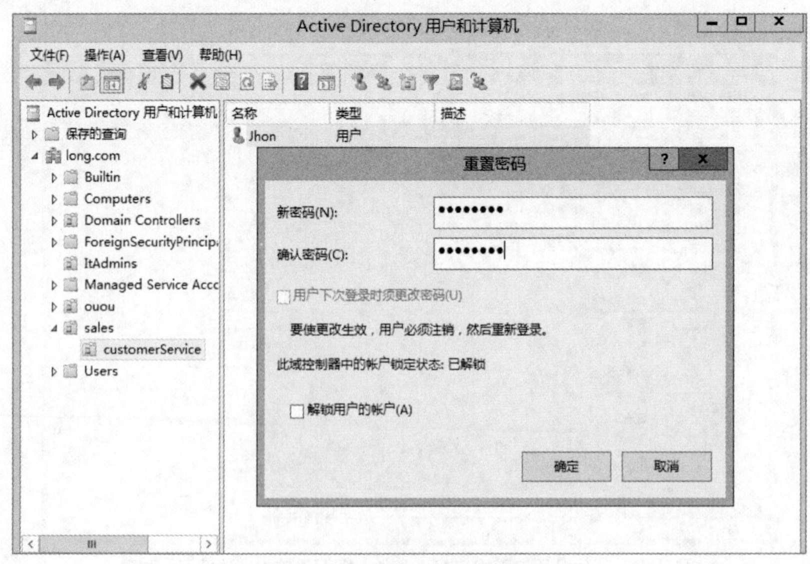

图 7-25　重置 Jhon 的密码

STEP 12　选中【Jhon】并单击鼠标右键，然后选择【属性】选项。在【Jhon 属性】对话框中确认 Alice 有权设置某些用户属性，如办公室和电话号码，但不能设置描述和电子邮件之类的属性。

STEP 13　关闭【Active Directory 用户和计算机】窗口，然后注销。

任务 7-2　配置 AD DS 信任

在本任务中，将基于企业管理员提供的信任配置设计来配置信任关系，还将测试信任配置，以确保信任配置正确。

1. 任务环境具体介绍

本任务的网络拓扑图如图 7-8 所示。

Long Bank 与 Smile 建立了战略合作关系。Long Bank 用户将需要访问在 Smile 的多台服务器上运行的多个共享文件和应用程序。只有 Smile 的用户才能访问 MS1 的共享。

本任务的主要内容如下。

① 启动 dc1.long.com 虚拟机，然后登录。

② 配置网络和 DNS 设置以启用林信任。

③ 配置 long.com 和 smile.com 之间的林信任。

④ 配置林信任的选择性身份验证，只允许访问 dc2.long.com 和 ms1.long.com。

⑤ 测试选择性身份验证。

2. 配置网络和 DNS 设置以启用林信任

配置网络和 DNS 设置以启用林信任

STEP 1　以 Administrator 身份登录到 dc3.smile.com，密码为 Pa$$w0rd4。单击【开始】菜单→选择【控制面板】选项→选择【网络连接】中的【本地连接】选项。单击【属性】按钮，单击【Internet 协议（TCP/IP）】选项，然后单击【属性】按钮。将【IP 地址】更改为“192.168.10.104”，将【默认网关】更改为“192.168.10.254”，将【首选 DNS 服务器】更改为“192.168.10.104”。单击【确定】按钮，并关闭打开的对话框。

STEP 2　在【运行】对话框中输入“cmd”，然后按<Enter>键。在【命令提示符】窗口中输入“net time \\192.168.10.1 /set /y”，然后按<Enter>键。此命令将同步 dc3.smile.com 和 dc1.long.com（主时间）之间的时间。关闭【命令提示符】窗口。

> **注意**　如果出现“系统错误 5，拒绝访问”的提示，则分别启用两台服务器的 guest 账户，然后分别执行“net use \\192.168.10.1 "" /user:"guest"”和“net use \\192.168.10.104 "" /user:"guest" ”两个命令。成功后再执行同步时间命令。其中 guest 的密码为空。

STEP 3　从【管理工具】窗口中启动 DNS。在【DNS 管理器】窗口中展开【DC3】。选中【DC3】并单击鼠标右键，然后选择【属性】选项。在【转发器】选项卡中单击【编辑】按钮。在【IP 地址】处直接输入“192.168.10.1”，按<Enter>键，自动解析成功，如图 7-26 所示。然后单击【确定】按钮，关闭【DNS 管理器】窗口。

> **注意**　如果未设置相应的反向查找区域和条目，则服务器 FQDN 将不可用。

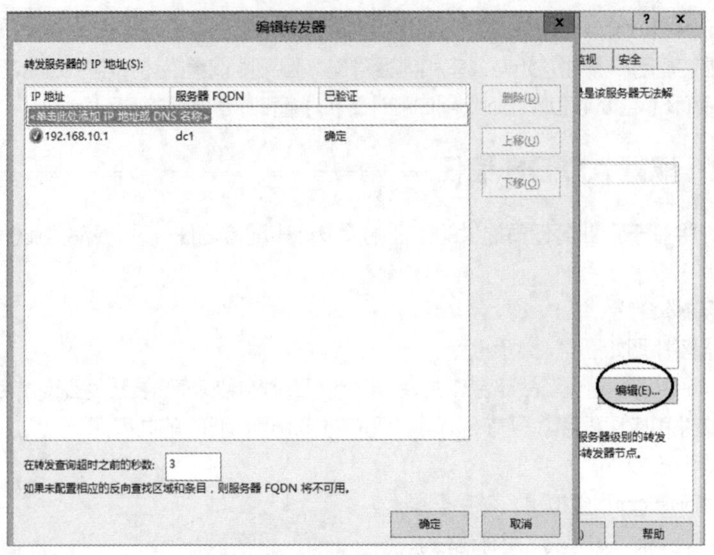

图7-26 【编辑转发器】对话框

STEP 4　从【管理工具】窗口中启动Active Directory域和信任关系。在【Active Directory域和信任关系】窗口中选中【smile.com】并单击鼠标右键，然后选择【提升域功能级别】选项，如图7-27所示。选择Windows Server 2003或以上级别，单击【提升】按钮，然后单击【确定】按钮两次。如果已经是Windows Server 2012级别，则不用提升。

STEP 5　选中【Active Directory域和信任关系】并单击鼠标右键，然后选择【提升林功能级别】选项，如图7-28所示。选择Windows Server 2003或以上级别，单击【提升】按钮，然后单击【确定】按钮两次。

图7-27　提升域功能级别

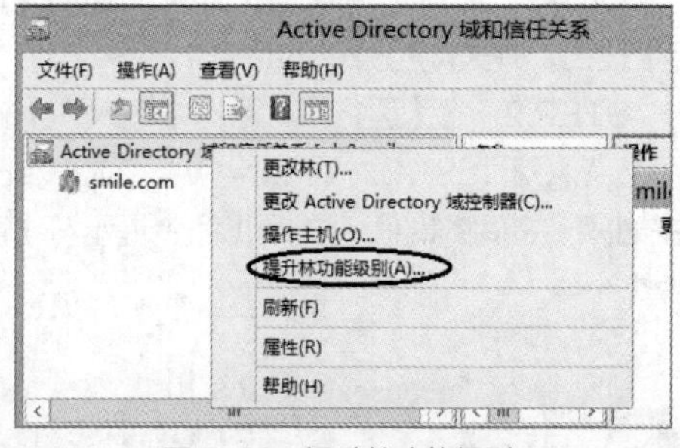

图7-28　提升林功能级别

STEP 6　在dc1.long.com上以Administrator身份登录。从【管理工具】窗口中启动DNS。在【DNS管理器】窗口中展开【DC1】。用鼠标右键单击【条件转发器】，然后选择【新建条件转发器】选项，如图7-29所示。

STEP 7　在【DNS域】文本框中输入“smile.com”，在【IP地址】处输入“192.168. 10.104”，按<Enter>键，然后单击【确定】按钮，关闭【DNS管理器】窗口。

配置long.com和smile.com之间的林信任

3. 配置long.com和smile.com之间的林信任

STEP 1　在dc1.long.com的【管理工具】窗口中启动Active Directory域和信任关系。在【Active Directory域和信任关系】窗口中选中【Long.com】并单击鼠标右键，然后选择【属性】选项。在【信任】选项卡中单击【新建信任】按钮，如图7-30所示。

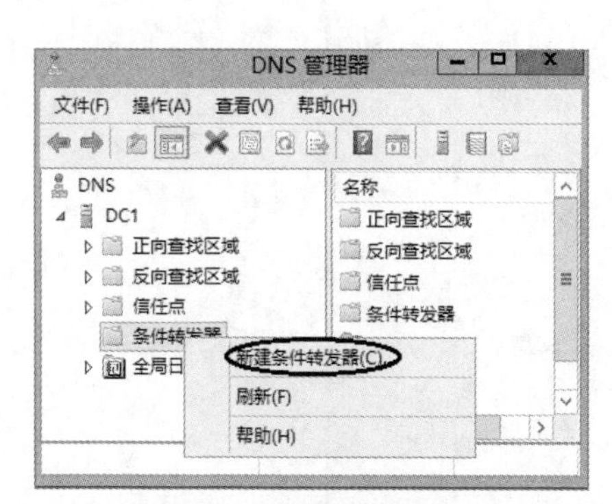

图 7-29　新建条件转发器

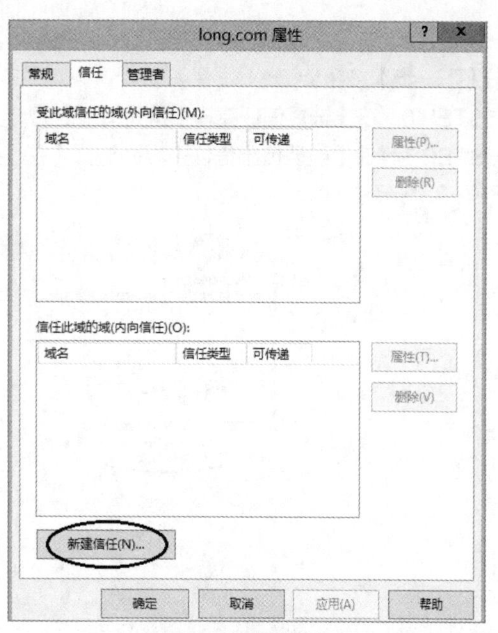

图 7-30　新建信任

STEP 2　在【欢迎使用新建信任向导】界面中单击【下一步】按钮。在【信任名称】界面输入“smile.com”，如图 7-31 所示，然后单击【下一步】按钮。在【信任类型】界面选择【林信任】单选项，如图 7-32 所示，然后单击【下一步】按钮。在【信任方向】界面选择【双向】单选项，然后单击【下一步】按钮。在【信任方】界面选择【此域和指定的域】单选项，然后单击【下一步】按钮。

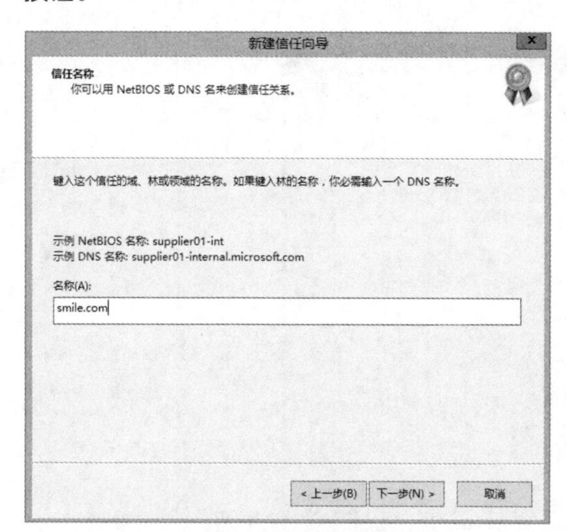

图 7-31　输入信任名称

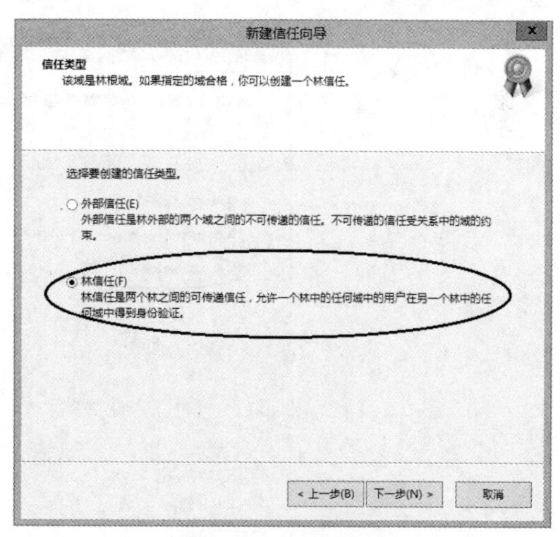

图 7-32　选择信任类型

STEP 3　在【用户名和密码】界面输入“Administrator@smile.com”作为用户名，输入“Pa$$w0rd4”作为密码，然后单击【下一步】按钮。

STEP 4　在【传出信任身份验证级别-本地林】界面中选择默认值【全林身份验证】单选项，然后单击【下一步】按钮。

STEP 5　在【传出信任身份验证级别-指定林】界面中接受默认值【全林身份验证】单选项，然后单击【下一步】按钮。

STEP 6　在【选择信任完毕】界面单击【下一步】按钮。在信任创建完毕界面单击【下一步】按钮。

STEP 7　在【确认传出信任】界面选择【是，确认传出信任】单选项，然后单击【下一步】按钮，如图 7-33 所示。

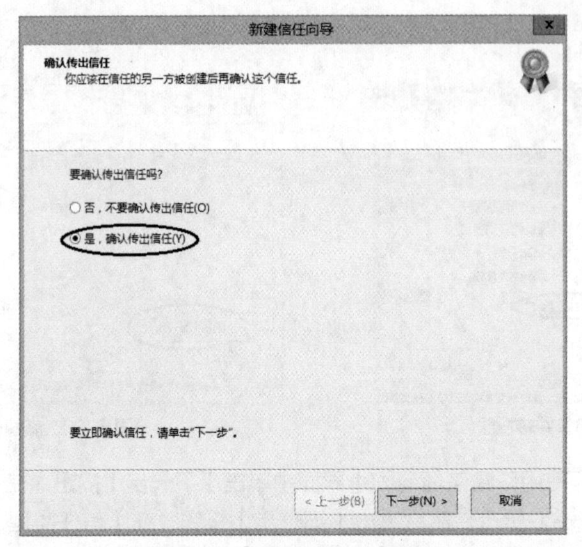

图 7-33 【确认传出信任】界面

STEP 8　在"确认传入信任"界面选择【是，确认传入信任】单选项，然后单击【下一步】按钮，如图 7-34 所示。

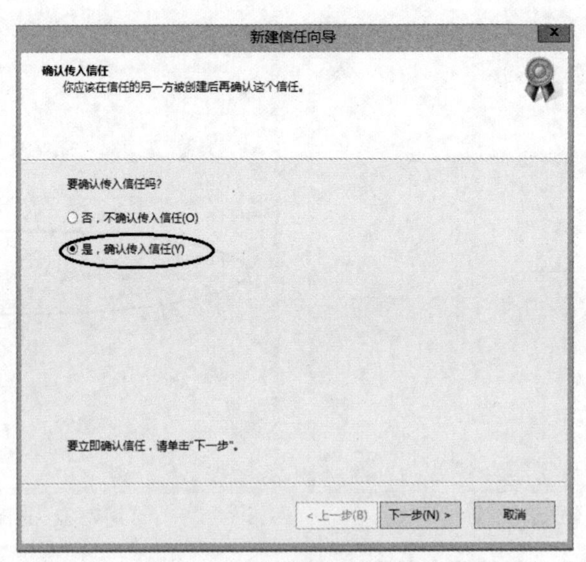

图 7-34 【确认传入信任】界面

STEP 9　在【正在完成新建信任向导】界面单击【完成】按钮。

STEP 10　单击【确定】按钮关闭【long.com 属性】对话框。

4. 配置林信任的选择性身份验证，只允许访问 dc2.long.com 和 ms1.long.com

STEP 1　在【dc1.long.com】的【Active Directory 域和信任关系】中单击【long.com】，然后在【操作】菜单中选择【属性】命令，在【long.com 属性】对话框中选择【信任】选项卡。

配置林信任的选择性身份验证

在【信任此域的域（内向信任）】中单击【smile.com】，如图 7-35 所示，然后单击【属性】按钮。

STEP 2　在【smile.com 属性】对话框中的【身份验证】选项卡中选择【选择性身份验证】单选项，如图 7-36 所示，单击【确定】按钮两次，然后关闭【Active Directory 域和信任关系】窗口。

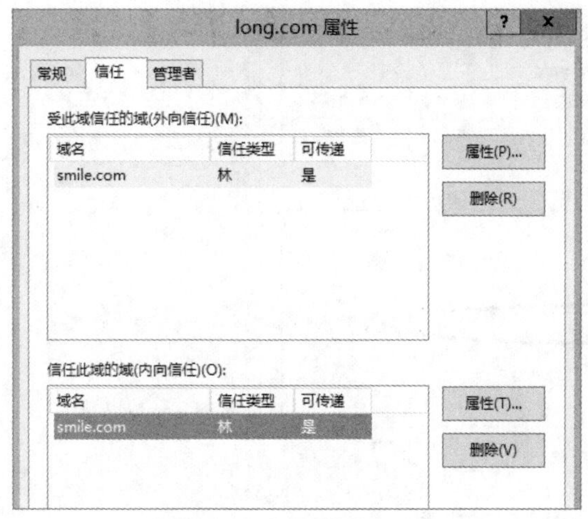

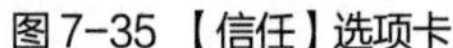

图 7-35 【信任】选项卡

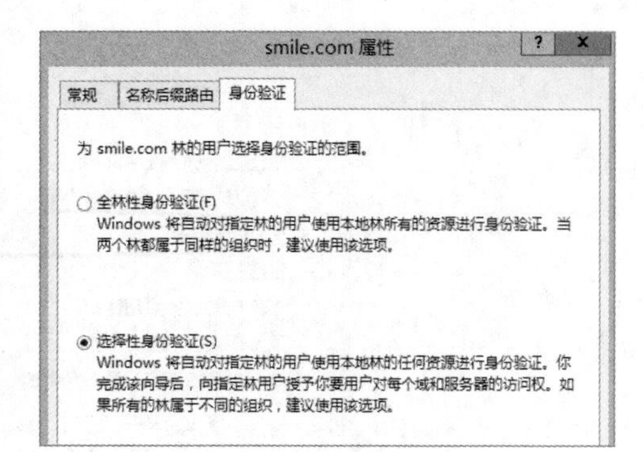

图 7-36　身份验证

STEP 3　打开【Active Directory 用户和计算机】窗口，然后在【查看】菜单中选择【高级功能】选项。单击【Domain Controllers】，选中【DC2】并单击鼠标右键，选择【属性】选项，如图 7-37 所示，在【DC2 属性】对话框中选择【安全】选项卡，然后单击【添加】按钮。

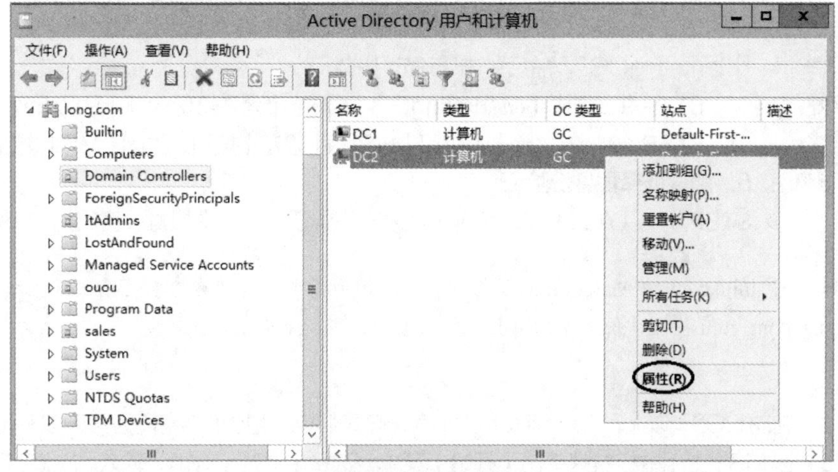

图 7-37　DC2 属性

STEP 4　在【选择用户、计算机、服务账户或组】对话框中单击【位置】按钮，选择【smile.com】，然后单击【确定】按钮。在【选择用户、计算机、服务账户或组】对话框中输入“MarketingGG”，然后单击【确定】按钮。选中【MarketingGG】，勾选【允许身份验证】的【允许】复选框，如图7-38所示。

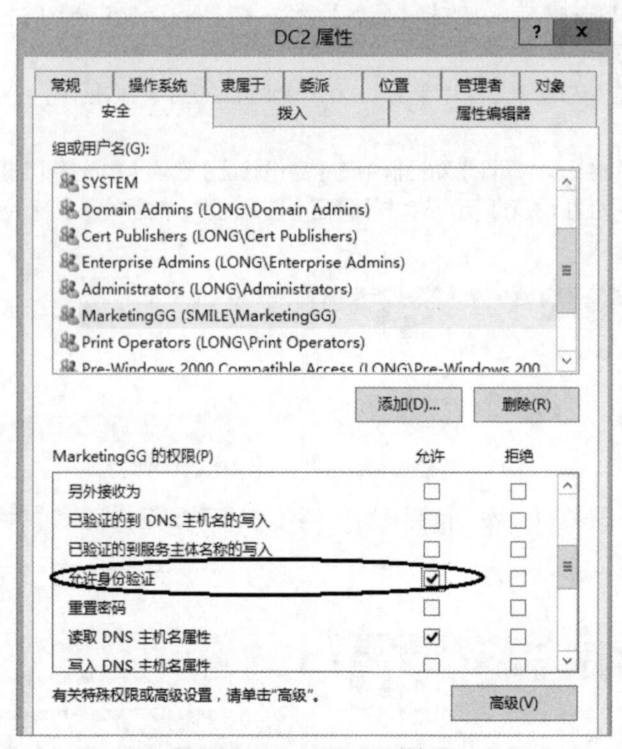

图7-38　MarketingGG 的权限

STEP 5　依次单击【应用】按钮和【确定】按钮，关闭【DC2 属性】对话框。

STEP 6　单击【Computers】，再单击【MS1】，然后在【操作】菜单中选择【属性】选项。

STEP 7　在【MS1 属性】对话框中选择【安全】选项卡，然后单击【添加】按钮。

STEP 8　在【选择用户、计算机、服务账户或组】对话框中单击【位置】按钮，选择【smile.com】，然后单击【确定】按钮。在【选择用户、计算机、服务账户或组】对话框中输入"MarketingGG"，然后单击【确定】按钮。

测试选择性身份验证

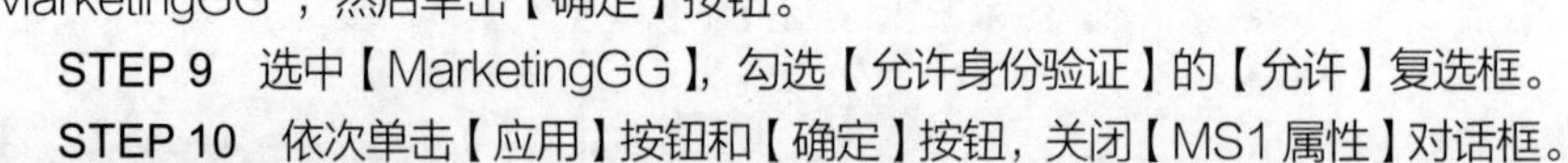

STEP 9　选中【MarketingGG】，勾选【允许身份验证】的【允许】复选框。

STEP 10　依次单击【应用】按钮和【确定】按钮，关闭【MS1 属性】对话框。

5. 测试选择性身份验证

STEP 1　以Adam@smile.com 身份登录到 MS1 虚拟机，密码为 Pa$$w0rd。

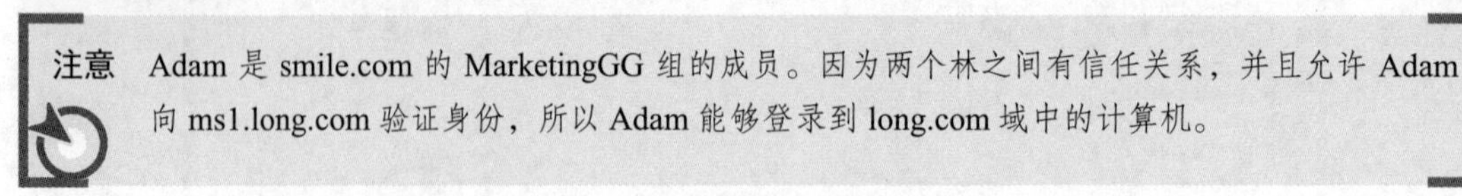

注意　Adam 是 smile.com 的 MarketingGG 组的成员。因为两个林之间有信任关系，并且允许 Adam 向 ms1.long.com 验证身份，所以 Adam 能够登录到 long.com 域中的计算机。

STEP 2　启动 DC2，以 long\administrator 身份登录 DC2 虚拟机，密码为"Pa$$w0rd1"。

STEP 3　在 MS1 上用鼠标右键单击【开始】菜单→选择【运行】选项，输入"\\dc2.long. com\netlogon"，然后按<Enter>键。Adam 应该能够访问该文件夹。

STEP 4　用鼠标右键单击【开始】菜单→选择【运行】选项，输入"\\dc1.long.com\ netlogon"，然后按<Enter>键。Adam 应该不能访问该文件夹，因为该服务器未配置为允许选择性身份验证。验证结果如图 7-39 所示。

图 7-39　访问 DC2 和 DC1 的共享文件夹的不同结果

7.4 【拓展阅读】为计算机事业做出巨大贡献的王选院士

王选院士曾经为中国的计算机事业做出过巨大贡献，并因此获得国家最高科学技术奖，你知道王选院士吗？

王选院士（1937—2006 年）是享誉国内外的著名科学家，汉字激光照排技术创始人，中国科学院院士、中国工程院院士。北京大学王选计算机研究所主要创建者，历任副所长、所长，博士生导师。他曾任第十届全国政协副主席、九三学社中央副主席、中国科学技术协会副主席。

王选院士发明的汉字激光照排系统两次获国家科技进步一等奖（1987 年、1995 年），两次被评为全国十大科技成就（1985 年、1995 年），并获国家重大技术装备成果奖特等奖。王选院士一生荣获了国家最高科学技术奖、联合国教科文组织科学奖、陈嘉庚科学奖、美洲中国工程师学会个人成就奖、何梁何利基金科学与技术进步奖等 20 多项重大成果和荣誉。

从 1975 年开始，以王选院士为首的科研团队决定跨越当时日本流行的光机式二代机和欧美流行的阴极射线管式三代机阶段，开创性地研制当时国外尚无商品的第四代激光照排系统。针对汉字印刷的特点和难点，他们发明了高分辨率字形的高倍率信息压缩技术和高速复原方法，率先设计出相应的专用芯片，在世界上首次使用控制信息（参数）描述笔画特性。第四代激光照排系统获 1 项欧洲专利和 8 项中国专利，并获第 14 届日内瓦国际发明展金奖、中国专利发明创造金奖，2007 年入选“首届全国杰出发明专利创新展”。

7.5 习题

一、填空题

1. 用户可以使用__________来配置大多数 Active Directory 对象权限任务。但是，如果需要授予更细致的权限级别，就要用到__________，该权限允许对特定的一类对象或者某个对象类的各个属性设置权限。

2. __________工具可帮助确定对 Active Directory 对象的权限。该工具计算授予指定用户或组的权限，并计算实际从组成员身份获得的权限，以及从父对象继承的任何权限。

3. ________是将 Active Directory 对象的管理职责分配给另一个用户或组的能力。

4. 如果 A 域信任 B 域，则 A 域为______，B 域为______。用户账户位于______中，而资源位于______中。信任方向从受信任域指向信任域。在 Windows Server 2012 中有 3 种信任方向：________、________、________。

5. 利用________，可以限制林中的哪些计算机可由另一个林中的用户访问。

二、选择题

1. 公司聘用了 10 名新雇员。你希望这些新雇员通过 VPN 连接接入公司总部。你创建了新用户账户，并将总部中的共享资源的“允许读取”和“允许执行”权限授予新雇员。但是，新雇员无法访问总部的共享资源。你需要确保用户能够建立可接入总部的 VPN 连接。你该怎么做？（　　）

A. 授予新雇员“允许完全控制”权限

B. 授予新雇员“允许访问拨号”权限

C. 将新雇员添加到 Remote Desktop Users 安全组

D. 将新雇员添加到 Windows Authorization Access 安全组

2. 公司有一个 Active Directory 域。有个用户试图从客户端计算机登录到域，但是收到以下消息：“此用户账户已过期。请管理员重新激活该账户。”你需要确保该用户能够登录到域。你该怎么做？（　　）

A. 修改该用户账户的属性，将该账户设置为永不过期

B. 修改该用户账户的属性，延长“登录时间”设置

C. 修改该用户账户的属性，将密码设置为永不过期

D. 修改默认域策略，缩短账户锁定持续时间

3. 公司有一个 Active Directory 域，名为 intranet.contoso.com。所有域控制器都运行 Windows Server 2012。域功能级别和林功能级别都设置为 Windows 2000 纯模式。你需要确保用户账户有 UPN 后缀 contoso.com。你应该先怎么做？（　　）

A. 将 contoso.com 林功能级别提升到 Windows Server 2008 或 Windows Server 2012

B. 将 contoso.com 域功能级别提升到 Windows Server 2008 或 Windows Server 2012

C. 将新的 UPN 后缀添加到林

D. 将 Default Domain Controllers 组策略对象（GPO）中的 Primary DNS Suffix 选项设置为 contoso.com

4. 公司有一个单域的 Active Directory 林。该域的功能级别是 Windows Server 2012。要执行以下活动。

- 创建一个全局通信组。
- 将用户添加到该全局通信组。
- 在 Windows Server 2008 成员服务器上创建一个共享文件夹。
- 将该全局通信组放入有权访问该共享文件夹的域本地组中。
- 确保用户能够访问该共享文件夹。

你该怎么做？（　　）

A. 将林功能级别提升为 Windows Server 2012

B. 将该全局通信组添加到 Domain Administrators 组中

C. 将该全局通信组的组类型更改为安全组

D. 将该全局通信组的作用域更改为通用通信组

三、简答题

1. 你负责管理你所属组的成员的账户，以及对资源的访问权。组中的某个用户离开了公司，在几天内将有人来代替该员工。对于前用户的账户，你应该如何处理？

2. 你创建了一个名为 Helpdesk 的全局组，其中包含所有帮助台账户。你希望帮助台人员能在本地桌面计算机上执行任何操作，包括取得文件所有权。最好使用哪个内置组？

3. BranchOffice_Admins 组对 BranchOffice_OU 中的所有用户账户有完全控制权限。对于从 BranchOffice_OU 移入 HeadOffice_OU 的用户账户，BranchOffice_Admins 对该账户将有何权限？

7.6 项目实训　配置 AD DS 信任

一、项目背景

本实验将基于企业管理员提供的信任配置设计来配置信任关系，还将测试信任配置，以确保信任配置正确。

本任务的网络拓扑图如图 7-8 所示。

Long Bank 与 Smile 建立了战略合作关系。Long Bank 用户将需要访问在 Smile 的多台服务器上运行的多个文件共享和应用程序。只有 Smile 的用户才能访问 DC2 的共享。

二、项目要求

本实验的主要任务如下。

① 启动 dc1.long.com 虚拟机，然后登录。

② 配置网络和 DNS 设置以启用林信任。

③ 配置 long.com 和 smile.com 之间的林信任。

④ 配置林信任的选择性身份验证，只允许访问 dc2.long.com 和 ms1.long.com。

⑤ 测试选择性身份验证。

三、做一做

本项目实录融入行业新技术、新规范和新标准，以 Windows Server 2016 网络操作系统为例，同时兼容 Windows Server 2012/2019 网络操作系统。

根据项目实录慕课进行项目的实训，检查学习效果。

项目8 配置AD DS站点和AD DS复制

08

学习背景

在 Windows Server 2012 AD DS 环境中，管理员可以在同一个域或同一个林的其他域中部署多个域控制器。AD DS 信息可自动在所有域控制器之间复制。

对于拥有多台域控制器的 AD DS 域来说，如何更高效地复制 AD DS 数据库，如何提高 AD DS 的可用性，以及如何让用户快速地登录，是系统管理员必须了解的重要课题。

本项目将帮助读者理解 AD DS 复制的工作方式，管理复制网络流量，同时确保网络中 AD DS 数据的一致性。

学习目标和素养目标

- 掌握站点与 AD DS 数据库的复制知识。
- 掌握配置 AD DS 站点与子网。
- 掌握配置 AD DS 复制。
- 掌握监视 AD DS 复制。
- 国产操作系统的未来前途光明！只有瞄准核心科技埋头攻关，助力我国软件产业从价值链中低端向高端迈进，才能为高质量发展和国家信息产业安全插上腾飞的“翅膀”。
- “少壮不努力，老大徒伤悲。”“劝君莫惜金缕衣，劝君须惜少年时。”盛世之下，青年学生要惜时如金，学好知识和技术，报效祖国。

8.1 相关知识

站点（Site）由一个或多个 IP 子网（Subnet）组成，这些子网之间通过高速且可靠的连接互联在一起，也就是这些子网之间的连接速度要够快且稳定，才能符合需要，否则应该将它们规划为不同的站点。

一般来说，一个 LAN（局域网）内各个子网之间的连接都符合速度快且可靠性高的要求，因此可以将一个 LAN 规划为一个站点；而 WAN（广域网）内各个 LAN 之间的连接速度一般都不快，因此 WAN 中的各个 LAN 应规划为不同的站点，如图 8-1 所示。

AD DS 内的大部分数据是利用多主机复制模式（Multi-Master Replication Model）来实现数据复

制的。在这种模式中，可以直接更新任何一台域控制器内的 AD DS 对象，之后这个更新对象会被自动复制到其他域控制器。例如，在任何一台域控制器的 AD DS 数据库内新建一个用户账户后，这个账户会被自动复制到域内的其他域控制器上。

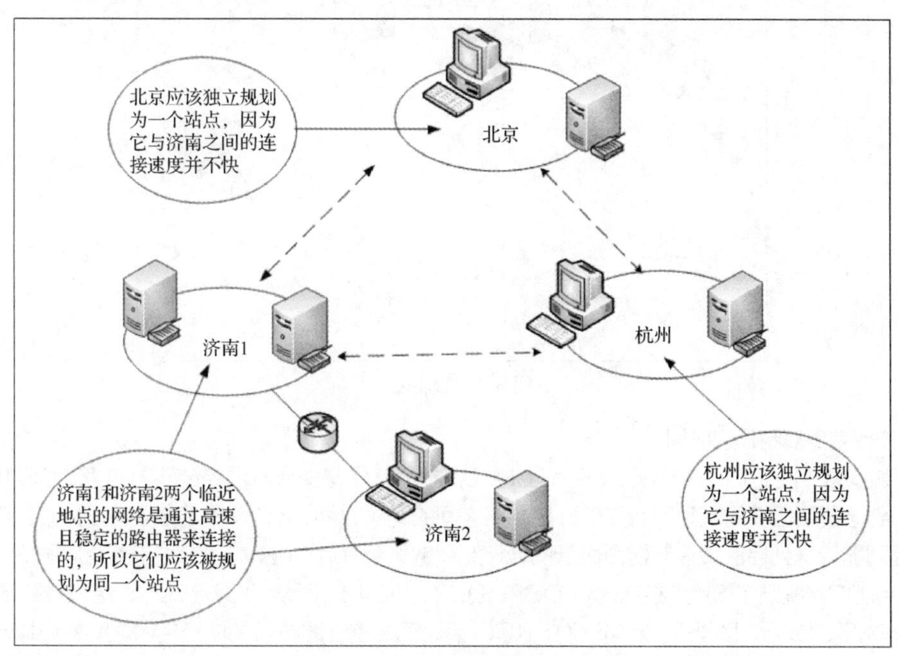

图 8-1　站点规划示意图

站点与 AD DS 数据库的复制之间有着重要的关系，因为这些域控制器是否在同一个站点，会影响域控制器之间 AD DS 数据库的复制行为。

8.1.1　同一个站点内的复制

同一个站点内的域控制器之间是通过快速的网络连接互联在一起的，因此在复制 AD DS 数据库时，可以有效、快速地复制，而且不会压缩所传输的数据。

同一个站点内的域控制器之间的 AD DS 复制采用更改通知（Change Notification）的方式，也就是当某台域控制器（下面称其为源域控制器）的 AD DS 数据库内有一条数据变动时，默认它会等 15 秒后，才通知位于同一个站点内的其他域控制器。收到通知的域控制器如果需要这条数据，就会发出更新数据的请求给源域控制器；这台源域控制器收到请求后，便会开启复制的程序。

1．复制伙伴

源域控制器并不直接将变动数据复制给同一个站点内的所有域控制器，而是只复制给它的直接复制伙伴（Direct Replication Partner），而哪些域控制器是其直接复制伙伴呢？每一台域控制器内都有一个被称为知识一致性检查器（Knowledge Consistency Checker，KCC）的程序，它会自动建立最有效率的复制拓扑（Replication Topology），也就是决定哪些域控制器是它的直接复制伙伴，以及哪些域控制器是它的转移复制伙伴（Transitive Replication Partner）。换句话说，复制拓扑是复制 AD DS 数据库的逻辑连接路径，如图 8-2 所示。

对于图 8-2 中的域控制器 DC1 来说，域控制器 DC2 是它的直接复制伙伴，因此 DC1 会将变动数据直接复制给 DC2，而 DC2 收到数据后，会再将它复制给 DC2 的直接复制伙伴 DC3，以此类推。

对于域控制器 DC1 来说，除了 DC2 与 DC7 是它的直接复制伙伴外，其他的域控制器（DC3、DC4、

DC5、DC6）都是转移复制伙伴，它们间接获得从 DC1 复制来的数据。

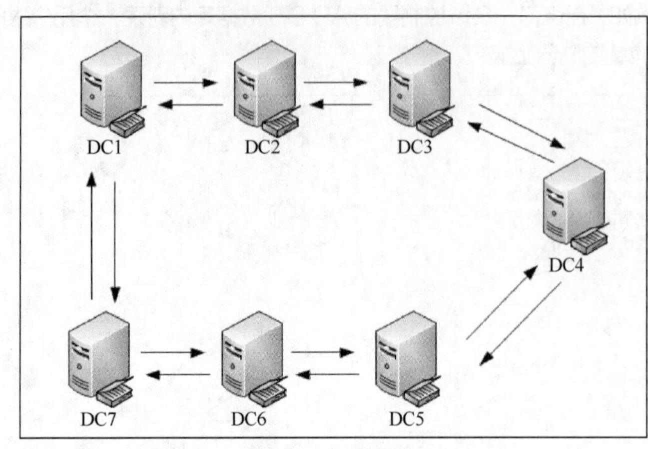

图 8-2　复制拓扑

2. 如何减少复制延迟时间

为了减少复制延迟时间（Replication Latency），也就是减少从源域控制器内的 AD DS 数据有变动开始，到这些数据被复制到所有其他域控制器之间的间隔时间，KCC 在建立复制拓扑时，会让数据从源域控制器传送到目的域控制器所跳跃的域控制器数量（Hop Count）不超过 3 台。以图 8-2 来说，从 DC1 到 DC4 跳跃了 3 台域控制器（DC2、DC3、DC4），而从 DC1 到 DC5 也只跳跃了 3 台域控制器（DC7、DC6、DC5）。换句话说，KCC 会让源域控制器与目的域控制器之间的域控制器不超过 2 台。

> **注意**　为了避免源域控制器负担过重，源域控制器并不同时通知其所有的直接复制伙伴，而是会间隔 3 秒，也就是先通知第 1 台直接复制伙伴，间隔 3 秒后再通知第 2 台，以此类推。

当有新域控制器加入时，KCC 会重新建立复制拓扑，而且仍然会遵照跳跃的域控制器不超过 3 台的原则。例如，当图 8-2 中新增一台域控制器 DC8 后，其复制拓扑会发生变化。图 8-3 为可能的复制拓扑之一，图 8-3 中的 KCC 将域控制器 DC8 与 DC4 设置为直接复制伙伴；否则，DC8 与 DC4 之间无论是通过【DC8】→【DC1】→【DC2】→【DC3】→【DC4】途径，还是通过【DC8】→【DC7】→【DC6】→【DC5】→【DC4】途径，都会违反跳跃的域控制器不超过 3 台的原则。

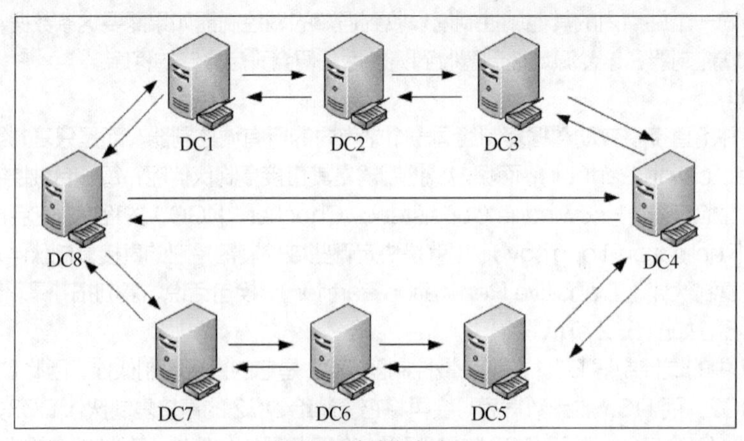

图 8-3　复制拓扑之一

3. 紧急复制

对于某些重要的数据更新来说，系统并不会等 15 秒才通知其直接复制伙伴，而是立刻通知，这个动作被称为紧急复制。这些重要的数据更新包含用户账户被锁定、账户锁定策略变更、域的密码策略变更等。

8.1.2 不同站点之间的复制

由于不同站点之间的连接速度不够快，因此为了降低对连接带宽的影响，站点之间的 AD DS 数据在复制时会被压缩，而且数据的复制是采用日程安排（Schedule）的方式，也就是在安排的时间内才会进行复制工作。原则上应该尽量安排在站点之间连接的非高峰时期才执行复制工作，同时复制频率也不要太高，以避免复制时占用两个站点之间的连接带宽，影响两个站点之间其他数据的传输效率。

不同站点的域控制器之间的复制拓扑，与同一个站点的域控制器之间的复制拓扑是不相同的。每一个站点内都各有一台被称为站点间拓扑生成器的域控制器，它负责建立站点之间的复制拓扑，并从其站点内挑选一台域控制器来扮演 Bridgehead 服务器（桥头服务器）的角色。例如，图 8-4 所示的 SiteA 的 DC1 与 SiteB 的 DC4 两个站点之间在复制 AD DS 数据时，由这两台桥头服务器负责将各自站点内的 AD DS 变动数据复制给对方，这两台桥头服务器得到对方的数据后，再将它们复制给同一个站点内的其他域控制器。

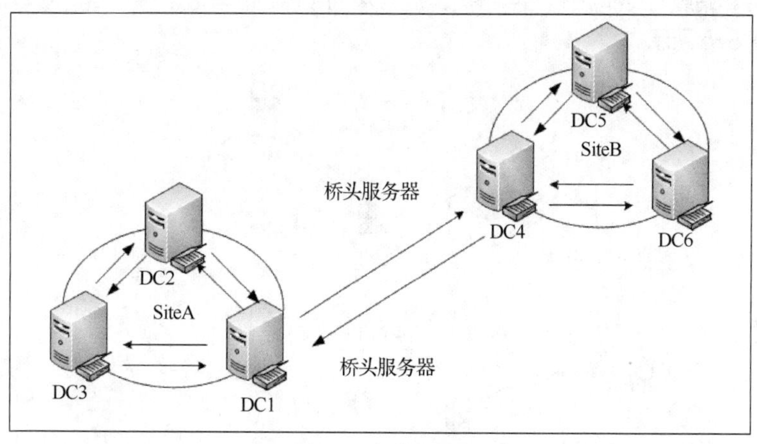

图 8-4 桥头服务器

8.1.3 目录分区与复制拓扑

AD DS 数据库按逻辑分为下面几个目录分区：架构目录分区、配置目录分区、域目录分区和应用程序目录分区。

KCC 在建立复制拓扑时，并不是整个 AD DS 数据库只采用单一复制拓扑，而是不同的目录分区各有其不同的复制拓扑。例如，DC1 在复制域目录分区时，可能 DC2 是它的直接复制伙伴，但是在复制配置目录分区时，DC3 才是它的直接复制伙伴。

8.1.4 复制协议

域控制器之间在复制 AD DS 数据时，使用的复制协议分为下面两种。

（1）RPC over IP。

无论是同一个站点之间还是不同站点之间，都可以利用 RPC over IP（Remote Procedure Call over Internet Protocol）来执行 AD DS 数据库的复制操作。为了确保数据在传输时的安全性，RPC over IP 会执行身份验证与数据加密的工作。

注意 在【Active Directory 站点和服务】窗口中，同一个站点之间的 RPC over IP 会被改用 IP 来代表。

（2）SMTP。

简单邮件传输协议（Simple Mail Transfer Protocol，SMTP）只能用来执行不同站点之间的复制操作。若不同站点的域控制器之间无法直接通信或之间的连接质量不稳定，就可以通过 SMTP 来传输。不过这种方式有如下限制。

- 只能够复制架构目录分区、配置目录分区与应用程序目录分区，不能够复制域目录分区。
- 需向企业 CA（Enterprise CA）申请证书，因为在复制过程中，需要利用证书来进行身份验证。

8.1.5 站点链接桥接

默认情况下，所有 AD DS 站点链接都是传递式的，或者说是桥接的。这意味着，如果站点 A 与站点 B 之间有公共站点链接，站点 B 又与站点 C 之间有公共站点链接，那么这两个站点链接是桥接的。此时，即使站点 A 和站点 C 之间没有站点链接，站点 A 的域控制器与站点 C 的域控制器之间也可以直接进行复制，如图 8-5 所示。

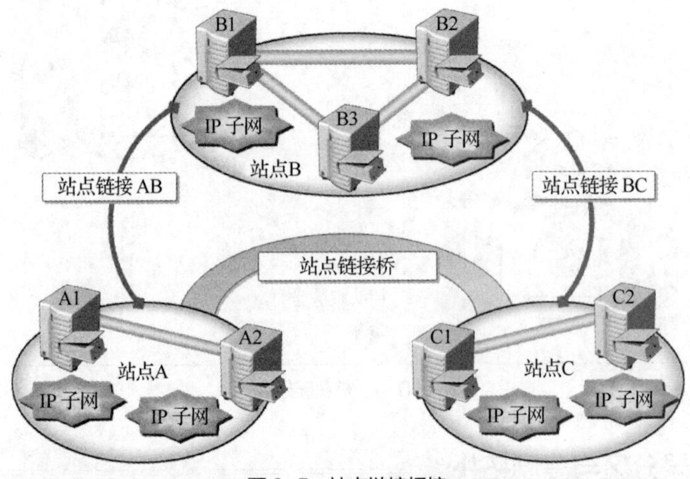

图 8-5 站点链接桥接

用户可以修改默认的站点链接桥接配置，修改方式是先禁用站点链接桥接，然后只为那些有传递式关系的站点链接配置站点链接桥接。

1. 更改站点链接桥接配置的原因

当没有完全路由的网络时，也就是说，并非网络的所有网段都始终可用时（例如，有一个网络位置的连接是拨号连接或者预定需求量拨号连接），关闭站点链接的传递性可能很有用。如果公司有多个连接到快速主干的站点，同时有多个小站点使用慢速网络连接到每一个更大的中心，就可以使用站点链接桥来配置复制。它能更有效地管理复制流量流。

2. 配置站点链接桥接

用户可以在【Active Directory 站点和服务】窗口中禁用站点链接桥接。当禁用此功能时，整个组织中的所有站点链接都将成为非传递式的。

在禁用站点链接桥接后，可以创建新的站点链接桥。创建新对象后，必须定义哪些站点链接作为桥的一部分。添加到站点链接桥中的任何站点链接都被视为相互传递式链接，但是未包含在站点链接桥中的站点链接不是传递式的。此时可以创建多个站点链接桥将不同的站点链接组桥接起来。

8.2 实践项目设计与准备

1. 项目设计

未名公司在全国有多家办事处。为了优化客户端登录流量并管理 AD DS 复制，企业管理员为配置 AD DS 站点，以及配置站点间复制创建了新的设计。本实践项目要求根据企业管理员的设计创建 AD DS 站点，并根据设计配置复制；还需要监视站点复制，并确保复制所需的所有组件的功能都正常。

未名公司的当前站点设计尚未修改，仍然是默认状态，除了默认站点之外，没有配置任何 AD DS 站点或站点链接，如图 8-6 所示。

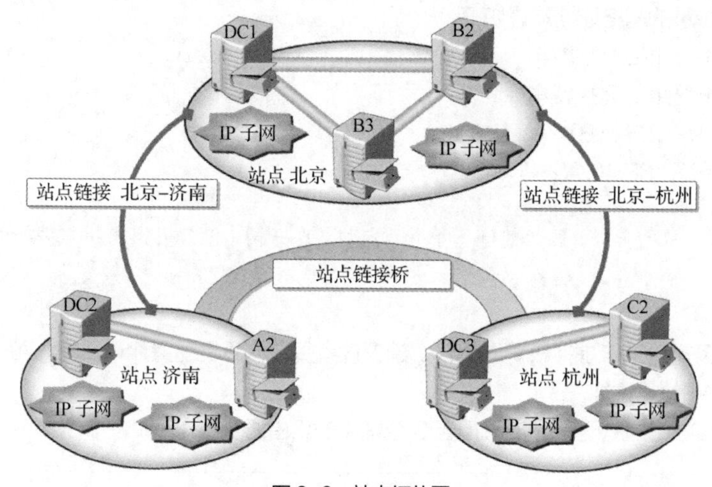

图 8-6 站点拓扑图

本实训部署到 long.com 域中需要用到 4 个虚拟机。

① DC1 虚拟机（站点北京的桥头服务器）。

角色：域控制器& DNS 服务器。主机名：dc1.long.com。IP 地址：192.168.10.1/24。默认网关：192.168.10.254/24。DNS：192.168.10.1。

② DC2 虚拟机（站点济南的桥头服务器）。

角色：域控制器& DNS 服务器。主机名：dc2.long.com。IP 地址：192.168.20.1/24。默认网关：192.168.20.254/24。首选 DNS：192.168.10.1。备用 DNS：127.0.0.1。

③ DC3 虚拟机。

角色：RODC 域控制器& DNS 服务器。主机名：dc3.long.com。IP 地址：192.168.30.1/24。默认网关：192.168.30.254/24。首选 DNS：192.168.10.1。备用 DNS：127.0.0.1。

④ GATEWAY-SERVER（MS1）虚拟机（各站点间的网关服务器）。

角色：网关服务器（软路由）。主机名：ms1.long.com。IP 地址：192.168.10.254/24，192.168.20.254/24，192.168.30.254/24。首选 DNS：192.168.10.1。

> **提示** 建议利用 VMware Workstation 或 Windows Server 2012 Hyper-V 等提供虚拟环境的软件来搭建图 8-6 中的网络环境。若复制现有虚拟机，则记得要运行 Sysprep.exe 并勾选【通用】复选框。

2. 项目准备

企业管理员创建了以下站点设计。

① 北京到济南之间有每秒1.544Mbit/s的广域网（WAN）连接，可用带宽有50%。北京和青岛之间也是每秒1.544 Mbit/s的WAN连接，可用带宽也是50%。这3个位置中任何位置的任何AD DS更改应在1小时内复制到其他两个位置。

② 杭州通过每秒256Kbit/s的WAN连接到北京，在正常工作时间内，其可用带宽不到20%。公司中任何站点的AD DS更改不应在正常工作时间内复制到杭州。

③ 杭州域控制器应该只接收来自北京域控制器的更新。北京、青岛和济南的域控制器可以从这3个站点的任一个站点中的任何域控制器接收更新。

④ 将每个公司位置配置为单独的站点，站点名称为CityName-Site。

⑤ 使用下面的格式命名站点链接：CityName-CityName-Site-Link。

⑥ 每个公司位置的网络地址配置如下。

- 北京——192.168.10.0/24。
- 济南——192.168.20.0/24。
- 杭州——192.168.30.0/24。
- 青岛——192.168.40.0/24。

注意 由于虚拟实验的限制，虽然创建了4个站点和4个子网，但只用为北京、济南和杭州位置配置站点。

⑦ 下面的任务需要4个虚拟机同时运行。建议读者每台计算机配置1 GB的RAM（总共4 GB），以提高本实训中的虚拟机性能。

⑧ GATEWAY-SERVER虚拟机担当3个站点的路由器功能。

8.3 实践项目实施

任务8-1 配置AD DS站点和子网

1. 在MS1上启用【LAN路由】

在MS1上启用【LAN路由】

STEP 1 以Administrator身份登录到MS1（GATEWAY-SERVER），密码为Pa$$w0rd4。确保MS1服务器上安装有3块网卡：192.168.10.254/24、192.168.20.254/24和192.168.30.254/24。

STEP 2 在【服务器管理器】窗口中单击【添加角色和功能】按钮，依次单击【下一步】按钮，在【选择服务器角色】界面中勾选【远程访问】复选框，在【选择角色服务】中勾选【路由】复选框，并添加其所需的功能，依次单击【下一步】按钮，最后完成安装。

STEP 3 在【服务器管理器】窗口中单击【工具】菜单，选择【路由和远程访问】选项，在弹出的【路由和远程访问】界面中用鼠标右键单击【MS1（本地）】，在弹出的快捷菜单中选择【配置并启用路由和远程访问】选项。

STEP 4 在弹出的【路由和远程访问服务器安装向导】对话框中选择【自定义配置】单选项，并勾选【LAN路由】复选框，单击【启动服务】按钮。

2. 验证当前站点配置和复制拓扑

验证当前站点配置和复制拓扑

验证步骤如下。

STEP 1 以 Administrator 身份登录到 DC1，密码为 Pa$$w0rd1。

STEP 2 以 Administrator 身份登录到 DC2，密码为 Pa$$w0rd2。

STEP 3 以 Administrator 身份登录到 DC3，密码为 Pa$$w0rd3。

STEP 4 在 DC1 上单击【开始】菜单，选择【管理工具】选项，然后选择【Active Directory 站点和服务】选项。

STEP 5 依次展开【Sites】→【Default-First-Site-Name】→【Servers】→【DC1】，用鼠标右键单击【NTDS Settings】，然后选择【属性】选项。

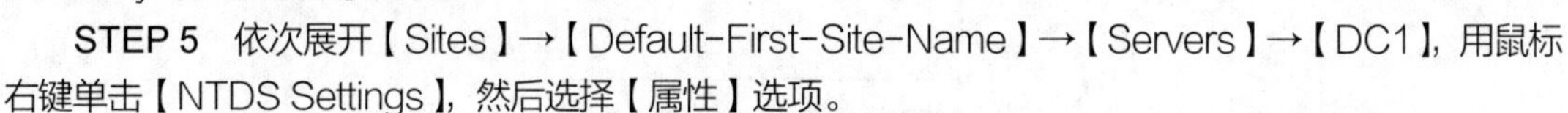

STEP 6 在【NTDS Settings 属性】对话框的【连接】选项卡中，记下你的计算机的复制伙伴。本例入站（复制自）复制伙伴为 DC2，出站（复制到）复制伙伴为 DC2、DC3。然后单击【确定】按钮，如图 8-7 所示。

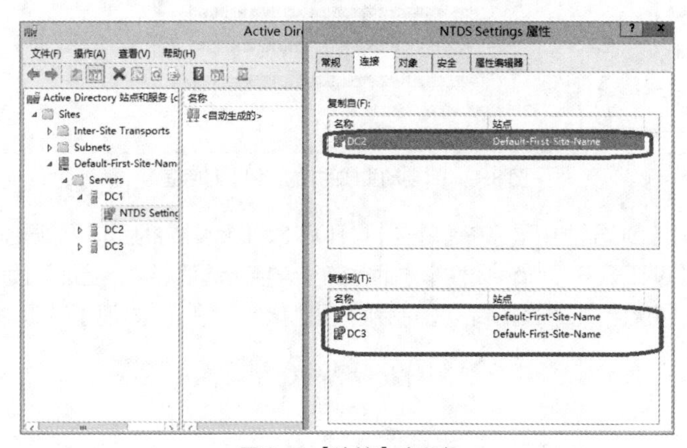

图 8-7 【连接】选项卡

STEP 7 用鼠标右键单击【<自动生成的>】，然后选择【属性】选项。

STEP 8 在【<自动生成的>属性】对话框的【常规】选项卡中，记下【复制的名称上下文】选项的值，如图 8-8 所示。

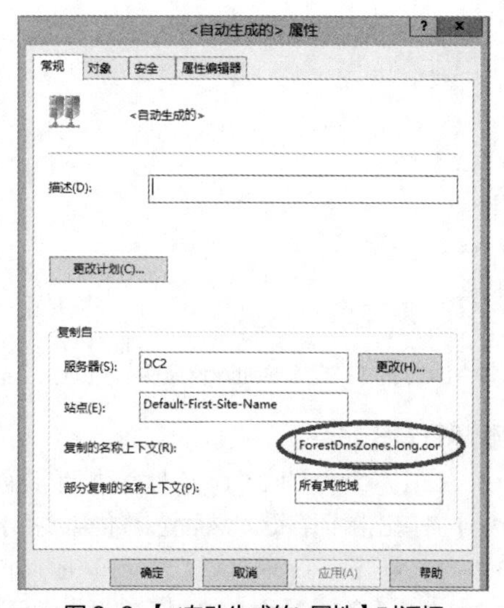

图 8-8 【<自动生成的>属性】对话框

STEP 9　单击【更改计划】按钮，记下计划，然后单击【取消】按钮两次。每小时1次的计划意味着，如果域控制器未从复制伙伴处收到任何更改通知，那么它将每隔1小时检查1次更新，如图8-9所示。（在此读者可以自行修改复制的计划。）

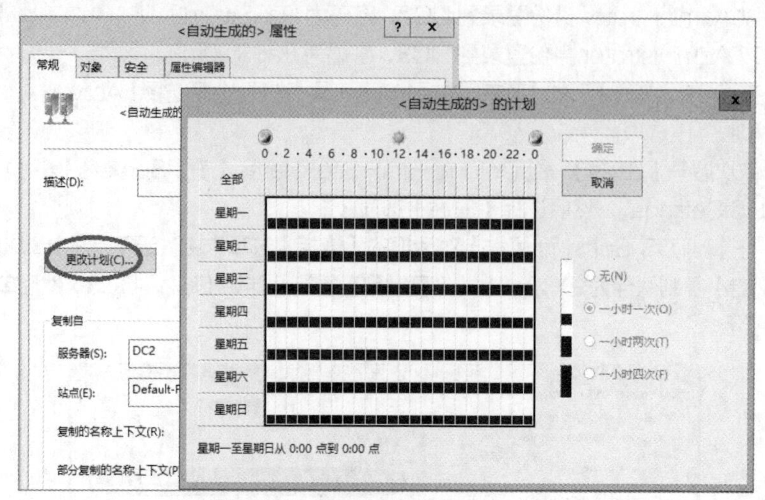

图8-9 【<自动生成的>的计划】对话框

STEP 10　展开【DC3】，用鼠标右键单击【NTDS Settings】，然后选择【属性】选项。

STEP 11　在【NTDS Settings属性】对话框的【连接】选项卡中，验证只读域控制器（RODC）有入站（复制自）复制伙伴，而没有出站（复制到）复制伙伴，单击【取消】按钮，如图8-10所示。

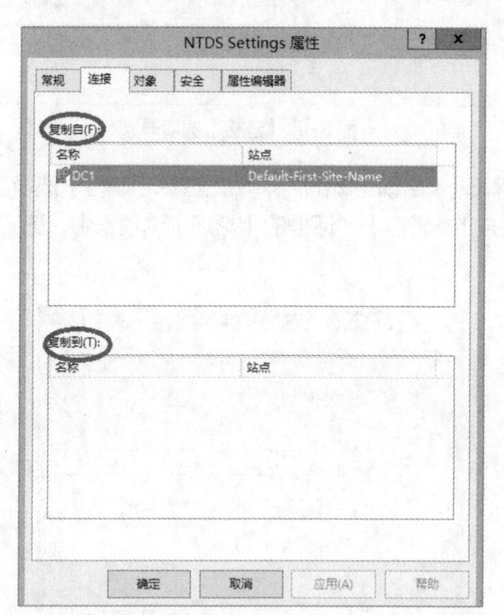

图8-10　DC3的【NTDS Settings属性】-【连接】选项卡

3. 创建AD DS站点

STEP 1　在【Active Directory站点和服务】窗口中选中【Default- First-Site- Name】并单击鼠标右键，然后选择【重命名】选项。

STEP 2　输入“Beijing-Site”，然后按<Enter>键。

STEP 3　选中【Sites】并单击鼠标右键，然后选择【新建】→【站点】选项。

STEP 4　在【新建对象-站点】对话框的【名称】文本框中输入“Hangzhou-Site”，单击【DEFAULTIPSITELINK】，然后单击【确定】按钮，如图 8-11 所示。

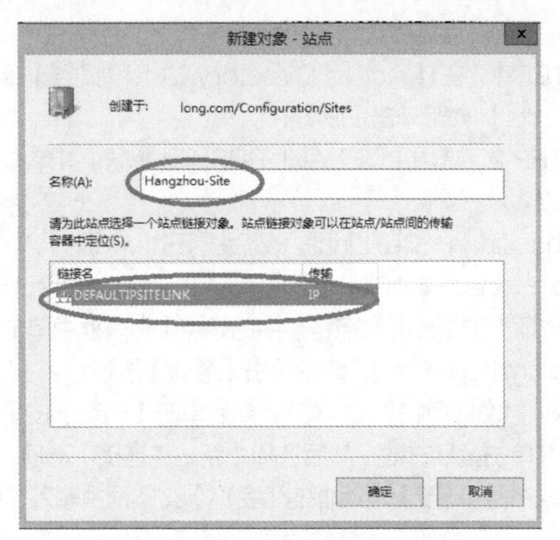

图 8-11 【新建对象-站点】对话框

STEP 5　在【Active Directory 域服务】窗口中再次创建两个站点，站点名称分别为 Qingdao-Site 和 Jinan-Site。

STEP 6　选中【Subnets】并单击鼠标右键，然后选择【新建子网】选项。

STEP 7　在【新建对象-子网】对话框的【前缀】文本框中输入“192.168.10.0/24”。选中【Beijing-Site】，然后单击【确定】按钮，如图 8-12 所示。

STEP 8　创建另外 3 个子网，其属性如下。

- 前缀：192.168.20.0/24。站点：Jinan-Site。
- 前缀：192.168.30.0/24。站点：Hangzhou-Site。
- 前缀：192.168.40.0/24。站点：Qingdao-Site。

STEP 9　选中【Jinan-Site】并单击鼠标右键，然后选择【属性】选项。验证正确的子网已与此站点关联，然后单击【确定】按钮，如图 8-13 所示。

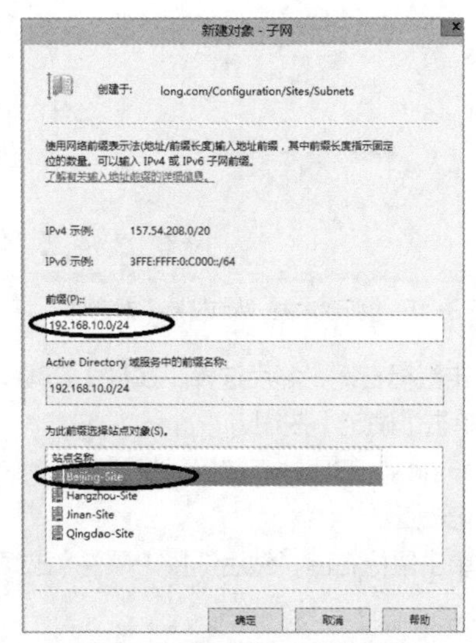

图 8-12 【新建对象-子网】对话框

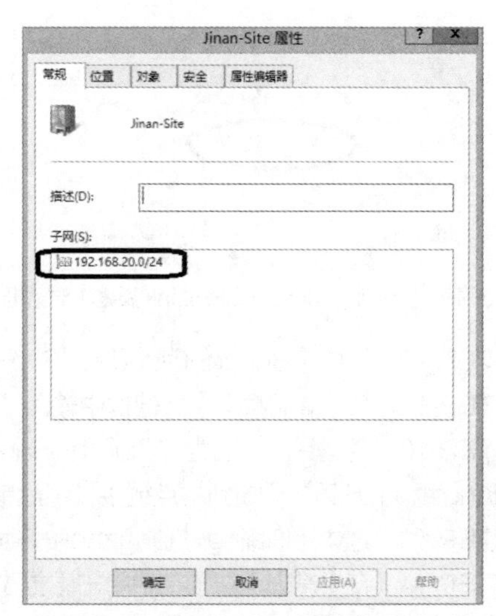

图 8-13 【Jinan-Site 属性】对话框

任务 8-2 配置 AD DS 复制

1. 创建站点链接对象

STEP 1 在【Active Directory 站点和服务】窗口中展开【Inter-Site Transports】，然后单击【IP】。

STEP 2 选中【DEFAULTIPSITELINK】并单击鼠标右键，然后选择【重命名】选项。

STEP 3 输入“Beijing-Jinan-Site-Link”，然后按<Enter>键。

STEP 4 选中【Beijing-Jinan-Site-Link】并单击鼠标右键，然后选择【属性】选项。

STEP 5 在【常规】选项卡的【在此站点链接中的站点】列表框中单击【Qingdao-Site】，然后单击【删除】按钮；单击【Hangzhou-Site】，然后单击【删除】按钮。

STEP 6 在【复制频率】数值框中输入“30”，然后单击【确定】按钮，如图 8-14 所示。

STEP 7 选中【IP】并单击鼠标右键，然后选择【新站点链接】选项。

STEP 8 在【新建对象-站点链接】对话框的【名称】文本框中输入“Beijing-Qingdao- Site-Link”。

STEP 9 在【在此站点链接中的站点】列表框中单击【Beijing-Site】，然后单击【添加】按钮。单击【Qingdao-Site】，如图 8-15 所示，单击【添加】按钮，然后单击【确定】按钮。

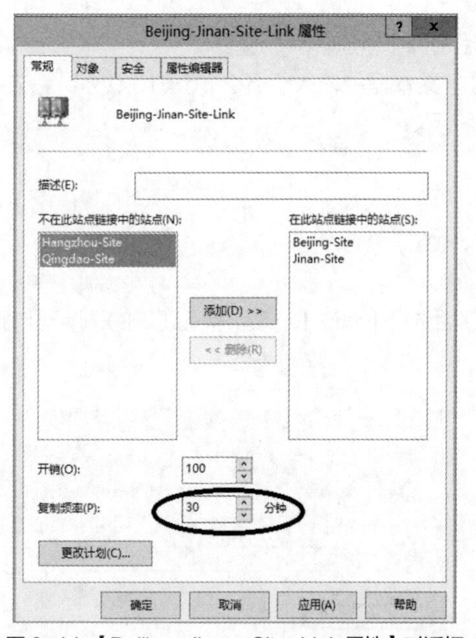

图 8-14 【Beijing-Jinan-Site-Link 属性】对话框

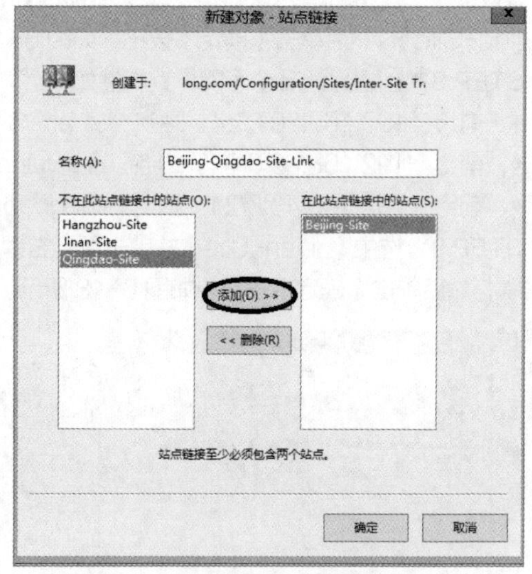

图 8-15 【新建对象-站点链接】对话框

STEP 10 选中【Beijing-Qingdao-Site-Link】并单击鼠标右键，然后选择【属性】选项。

STEP 11 在【复制频率】数值框中输入“30”，然后单击【确定】按钮。

STEP 12 创建另一个名为“Beijing-Hangzhou-Site-Link”的新站点链接。将“Beijing-Site”和“Hangzhou-Site”添加到站点链接，然后单击【确定】按钮。

STEP 13 选中【Beijing-Hangzhou-Site-Link】并单击鼠标右键，然后选择【属性】选项。

STEP 14 在【常规】选项卡中单击【更改计划】按钮。

STEP 15 在【Beijing-Hangzhou-Site-Link 的计划】对话框中，选择时间从 7:00 到 17:00、

星期一到星期五，选择【无法使用复制】单选项，然后单击【确定】按钮两次，如图 8-16 所示。

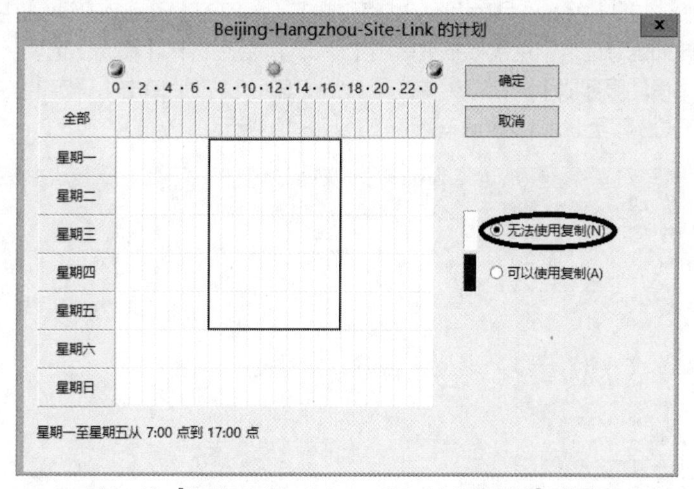

图 8-16 【Beijing-Hangzhou-Site-Link 的计划】对话框

2. 配置站点链接桥接

STEP 1　在【Active Directory 站点和服务】窗口中选中【IP】并单击鼠标右键，然后选择【属性】选项。

STEP 2　在【IP 属性】对话框中取消勾选【为所有站点链接搭桥】复选框，然后单击【确定】按钮，如图 8-17 所示。

STEP 3　用鼠标右键单击【IP】，然后选择【新站点链接桥】选项。

STEP 4　在【新建对象-站点链接桥】对话框的【名称】文本框中输入"Beijing-Jinan- Hangzhou-Site-Link-Bridge"。

STEP 5　按住<Ctrl>键，在【不在此站点链接桥中的站点链接】列表框中单击"Beijing-Jinan-Site-Link"和"Beijing-Hangzhou-Site-Link"，单击【添加】按钮，然后单击【确定】按钮，如图 8-18 所示。

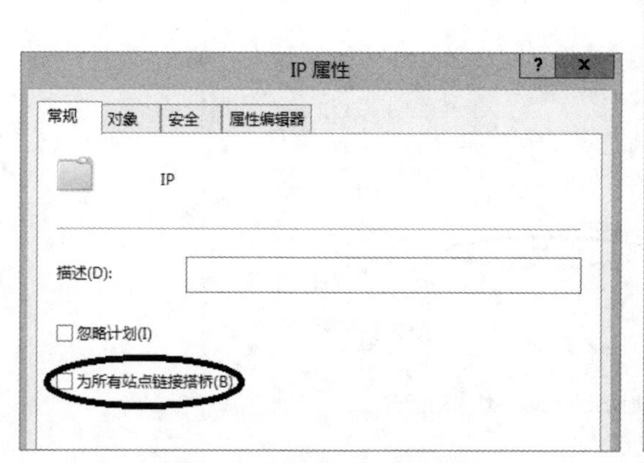

图 8-17 【IP 属性】对话框

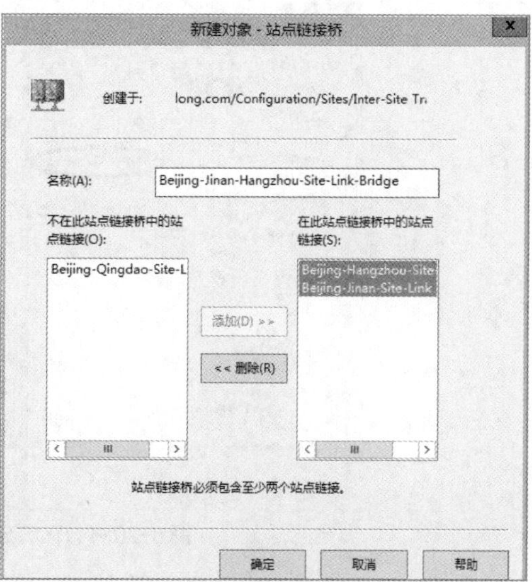

图 8-18 【新建对象-站点链接桥】对话框

3. 将域控制器移入相应的站点

STEP 1　在 DC1 的【Active Directory 站点和服务】窗口的【Beijing-Site】中单击【Servers】。

STEP 2　在详细信息窗格中用鼠标右键单击【DC2】，然后选择【移动】选项。

STEP 3　在【移动服务器】对话框中单击【Jinan-Site】，然后单击【确定】按钮。

STEP 4　将 DC3 移至 Hangzhou-Site，如图 8-19 所示。

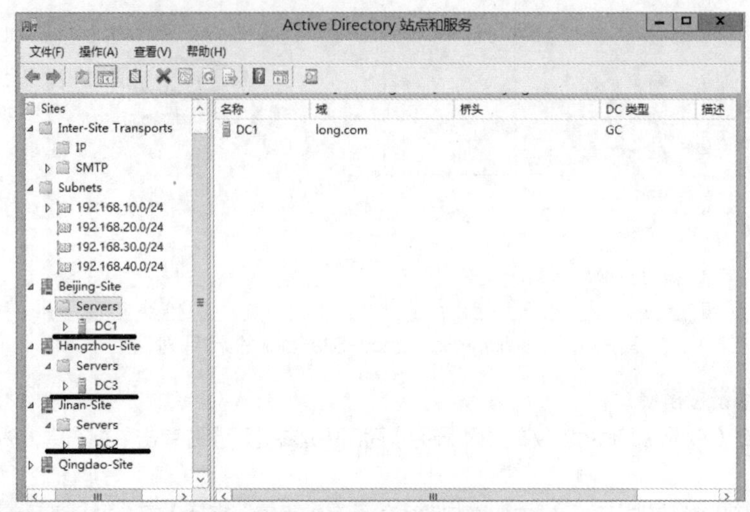

图 8-19　将域控制器移入相应的站点

4. 配置杭州站点的全局编录缓存

STEP 1　在 DC1 的【Active Directory 站点和服务】窗口中单击【Hangzhou-Site】。

STEP 2　在详细信息窗格中用鼠标右键单击【NTDS Site Settings】，然后选择【属性】选项。

STEP 3　在【NTDS Site Settings 属性】对话框中勾选【启用通用组成员身份缓存】复选框。

STEP 4　在【刷新缓存，来自】下拉列表框中选择【CN=Beijing-Site】选项，然后单击【确定】按钮，如图 8-20 所示。

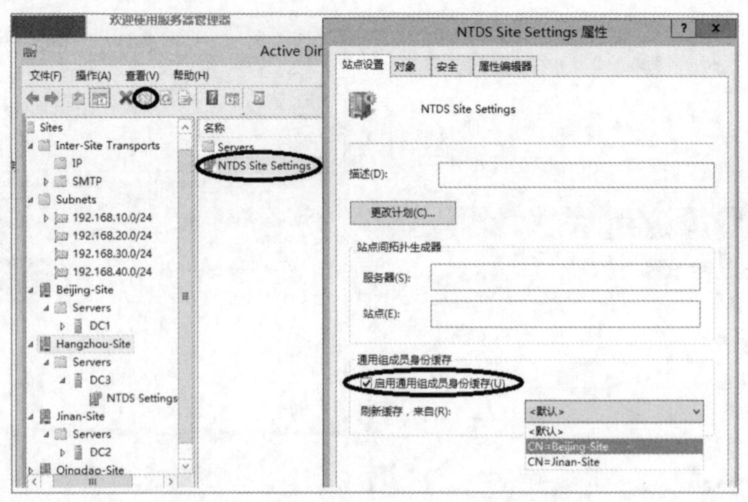

图 8-20 【NTDS Site Settings 属性】对话框

5. 配置北京站点的桥头服务器

假设北京站点将选择 DC1 作为其桥头服务器。

STEP 1　在站点【Beijing-Site】展开的树形结构中选择【DC1】，单击鼠标右键，在弹出的快捷菜单中选择【属性】选项，如图 8-21 所示。

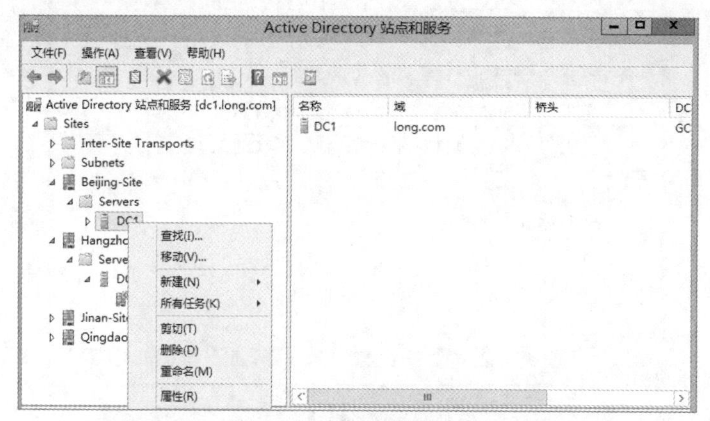

图 8-21　选择【属性】选项

STEP 2　在图 8-22 所示的【DC1 属性】对话框中选择【IP】和【SMTP】，并将它们添加到【此服务器是下列传输的首选桥头服务器】列表框中，完成 DC1 作为桥头服务器的设置。

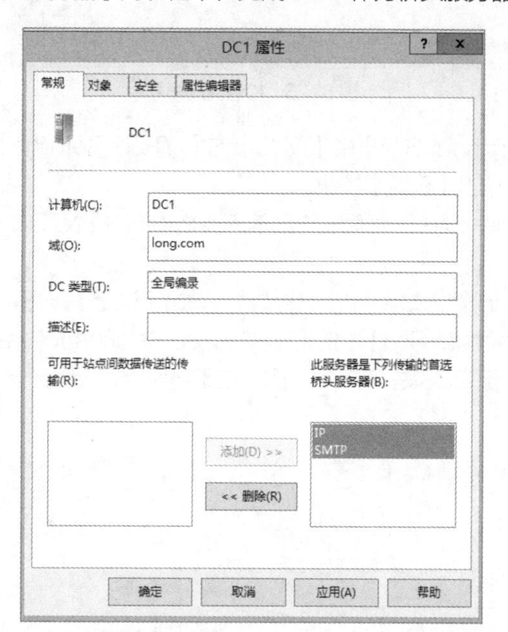

图 8-22　设置【DC1】为 Beijing-Site 站点的桥头服务器

STEP 3　其他站点的桥头服务器设置可通过类似的操作来完成。

任务 8-3　监视 AD DS 复制

1. 验证复制拓扑已更新

STEP 1　在 DC1 的【Active Directory 站点和服务】窗口中依次展开【Beijing-Site】→【Servers】→【DC1】。

STEP 2　选中【NTDS Settings】并单击鼠标右键，选择【所有任务】→【检查复制拓扑】选项。

STEP 3　在【检查复制拓扑】对话框中单击【确定】按钮，如图 8-23 所示。

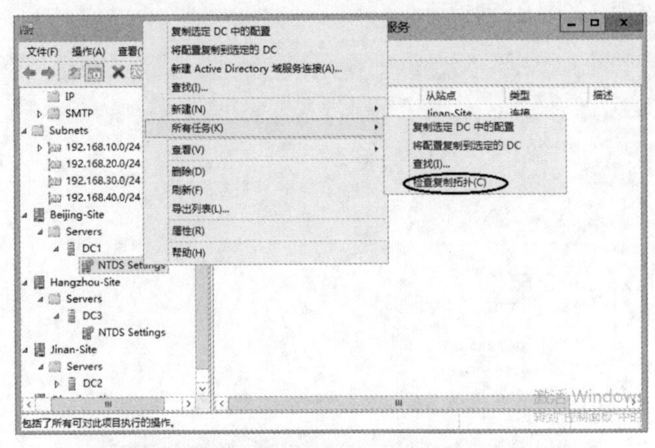

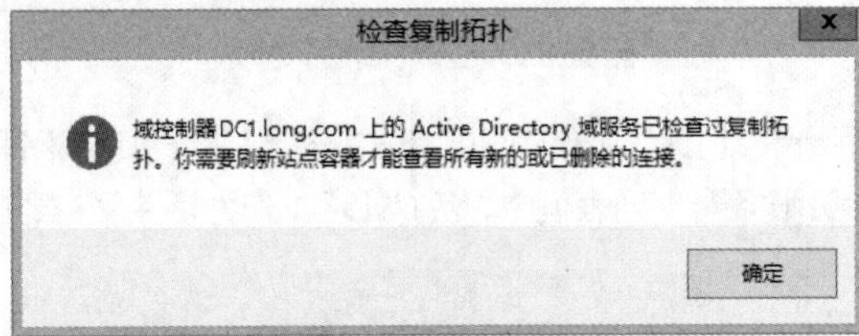

图 8-23　检查复制拓扑

STEP 4　选中【Hangzhou-Site】中【DC3】的【NTDS Settings】，并强制其检查复制拓扑。这需要一些时间才能完成，单击【确定】按钮。

STEP 5　单击【Beijing-Site】，然后在详细信息窗格中选中【NTDS Site Settings】并单击鼠标右键，选择【属性】选项。

STEP 6　验证 DC1 已配置为站点间拓扑生成器，单击【确定】按钮，如图 8-24 所示。

STEP 7　选中【Hangzhou-Site】中的【NTDS Site Settings】，然后验证 DC3 未作为站点间拓扑生成器（ISTG）列出。由于 DC3 是 RODC，因此它不可作为桥头服务器或 ISTG 工作。单击【确定】按钮，如图 8-25 所示。

图 8-24　验证 DC1 已配置为站点间拓扑生成器

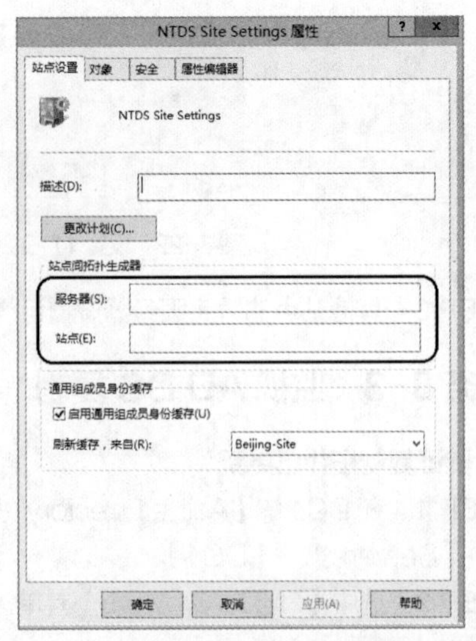

图 8-25　验证 DC3 未配置为站点间拓扑生成器

2. 验证复制正在站点间正常进行

STEP 1　在DC1 的【Active Directory 站点和服务】窗口中依次展开【Beijing-Site】→【Servers】→【DC1】，然后单击【NTDS Settings】。

STEP 2　在详细信息窗格中，验证在 DC1 和 DC2 之间已经创建了连接对象。

STEP 3　选中该连接对象并单击鼠标右键，然后选择【立即复制】选项，如图 8-26 所示。

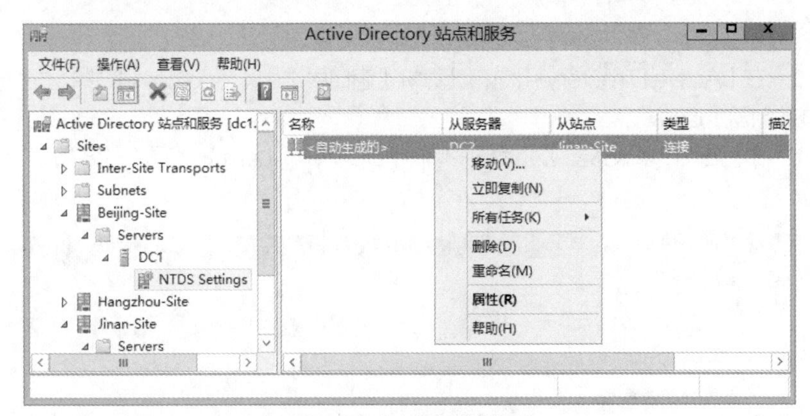

图 8-26 【立即复制】选项

STEP 4　阅读【立即复制】对话框中的消息，然后单击【确定】按钮，如图 8-27 所示。

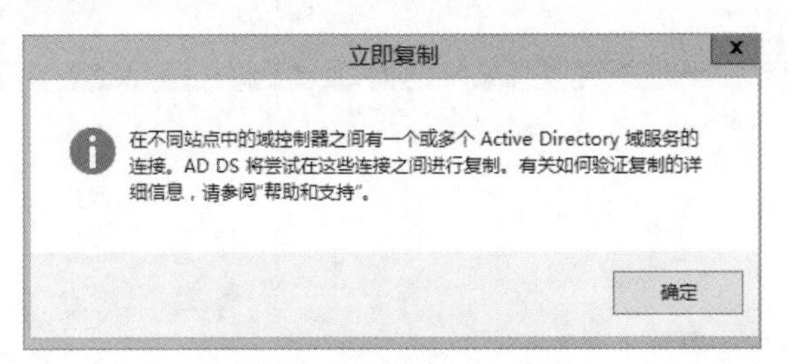

图 8-27 【立即复制】对话框

STEP 5　在【DC2】上打开【Active Directory 站点和服务】窗口。依次展开【Sites】→【Jinan-Site】→【Servers】→【DC2】，然后单击【NTDS Settings】。

STEP 6　选中 DC2 上配置的 DC2 和 DC1 之间的连接对象并单击鼠标右键，然后选择【立即复制】选项。

> **注意**　① 此处可能出现服务器拒绝复制的错误，如果发生这个错误，那么应在 DC2 上运行以下两条命令。
>
> ```
> repadmin /options DC2 -DISABLE_INBOUND_REPL
> repadmin /options DC2 -DISABLE_OUTBOUND_REPL
> ```
>
> ② 之后再次在 DC1 上打开【Active Directory 站点和服务】窗口。依次展开【Sites】→【Jinan-Site】→【Servers】→【DC2】，然后单击【NTDS Settings】。选中 DC2 上配置的 DC2 和 DC1 之间的连接对象并单击鼠标右键，然后选择【立即复制】选项。

STEP 7　在 DC1 上打开【Active Directory 用户和计算机】窗口，然后展开【long.com】。

STEP 8　选中【Users】容器并单击鼠标右键，选择【新建】→【用户】选项。创建一个名字和登录名都为"testuser"的新用户，密码为"Pa$$w0rd"。

STEP 9　在【Active Directory 站点和服务】窗口中单击【Hangzhou-Site】，展开【DC3】，然

后单击【NTDS Settings】。选中DC1和DC3之间的连接对象并单击鼠标右键，然后选择【立即复制】选项，单击【确定】按钮关闭【立即复制】对话框。

注意 如果在该连接对象上强制复制时收到错误消息，那么在【DC3】下选中【NTDS Settings】并单击鼠标右键，选择【所有任务】→【检查复制拓扑】选项。

STEP 10 在【Active Directory用户和计算机】窗口中选中【long.com】并单击鼠标右键，然后选择【更改域控制器】选项。

STEP 11 在【更改目录服务器】对话框中单击【DC3.long.com】，如图8-28所示。然后单击【确定】按钮。

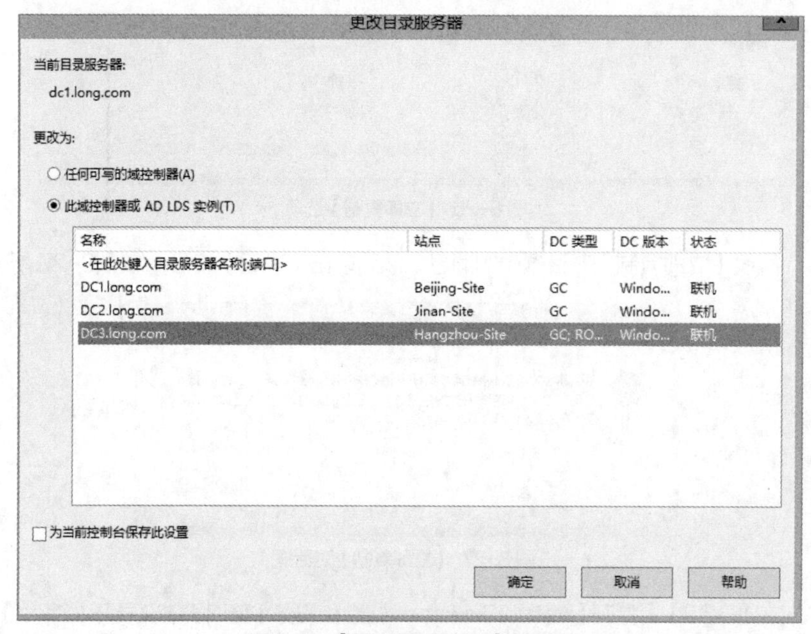

图8-28 【更改目录服务器】对话框

STEP 12 在【Active Directory域服务消息】窗口中展开【long.com】，然后单击【Users】。验证testuser账户已复制到DC3，如图8-29所示。

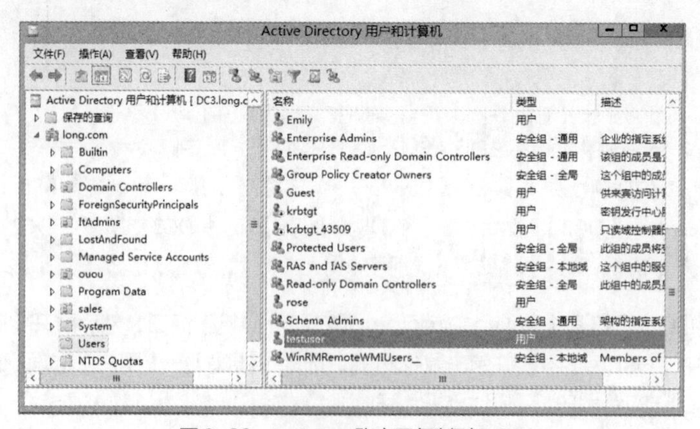

图8-29 testuser账户已复制到DC3

STEP 13　关闭【Active Directory 用户和计算机】窗口。

3. 使用 dcdiag 验证复制拓扑

STEP 1　在 DC1 上打开【命令提示符】窗口。

STEP 2　在【命令提示符】窗口中输入“dcdiag /test:replications”，然后按<Enter>键。

STEP 3　验证 DC1 已通过连接测试，如图 8-30 所示。

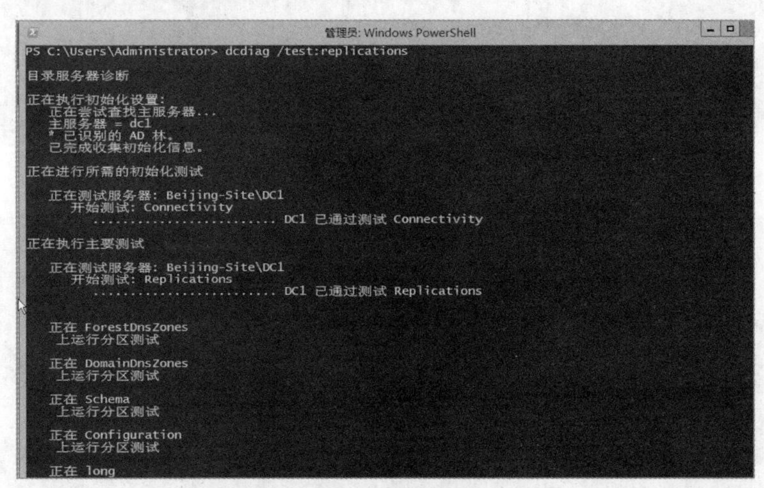

图 8-30　使用 dcdiag 验证复制拓扑

4. 使用 repadmin 验证复制成功

STEP 1　在 DC1 的【命令提示符】窗口中输入“repadmin /showrepl”，然后按<Enter>键。验证在上次复制更新期间，与 DC2 之间的复制成功，如图 8-31 所示。

图 8-31　DC1 与 DC2 之间复制成功

STEP 2　在【命令提示符】窗口中输入“repadmin /showrepl　DC3.long.com”，然后按<Enter>键。验证在上次复制更新期间，所有目录分区都更新成功。

STEP 3　在【命令提示符】窗口中输入“repadmin /bridgeheads”，然后按<Enter>键。验证 DC1 和 DC2 已作为其各自站点的桥头服务器列出，如图 8-32 所示。

STEP 4　在【命令提示符】窗口中输入“repadmin /replsummary”，然后按<Enter>键。

STEP 5　查看复制摘要，如图 8-33 所示。然后关闭【命令提示符】窗口，关闭所有虚拟机。

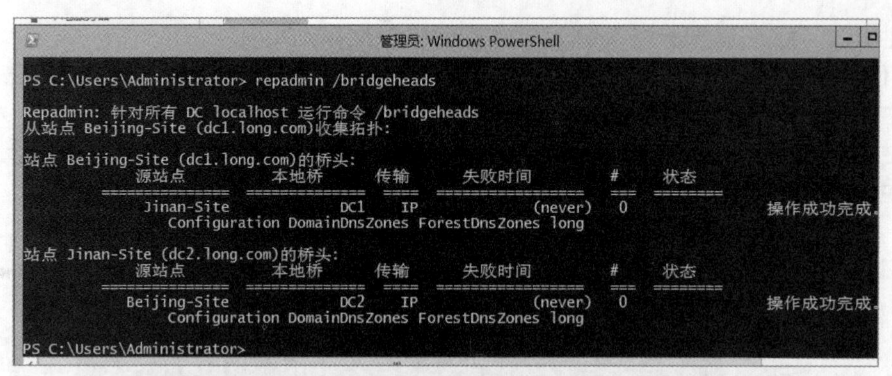

图 8-32 DC1 和 DC2 已作为其各自站点的桥头服务器列出

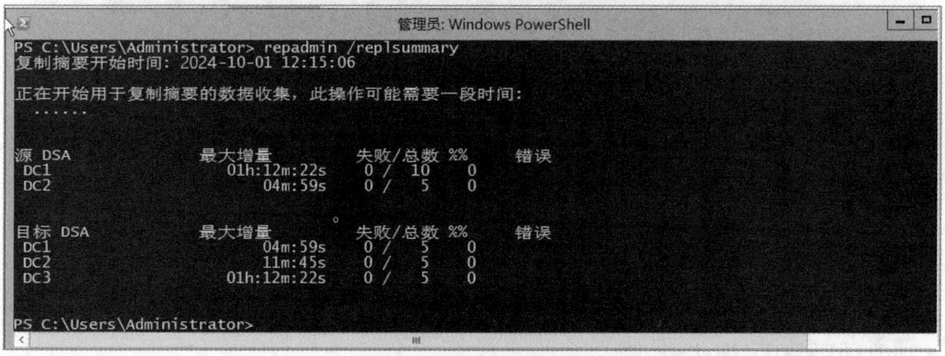

```
管理员: Windows PowerShell
PS C:\Users\Administrator> repadmin /replsummary
复制摘要开始时间: 2024-10-01 12:15:06

正在开始用于复制摘要的数据收集，此操作可能需要一段时间:
  ......


源 DSA              最大增量          失败/总数 %%      错误
 DC1                01h:12m:22s     0 /  10    0
 DC2                     04m:59s     0 /   5    0

目标 DSA            最大增量          失败/总数 %%      错误
 DC1                     04m:59s     0 /   5    0
 DC2                     11m:45s     0 /   5    0
 DC3                01h:12m:22s     0 /   5    0

PS C:\Users\Administrator>
```

图 8-33 查看复制摘要

8.4 【拓展阅读】国产操作系统“银河麒麟”

你了解国产操作系统银河麒麟吗？它的深远影响是什么？

国产操作系统银河麒麟 V10 面世引发了业界和公众关注。这一操作系统不仅可以充分适应“5G 时代”需求，其独创的 kydroid 技术还能支持海量安卓应用，将 300 余万款安卓适配软硬件无缝迁移到国产平台。银河麒麟 V10 作为国内安全等级最高的操作系统，是首款具有内生安全体系的操作系统，成功打破了相关技术封锁与垄断，有能力成为承载国家基础软件的安全基石。

银河麒麟 V10 的推出，让人们看到了国产操作系统与日俱增的技术实力和不断攀登科技高峰的坚实脚步。

核心技术从不是别人给予的，必须依靠自主创新。从 2019 年 8 月华为发布自主操作系统——鸿蒙操作系统，到 2020 年银河麒麟 V10 面世，我国操作系统正加速走向独立创新的发展新阶段。麒麟操作系统在海关、交通、统计、农业等很多部门得到规模化应用，采用这一操作系统的机构和企业已经超过 1 万家。这一数字证明，麒麟操作系统已经获得了市场一定程度的认可。只有坚持开放兼容，让操作系统与更多产品适配，才能推动产品性能更新迭代，让用户拥有更好的使用体验。

操作系统的自主发展是一项重大而紧迫的课题。实现核心技术的突破需要多方齐心合力、协同攻关，为创新创造营造更好的发展环境。2020 年 8 月，国务院印发《新时期促进集成电路产业和软件产业高质量发展的若干政策》，从财税政策、研究开发政策、人才政策等 8 个方面提出了 37 项举措。只有瞄准核心科技埋头攻关，不断释放政策“红利”，助力我国软件产业向高端迈进，才能为高质量发展和国家信息产业安全插上腾飞的“翅膀”。

8.5 习题

一、填空题

1. 站点（Site）由______________组成。

2. 一般来说，将一个 LAN 规划为_______，而将 WAN 中的各个 LAN 规划为_______。

3. AD DS 内大部分数据是利用______________来实现数据复制的。

4. AD DS 数据库按逻辑分为下面几个目录分区：_______、_______、_______和_______。

5. 域控制器之间复制 AD DS 数据使用的复制协议有两种：_______和_______。

6. 默认情况下，所有 AD DS 站点链接都是_______，或者说是_______。

二、选择题

1. 公司有一个分部，该分部配置为单独的 Active Directory 站点，并且有一个 Active Directory 域控制器。该 Active Directory 站点需要本地全局编录服务器来支持某个新的应用程序。你需要将该域控制器配置为全局编录服务器，应该使用哪个工具？（　　）

A. dcpromo.exe 实用工具　　B.【服务器管理器】窗口

C.【计算机管理】窗口　　D.【Active Directory 站点和服务】窗口

E.【Active Directory 域和信任】窗口

2. 公司有一个总部和 3 个分部。每一个总部和分部都配置为一个单独的 Active Directory 站点，且每个站点都有各自的域控制器。你禁用了某个拥有管理权限的账户，你需要将被禁用账户的信息立即复制到所有站点。可实现此目标的两种可行的方式是什么？（每个正确答案表示一个完整的解决方法。请选择两个正确答案。）（　　）

A. 使用 dsmod.exe 将所有域控制器配置为全局编录服务器

B. 使用 repadmin.exe 在站点连接对象之间强制进行复制

C. 从【Active Directory 站点和服务】窗口中，选择现有的连接对象，并强制复制

D. 从【Active Directory 站点和服务】窗口中，将所有域控制器配置为全局编录服务器

3. 公司有一个 Active Directory 域。公司有两台域控制器，分别名为 DC1 和 DC2。DC1 扮演着架构主机角色。DC1 出现故障，你使用管理员账户登录到 Active Directory，但你无法传送“架构主机”操作角色。你需要确保 DC2 扮演“架构主机”角色，你该怎么做？（　　）

A. 注册 schmmgmt.dll，启动“Active Directory 架构”管理单元

B. 将 DC2 配置为桥头服务器

C. 在 DC2 上获取架构主机角色

D. 先注销，然后用隶属于 Schema Administrators 组的账户再次登录到 Active Directory。启动“Active Directory 架构”管理单元

4. 你有一个名为 Site1 的现有 Active Directory 站点。你创建了一个新的 Active Directory 站点，并将其命名为 Site2。你需要配置 Site1 和 Site2 之间的 Active Directory 复制。你安装了一台新的域控制器，然后创建了 Site1 和 Site2 之间的站点链接，接下来该做什么？（　　）

A. 使用【Active Directory 站点和服务】窗口配置新的站点链接桥对象

B. 使用【Active Directory 站点和服务】窗口降低 Site1 和 Site2 之间的站点链接开销

C. 使用【Active Directory 站点和服务】窗口为 Site2 分配一个新的 IP 子网。将新的域控制器对象移至 Site2

D. 使用【Active Directory 站点和服务】窗口将新的域控制器配置为 Site1 的首选桥头服务器

三、简答题

1. 站点中的单个域控制器出现故障，会对 AD DS 管理员和用户有什么影响？

2. 如果同一个站点的同一个域内有 3 个域控制器，并且你在其中一个域控制器上创建了一个新用户，那么新用户在其他域控制器上出现需要多长时间？

3. 在什么情况下，压缩复制流量会有益处？

4. 默认情况下，AD DS 中创建了哪些应用程序分区？

5. 公司在一个站点的同一个域里有 3 个域控制器，另有 5 个域控制器属于同站点的另一个域。其中 4 个域控制器（每个站点各两个）配置为全局编录服务器。在该场景下，可以创建的连接对象最少数量是多少？

6. 创建多个站点有何利弊？

7. 如果将域控制器从一个站点移到另一个站点，那么复制拓扑会发生什么情况？

8. 使用【Active Directory 站点和服务】窗口将域控制器移到新站点。6 小时后，你确定该域控制器与任何其他域控制器之间未发生复制。你应进行哪些检查？

9. 公司有两个站点和一个域，是否可以使用 SMTP 作为两个站点间的复制协议？

10. 你在同一个域中部署了 9 个域控制器，其中的 5 个位于一个站点，另外 4 个位于另一个站点。你没有修改站点内和站点间复制的默认复制频率。你在一个域控制器上创建一个用户账户，该用户账户复制到所有域控制器最多需要多少时间？

11. 你将一个新域控制器添加到林中的现有域。添加后，哪些 AD DS 分区将被修改？

12. 公司有一个域，域中有 3 个站点：一个总部站点和两个分部站点。分部站点中的域控制器可与总部的域控制器通信，但是由于防火墙限制，不能与另一个分部的域控制器直接通信。如何在 AD DS 中配置站点链接体系结构以集成防火墙，并确保 KCC 不会在分部站点之间自动创建连接？

13. 公司有一个总部和 20 个分部。总部和每一个分部都配置为一个单独站点。总部部署了 3 台域控制器，其中一台域控制器的处理器比其他两台更快，内存也更大。你需要确保 AD DS 复制工作负荷分配到性能更强大的计算机上，你该怎么做？

8.6 项目实训 配置 AD DS 站点与 AD DS 复制

一、项目实训目的

- 掌握 AD DS 站点与子网的配置。
- 掌握配置 AD DS 复制。
- 掌握监视 AD DS 复制。

二、项目背景

请参照图 8-6。

三、项目要求

- 配置 AD DS 站点与子网。
- 配置 AD DS 复制。
- 监视 AD DS 复制。

四、做一做

本项目实录融入行业新技术、新规范和新标准，以 Windows Server 2016 网络操作系统为例，同时兼容 Windows Server 2012/2019 网络操作系统。

根据项目实录慕课进行项目的实训，检查学习效果。

项目9 管理操作主机

09

学习背景

在 AD DS 内有一些数据的维护与管理是由操作主机（Operations Master）来负责的，系统管理员必须彻底了解它们，才能够充分控制与维持域的正常运行。

学习目标和素养目标

- 了解操作主机知识。
- 掌握操作主机的放置优化。
- 掌握找出扮演操作主机角色的域控制器。
- 掌握转移操作主机角色。
- 掌握夺取操作主机角色。
- 2020 年，在全球浮点运算性能最强的 500 台超级计算机中，中国部署的超级计算机数量继续位列全球第一。这是中国的骄傲，也是中国崛起的重要见证。
- “三更灯火五更鸡，正是男儿读书时。黑发不知勤学早，白首方悔读书迟。”祖国的发展日新月异，我们拿什么报效祖国？唯有勤奋学习，惜时如金，才无愧盛世年华。

9.1 相关知识

AD DS 数据库内绝大部分数据的复制是采用多主机复制模式（Multi-Master Replication Model），也就是用户可以直接更新任何一台域控制器内绝大部分的 AD DS 对象，之后这个对象会被自动复制到其他域控制器。

只有少部分数据的复制是采用单主机复制模式（Single-Master Replication Model）。在此模式下，当用户提出更改对象的请求时，只会由其中一台被称为操作主机的域控制器负责接收与处理此请求，也就是说，该对象先被更新在这台操作主机内，再由它将其复制到其他域控制器。

AD DS 内总共有 5 种操作主机角色。

- 架构操作主机（Schema Operations Master）。
- 域命名操作主机（Domain Naming Operations Master）。
- RID 操作主机（Relative Identifier Operations Master）。
- PDC 模拟器操作主机（PDC Emulator Operations Master）。
- 基础结构操作主机（Infrastructure Operations Master）。

一个林中只有一台架构操作主机与一台域命名操作主机，这两个林级别的角色默认都由林根域内的第 1 台域控制器扮演。而每一个域拥有自己的 RID 操作主机、PDC 模拟器操作主机与基础结构操作主机，这 3 个域级别的角色默认由该域内的第 1 台域控制器扮演。

注意 ① 操作主机角色（Operations Master Roles）也称为 Flexible Single Master Operations（FSMO）Roles。② 只读域控制器（RODC）无法扮演操作主机的角色。

9.1.1 架构操作主机

扮演架构操作主机角色的域控制器，负责更新与修改架构（Schema）内的对象种类与属性数据。只有隶属于 Schema Admins 组内的用户才有权修改架构。一个林中只能有一台架构操作主机。

9.1.2 域命名操作主机

扮演域命名操作主机角色的域控制器，负责林内域目录分区的新建与删除，即负责林内的域添加与删除工作。它也负责应用程序目录分区的新建与删除。一个林中只能有一台域命名操作主机。

9.1.3 RID 操作主机

每一个域内只能有一台域控制器来扮演 RID 操作主机角色，而其主要的工作是发放相对 ID（Relative ID，RD）给其域内的所有域控制器。RID 有何用途呢？当域控制器内新建了一个用户、组或计算机等对象时，域控制器需指定一个唯一的安全标识符（SID）给这个对象，此对象的 SID 是由域 SID 与 RID 组成的，也就是说，对象 SID=域 SID+ RID，而 RID 并不是由每台域控制器自己产生的，它是由 RID 操作主机来统一发放给其域内的所有域控制器。每台域控制器需要 RID 时，它会向 RID 操作主机索取一些 RID，RID 用完后再向 RID 操作主机索取。

由于是由 RID 操作主机来统一发放 RID，因此不会有 RID 重复的情况发生，也就是说，每一台域控制器获得的 RID 都是唯一的，因此对象的 SID 也是唯一的。如果是由每一台域控制器各自产生 RID，则可能不同的域控制器会产生相同的 RID，因而会有对象 SID 重复的情况发生。

9.1.4 PDC 模拟器操作主机

每一个域内只可以有一台域控制器来扮演 PDC 模拟器操作主机的角色，而它所负责的工作包括支持旧客户端计算机、减少因为密码复制延迟造成的问题，以及负责整个域时间的同步。

1. 支持旧客户端计算机

用户在域内的旧客户端计算机（如 Windows NT 4.0）上修改密码时，这个密码数据会被更新在主域控制器（Primary Domain Controller，PDC）上，而 AD DS 通过 PDC 模拟器操作主机来扮演 PDC 的角色。

另外，若域内有 Windows NT Server 4.0 备份域控制器（Backup Domain Controller，BDC），则它会要求从 Windows NT Server 4.0 PDC 复制用户账户与密码等数据，而 AD DS 通过 PDC 模拟器操作主机来扮演 PDC 的角色。

2. 减少因为密码复制延迟造成的问题

当用户的密码变更后，需要一段时间这个密码才会被复制到其他所有的域控制器，若在这个密码还没有被复制到其他所有域控制器之前，用户利用新密码登录，则可能会因为负责检查用户密码的域控制器内还没有用户的新密码数据，而无法登录成功。

AD DS 采用下面的方法来减少这个问题发生的概率：当用户的密码变更后，这个密码会优先被复制到 PDC 模拟器操作主机，而其他域控制器仍然依照标准进行复制，也就是需要等一段时间后才会收到这个最新的密码；如果用户登录时，负责验证用户身份的域控制器发现密码不对，则它会将验证身份的工作转给拥有新密码的 PDC 模拟器操作主机，以便让用户可以登录成功。

3. 负责整个域时间的同步

域用户登录时，若其计算机时间与域控制器的时间不一致，将无法登录，而 PDC 模拟器操作主机就负责整个域内所有计算机时间的同步工作。

- 结合前面的林结构，林根域 long.com 的 PDC 模拟器操作主机 DC1 默认使用本地计算机时间，也可以将其设置为与外部的时间服务器同步。
- 所有其他域的 PDC 模拟器操作主机的计算机时间会自动与林根域 long.com 内的 PDC 模拟器操作主机同步。
- 各域内的其他域控制器都会自动与该域的 PDC 模拟器操作主机时间同步。
- 域内的成员计算机会与验证其身份的域控制器同步。

由于林根域 long.com 内的 PDC 模拟器操作主机的计算机时间会影响到林内所有计算机的时间，因此请确保此台 PDC 模拟器操作主机时间的正确性。

可以执行"w32tm/query/configuration"命令来查看时间同步的设置，如林根域。long.com 的 PDC 模拟器操作主机 DC1 默认使用本地计算机时间，Local CMOSClock（主板上的 CMOS 定时器）如图 9-1 所示。

图 9-1　Local CMOSClock（主板上的 CMOS 定时器）

要将其改为与外部时间服务器同步，可执行下面的命令，如图 9-2 所示，重启计算机后生效。

```
w32tm /config /manualpeerlist:"time.windows.com time.nist.gov time-nw.nist.gov" /syncfromflags:manual /reliable:yes /update
```

```
PS C:\Users\Administrator> w32tm /config /manualpeerlist:"time.windows.com time.nist.gov time-nw.nist.gov" /syncfromflag
s:manual /reliable:yes /update
成功地执行了命令。
PS C:\Users\Administrator> w32tm /query /source
time.nist.gov
PS C:\Users\Administrator>
```

图 9-2　改为与外部时间服务器同步

此命令被设置成可与 3 台时间服务器（time.windows.com、time.nist.gov 与 time-nw.nist.gov）同步，服务器的 DNS 主机名之间使用空格来隔开，同时利用""符号将这些服务器引起来。

思考　其他计算机要和 dc1.long.com 域控制器时间同步，该如何做?

提示　w32tm /config /manualpeerlist:"dc1.long.com" /syncfromflags:manual　/reliable: yes　/update

客户端计算机也可以通过执行"w32tm /query /configuration"命令来查看时间同步的设置，可以从此命令的结果界面中图 9-3 所示的 Type 字段，来判断此客户端计算机时间的同步方式。未加入域的客户端计算机可能需要先启动 Windows Time 服务，再来执行上述命令，而且必须以系统管理员的身份

来执行此命令。

图 9-3　客户端计算机时间的同步方式

- NoSync：表示客户端不会同步时间。
- NTP：表示客户端会从外部的时间服务器来同步，而所同步的服务器会显示在图 9-3 中的 NtpServer 字段中，例如，图 9-3 中的 time.windows.com。
- NT5DS：表示客户端是通过图 9-1 的域架构方式来同步时间的。
- AllSync：表示客户端会选择所有可用的同步机制，包含外部时间服务器与域架构方式。

9.1.5　基础结构操作主机

每一个域内只能有一台域控制器来扮演基础结构操作主机的角色。如果域内有对象引用到其他域的对象，则基础结构操作主机会负责更新这些引用对象的数据。例如，本域内有一个组的成员包含另外一个域的用户账户，当这个用户账户有变动时，基础结构操作主机便会负责更新这个组的成员信息，并将其复制到同一个域内的其他域控制器。

基础结构操作主机通过全局编录服务器来得到这些引用数据的最新版本，因为全局编录服务器会收到由每一个域复制而来的最新变动数据。

9.1.6　操作主机的放置建议

默认情况下，架构主机和域命名主机在根域的第 1 台 DC 上，其他 3 个主机（RID 操作主机、PDC 模拟器操作主机、基础结构操作主机）在各自域的第 1 台 DC 上。

需要关注以下两个问题。

① 基础结构操作主机和 GC 的冲突。

基础结构操作主机应该关闭 GC 功能，避免冲突（域控制器非唯一）。

② 域运行的性能考虑。

如果存在大量的域用户和客户机，并且部署了多台额外域控制器，那么可以考虑将域的角色转移一些到其他的额外域控制器上，以分担部分工作。

9.2　实践项目设计与准备

1. 项目设计

未名公司基于 AD 管理用户和计算机，为提高客户登录和访问域控制器效率，公司安装了多台额外域控制器，并启用全局编录。

在 AD 运营一段时间后，随着公司用户和计算机的增加，公司发现用户 AD 主域控制器 CPU 经常处于繁忙状态，而额外域控制器的使用率则只有 5%不到。公司希望额外域控制器能适当分担主域控制器的负载。

某次意外突然导致主域控制器崩溃，并无法修复，公司希望能通过额外域控制器修复域功能，保证公司的生产环境能够正常运行。公司拓扑如图 9-4 所示。

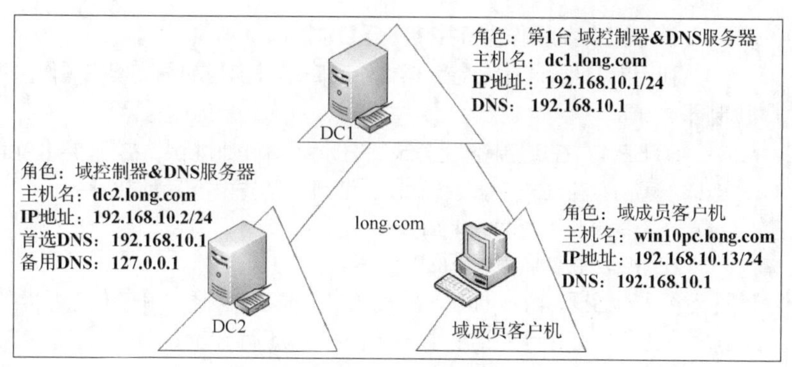

图 9-4　公司拓扑图

2. 项目分析

- AD 额外域控制器启用全局编录后，用户可以选择最近的 GC 查询相关对象信息，它还可以让域用户和计算机找到最近的域控制器，并完成用户的身份验证等工作，这可以减轻主域控制器的工作负载量。
- AD 域控制器存在 5 种角色，如果没有将角色转移到其他域控制器上，则主域控制器会非常繁忙，所以通常将这 5 种角色“转移”一部分到其他额外域控制器上，这样各域控制器的 CPU 负担就相对均等，起到负载均衡作用。
- 额外域控制器和主域控制器数据完全一致，具有 AD 备份作用。如果主域控制器崩溃，则可以将主域控制器的角色“强占”到额外域控制器，让额外域控制器自动成为主域控制器。
- 如果后期主域控制器修复，那么可以再将角色“转移”回原主域控制器上。

下面从以下 3 个操作来指导域管理员完成角色管理的相关工作。

① 在域控制器都正常运行的情况下，使用图形界面将主域控制器（DC1）的角色转移至额外域控制器（DC2）。

② 在域控制器都正常运行的情况下，执行“ntdsutil”命令将额外域控制器（DC2）的角色转移至主域控制器（DC1）。

③ 关闭主域控制器（模拟主域控制器故障），执行“ntdsutil”命令将主域控制器（DC1）的角色强占到额外域控制器（DC2）。

9.3 实践项目实施

任务 9-1　使用图形界面转移操作主机角色

不同的操作主机角色可以利用不同的 Active Directory 管理控制台来检查，如表 9-1 所示。

表 9-1　主机角色及对应的控制台

角色	管理控制台
架构操作主机	Active Directory 架构
域命名操作主机	Active Directory 域及信任
RID 操作主机	Active Directory 用户和计算机
PDC 模拟器操作主机	Active Directory 用户和计算机
基础结构操作主机	Active Directory 用户和计算机

1. 找出架构操作主机并转移至 DC2

找出架构操作主机并转移至 DC2

利用【Active Directory 架构】窗口来找出当前扮演架构操作主机角色的域控制器。

STEP 1　在域控制器上登录、注册 schmmgmt.dll，才可使用【Active Directory 架构】窗口。若尚未注册 schmmgmt.dll，则先执行下面的命令。

```
regsvr32  schmmgmt.dll
```

注册成功后，再继续下面的步骤。

STEP 2　打开【运行】对话框，输入“MMC”后单击【确定】按钮。单击【文件】菜单→选择【添加/删除管理单元】选项→在图 9-5 所示对话框中选择【Active Directory 架构】选项→单击【添加】按钮→单击【确定】按钮。

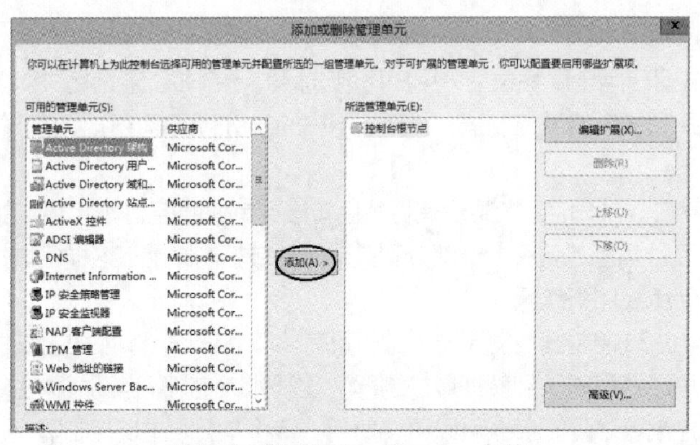

图 9-5　添加 Active Directory 架构

STEP 3　选中【Active Directory 架构】并单击鼠标右键→选择【操作主机】选项，如图 9-6 所示。

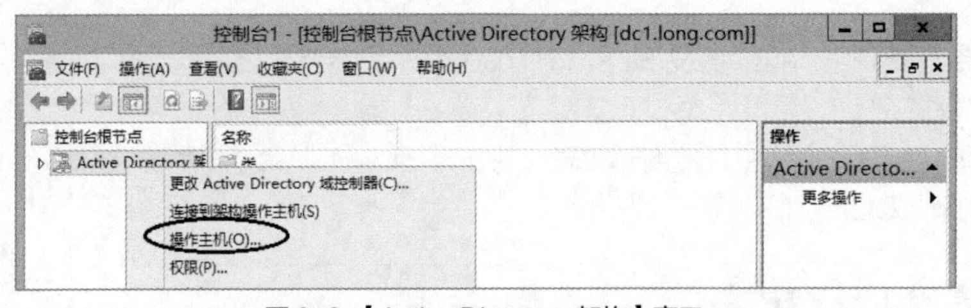

图 9-6 【Active Directory 架构】窗口

STEP 4　从图 9-7 可知当前架构操作主机为 dc1.long.com，单击【关闭】按钮。

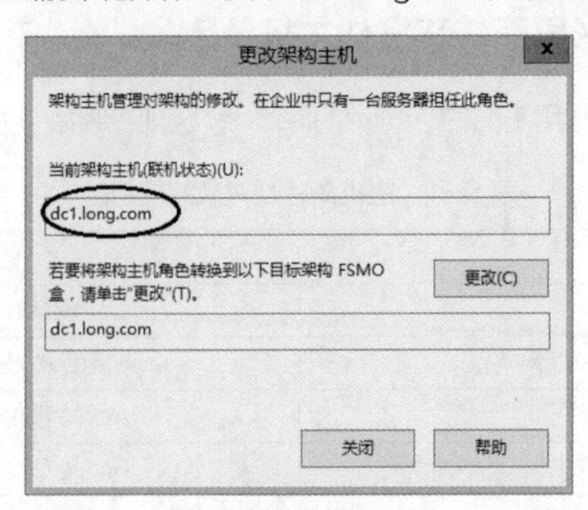

图 9-7　当前架构操作主机为dc1.long.com

STEP 5 在图 9-6 所示的【Active Directory 架构】窗口中，选中【Active Directory 架构】并单击鼠标右键→选择【更改 Active Directory 域控制器】选项。单击【确定】按钮，修改当前目录服务器为【dc2.long.com】，如图 9-8 所示。

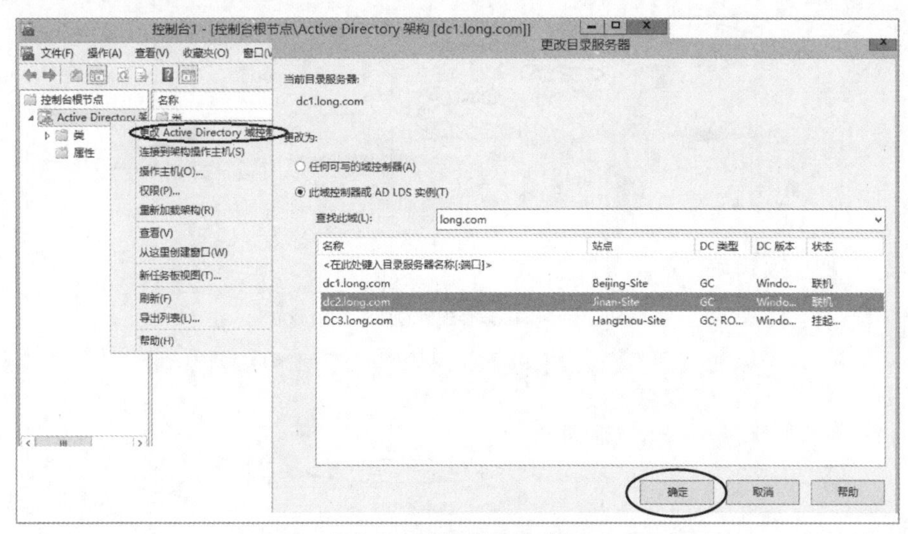

图 9-8 更改当前目录服务器

STEP 6 单击【确定】按钮回到【Active Directory 架构】窗口，选中【Active Directory 架构】并单击鼠标右键→选择【操作主机】选项。单击【更改】按钮，修改当前架构操作主机为【dc2.long.com】，如图 9-9 所示。更改完成后关闭对话框。

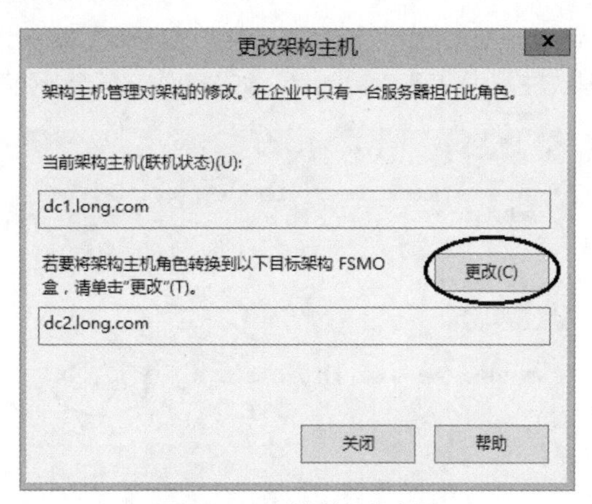

图 9-9 更改架构操作主机

2. 找出域命名操作主机并转移至 DC2

STEP 1 找出当前扮演域命名操作主机角色的域控制器的方法为：单击【开始】菜单→选择【管理工具】选项→选择【Active Directory 域和信任关系】选项→选中【Active Directory 域和信任关系［dc1.long.com］】并单击鼠标右键→选择【操作主机】选项，由图 9-10 可知域命名操作主机为【dc1.long.com】。

找出域命名操作主机并转移至 DC2

STEP 2 更改当前的目录服务器为 DC2：单击【开始】菜单→选择【管理工具】选项→选择【Active Directory 域和信任关系】选项→选中【Active Directory 域和信任关系[dc1.long.com]】并单击鼠标右键→选择【更改 Active Directory 域控制器】选项，如图

9-11 所示。更改完成回到【Active Directory 域和信任关系】窗口。

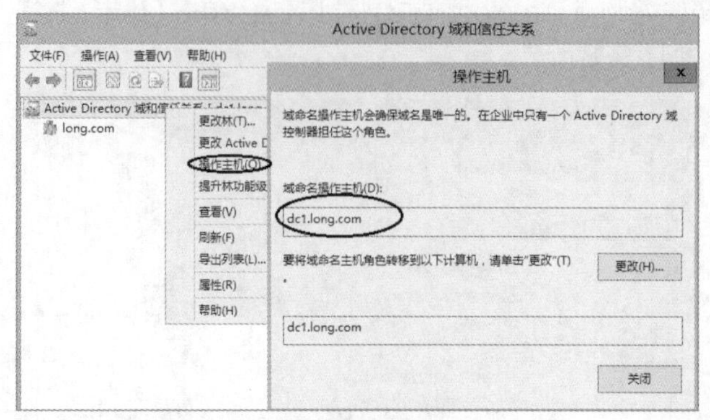

图 9-10　域命名操作主机为 dc1.long.com

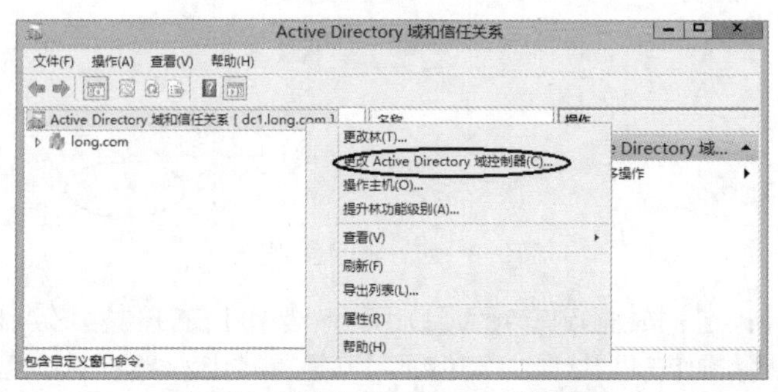

图 9-11　更改 Active Directory 域控制器

STEP 3　选中【Active Directory 域和信任关系】并单击鼠标右键→选择【操作主机】选项，单击【更改】按钮，修改域命名操作主机为 dc2.long.com，如图 9-12 所示，更改完成后关闭对话框。

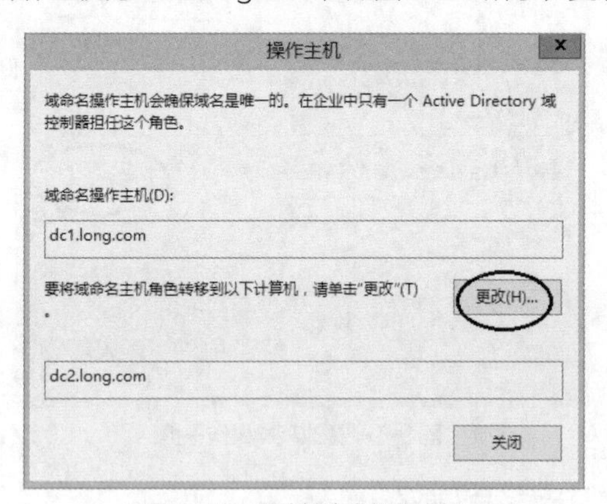

图 9-12　更改域命名操作主机

找出 RID、PDC 模拟器与基础结构操作主机

3. 找出 RID、PDC 模拟器与基础结构操作主机

STEP 1　找出当前扮演这 3 个操作主机角色的域控制器的方法为：单击【开始】菜单→选择【管理工具】选项→选择【Active Directory 用户和计算机】选项→选中【long.com】并单击鼠标右键→选择【操作主机】选项，由图 9-13 可知 RID 操作主机为 dc1.long.com。还可以在图 9-13 中的【PDC】与【基础结构】选项卡中得知扮演这两个角色的域控制器。

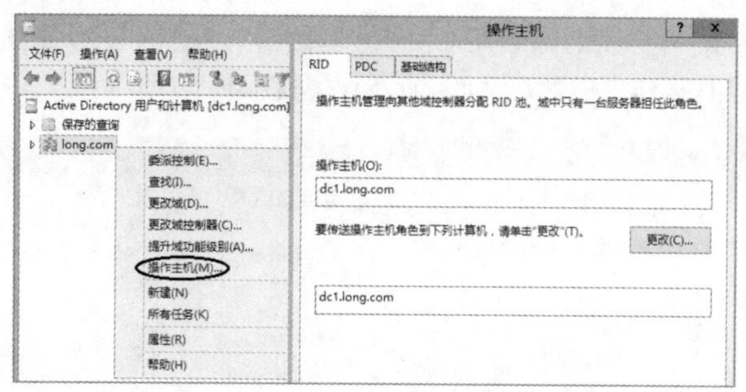
图 9-13　RID、PDC 模拟器与基础结构操作主机

STEP 2　更改当前的目录服务器为 DC2：单击【开始】菜单→选择【管理工具】选项→选择【Active Directory 用户和计算机】选项→选中【long.com】并单击鼠标右键→选择【更改域控制器】选项，如图 9-14 所示。更改完成后回到【Active Directory 用户和计算机】窗口。

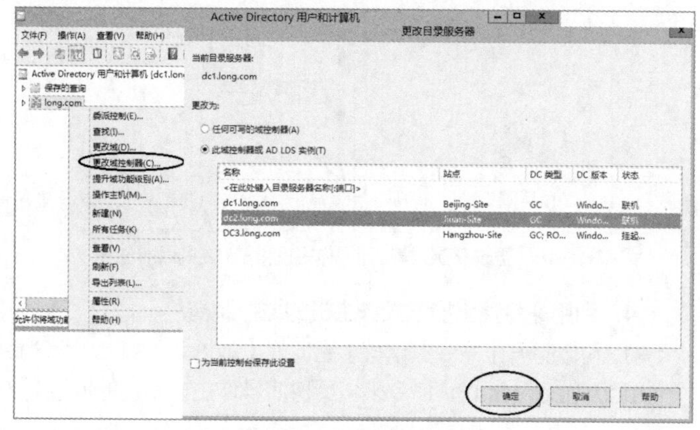
图 9-14　更改域控制器

STEP 3　选中【Active Directory 用户和计算机】→【dc1.long.com】选项并单击鼠标右键→选择【操作主机】选项。单击【更改】按钮，修改 RID 操作主机为 dc2.long.com，如图 9-15 所示，更改完成后关闭对话框。

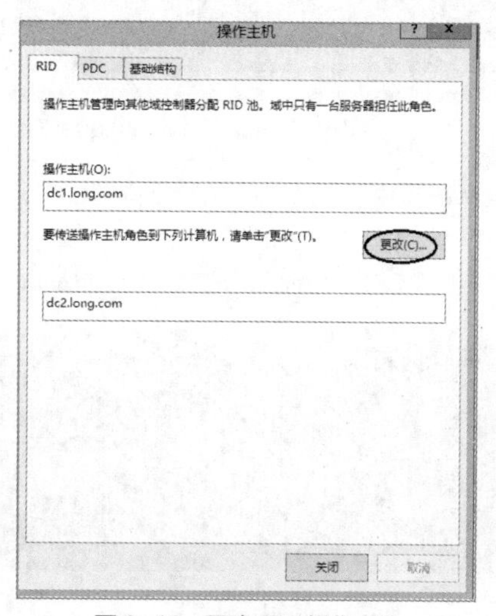
图 9-15　更改 RID 操作主机

STEP 4　在图 9-15 中分别选择【PDC】和【基础结构】选项卡，用同样的方式可以更改 PDC 模拟器操作主机和基础结构操作主机为 dc2.long.com，如图 9-16 所示。

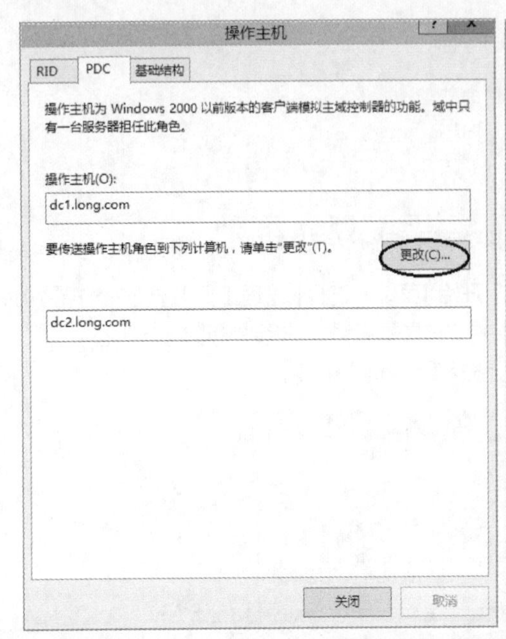

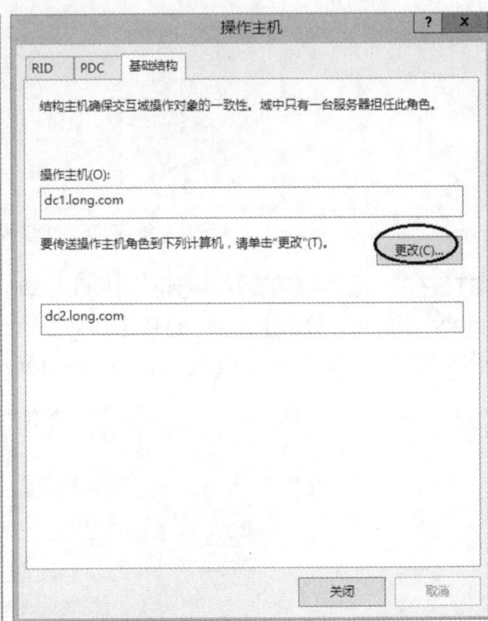

图 9-16　更改 PDC 模拟器操作主机和基础结构操作主机

4. 利用命令找出扮演操作主机的域控制器

利用命令找出扮演操作主机的域控制器

① 可以打开【命令提示符】窗口或【Windows PowerShell】窗口，然后执行“netdom query fsmo”命令来查看扮演操作主机角色的域控制器，如图 9-17 所示。

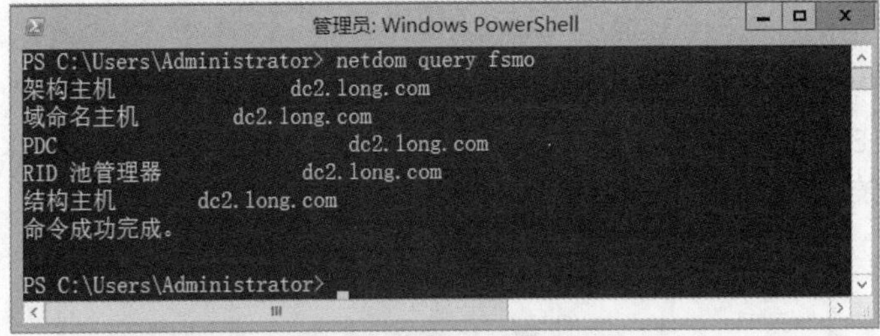

图 9-17　执行“netdom query fsmo”命令

② 也可以在【Windows PowerShell】窗口内，执行下面的命令来查看扮演域级别操作主机角色的域控制器，如图 9-18 所示。

```
get-addomain  long.com  |FT  PDCEmulator,RIDMaster,InfrastructureMaster
```

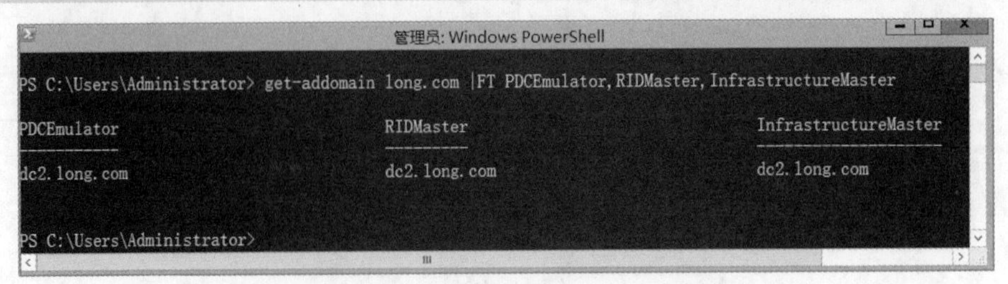

图 9-18　执行“get-addomain”命令

③ 还可以执行下面的命令来查看扮演林级别操作主机角色的域控制器，如图 9-19 所示。

```
get-adforest  long.com  |FT  SchemaMaster,DomainNamingMaster
```

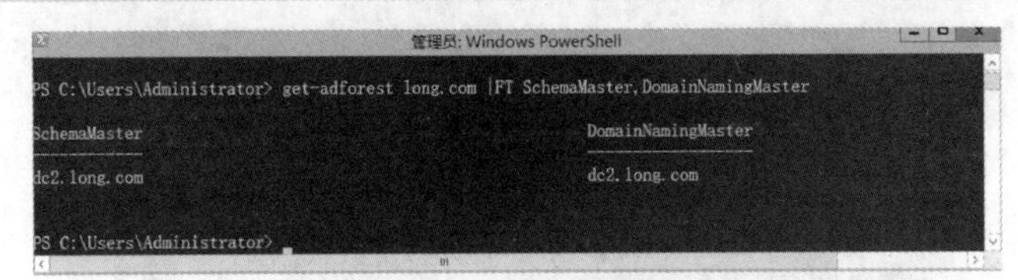

图 9-19 执行“get-adforest”命令

执行“ntdsutil”命令转移操作主机角色

任务 9-2 执行“ntdsutil”命令转移操作主机角色

STEP 1 打开【Windows PowerShell】窗口并输入“ntdsutil”命令，在“ntdsutil”中不用记那些烦琐的命令，只要随时输入“？”查看中文解释就可以了，如图 9-20 所示。

```
PS C:\Users\Administrator> ntdsutil
C:\Windows\system32\ntdsutil.exe: ?

 ?                                  - 显示这个帮助信息
 Activate Instance %s               - 设置"NTDS"或特定的 AD LDS 实例
                                      作为活动实例。
 Authoritative restore              - 授权还原 DIT 数据库
 Change Service Account %s1 %s2 - 将 AD DS/LDS 服务帐户更改为
                                      用户名为 %s1，密码为 %s2。
                                      使用"NULL"表示空密码，* 表示
                                      从控制台输入密码。
 Configurable Settings              - 管理可配置的设置
 DS Behavior                        - 查看和修改 AD DS/LDS 行为
 Files                              - 管理 AD DS/LDS 数据库文件
 Group Membership Evaluation        - 评估给定用户或
                                      组的令牌中的 SID。
 Help                               - 显示这个帮助信息
 IFM                                - IFM 媒体创建
 LDAP policies                      - 管理 LDAP 协议策略
 LDAP Port %d                       - 为 AD LDS 实例配置 LDAP 端口。
 List Instances                     - 列出该计算机上安装的
                                      所有 AD LDS 实例。
 Local Roles                        - 本地 RODC 角色管理
 Metadata cleanup                   - 清理不使用的服务器的对象
 Partition management               - 管理目录分区
 Popups off                         - 禁用弹出
 Popups on                          - 启用弹出
 Quit                               - 退出实用工具
 Roles                              - 管理 NTDS 角色所有者令牌
```

图 9-20 “ntdsutil”命令

STEP 2 从图 9-20 可以看出“Roles”命令可以“管理 NTDS 角色所有者令牌”。输入“roles”进入“Roles”状态，如图 9-21 所示。执行“connections”命令来连接到操作主机转移的目标域控制器，这里要将额外域控制（DC2）的角色转移至主域控制器（DC1），所以这里应该输入“connect to server dc1.long.com”，如图 9-22 所示。

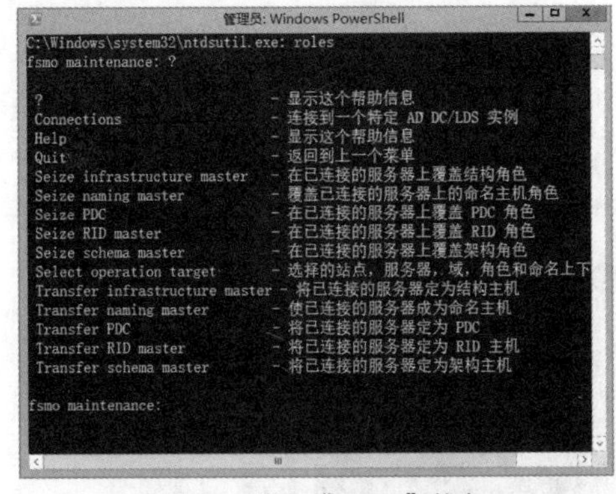

图 9-21 进入“Roles”状态

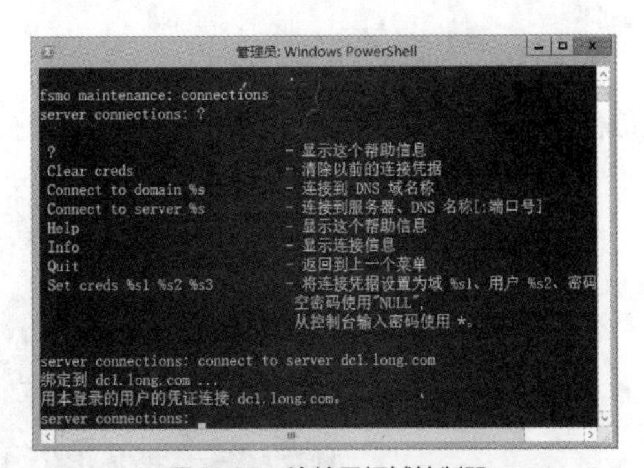

图 9-22 连接目标域控制器

STEP 3 连接到 dc1.long.com 后，执行“quit”命令返回上级菜单，输入“？”列出当前状态下的所有可执行命令，可以发现转移5个操作主机角色只需要简单执行5条命令，如图9-23所示。

图9-23 转移操作主机角色命令

STEP 4 在【Windows PowerShell】窗口中，选中就是【复制】，单击鼠标右键就是【粘贴】。这里将5个角色都转移至dc1.long.com，转移过程会有【角色传送确认】对话框，单击【是】按钮确认传送，如图9-24所示。

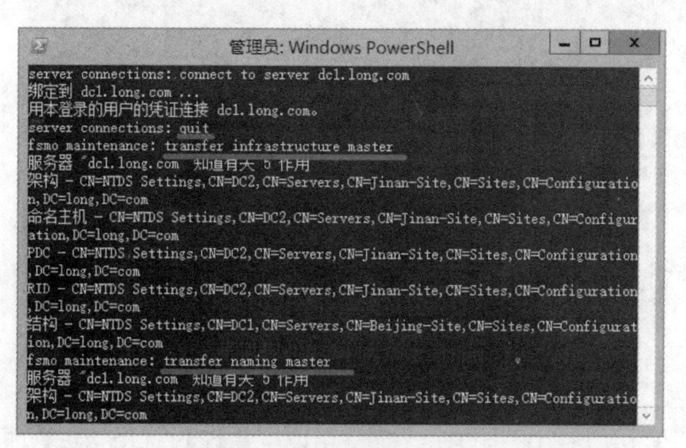

图9-24 转移操作主机

提示 5种角色的转移命令如下：transfer infrastructure master; transfer naming master; transfer PDC; transfer RID master; transfer schema master。

STEP 5 转移完成之后，输入两次“quit”，然后执行“netdom query fsmo”命令查看操作主机的信息，如图9-25所示。

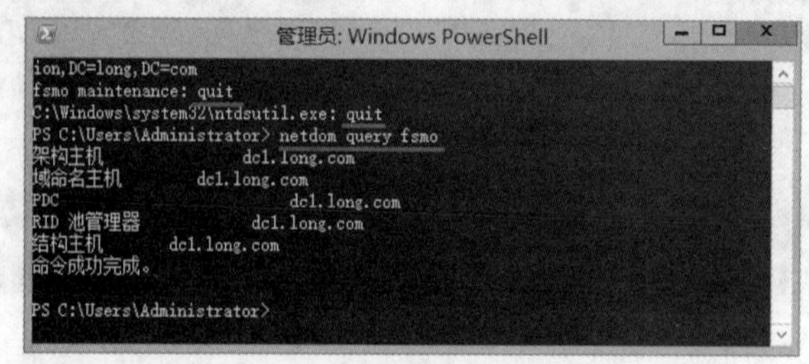

图9-25 查看操作主机的信息

任务 9-3 执行“ntdsutil”命令强占操作主机角色

执行“ntdsutil”命令强占操作主机角色

STEP 1 将主域控制器（DC1）的网卡禁用，模拟主域控制器出现故障，在额外域控制器（DC2）测试能否“ping”通 DC1，如图 9-26 所示。

STEP 2 在额外域控制器（DC2）上打开【Windows PowerShell】窗口并输入“ntdsutil”命令，再输入“roles”进入“Roles”状态，这里连接额外域控制器（DC2），所以应该输入“connect to server dc2.long.com”，如图 9-27 所示。

```
管理员: Windows PowerShell
Windows PowerShell
版权所有 (C) 2013 Microsoft Corporation。保留所有权利。

PS C:\Users\Administrator.LONG> ping dc1.long.com

正在 Ping dc1.long.com [192.168.10.1] 具有 32 字节的数据:
请求超时。
请求超时。
请求超时。
请求超时。

192.168.10.1 的 Ping 统计信息:
    数据包: 已发送 = 4，已接收 = 0，丢失 = 4 (100% 丢失)，
PS C:\Users\Administrator.LONG>
```

图 9-26 测试能否“ping”通 DC1

```
管理员: Windows PowerShell
PS C:\Users\Administrator.LONG> ntdsutil
C:\Windows\system32\ntdsutil.exe: roles
fsmo maintenance: connections
server connections: connect to server dc2.long.com
绑定到 dc2.long.com ...
用本登录的用户的凭证连接 dc2.long.com。
server connections:
```

图 9-27 连接额外域控制器

STEP 3 使用安全的转移方法来传送会报错，因为已经无法和 dc1.long.com 通信了，也就不能在安全情况下转移了，如图 9-28 所示。

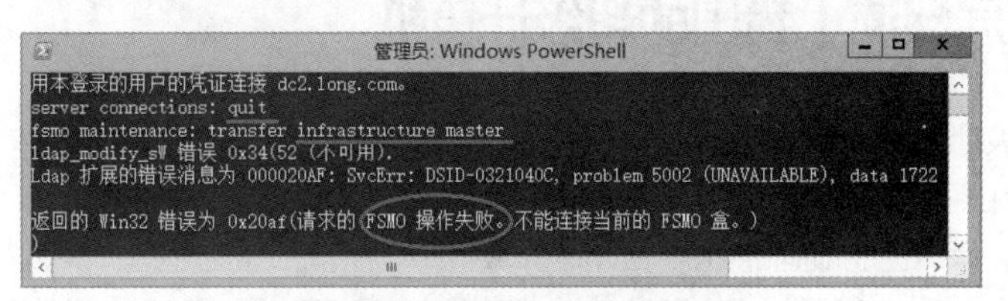

图 9-28 安全转移操作主机失败

STEP 4 不能正常转移操作主机，那只能强占操作主机，输入“？”，可以看到 5 条强占操作主机的命令，如图 9-29 所示。

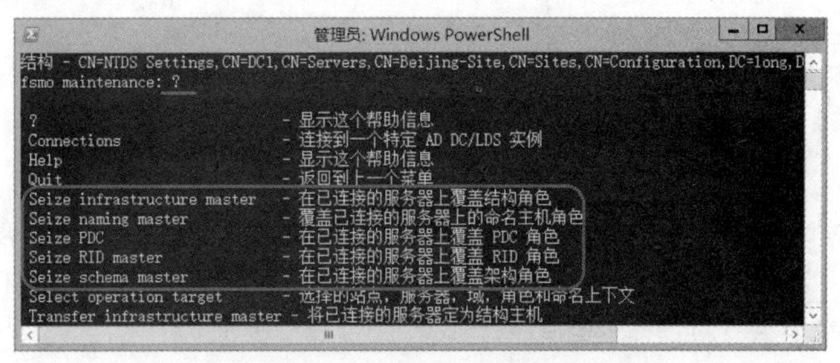

图 9-29 强占操作主机的命令

STEP 5　先进行架构主机的占用，在【Windows PowerShell】窗口中输入“seize infrastructure master”，在弹出的【角色占用确认】对话框中单击【是】按钮确认强占。强占之前会尝试安全传送，如果安全传送失败，就进行强占。如图9-30所示。整个过程时间稍微长了一些，大概2分钟。

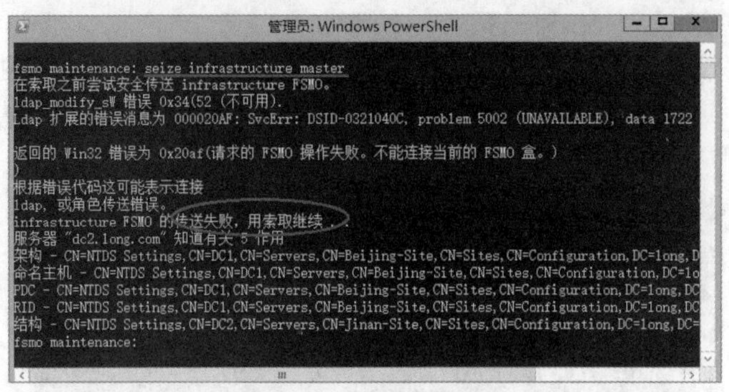

图9-30　强占操作主机

STEP 6　使用同样的方式将其他4个操作主机强占，强占完成之后，执行“netdom query fsmo”命令查看操作主机的信息，如图9-31所示。

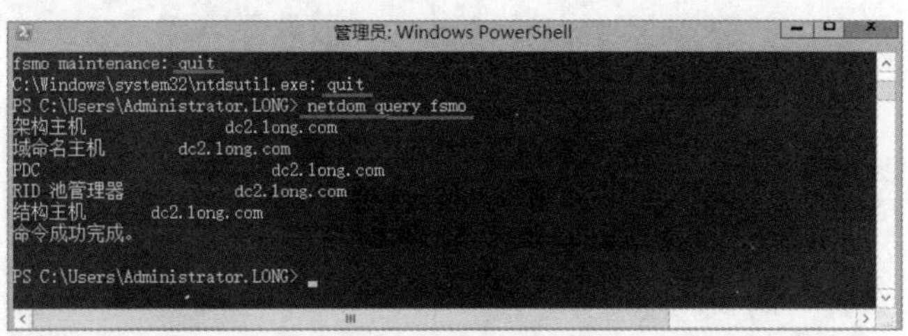

图9-31　查看操作主机

9.4【拓展阅读】我国的超级计算机

你知道全球超级计算机500强榜单吗？你知道我国目前的水平吗？

由国际组织“TOP 500”编制的新一期全球超级计算机500强榜单于2020年6月23日揭晓。榜单显示，在全球浮点运算性能最强的500台超级计算机中，中国部署的超级计算机数量继续位列全球第一，达到173台，占总体份额超过34.6%；“神威太湖之光”和“天河二号”分列榜单第四、第五位。中国厂商联想、曙光、浪潮是全球前三的“超算”供应商，总交付数量达到312台，所占份额超过62%。

全球超级计算机500强榜单始于1993年，每半年发布一次，是给全球已安装的超级计算机排名的知名榜单。

9.5 习题

一、填空题

1. AD DS数据库内绝大部分数据的复制是采用____________，只有少部分数据的复制是采用____________。

2. AD DS内总共有5种操作主机角色：__________、__________、__________、__________、__________。

3. 一个林中只有一台________与一台________，这两个林级别的角色默认都由________

扮演。而每一个域拥有自己的__________、__________与__________，这 3 个域级别的角色默认由__________扮演。

4. 注册 schmmgmt.dll，要执行____________命令。

5. 执行_______命令可转移操作主机角色。“Roles”命令可以________，执行________命令来连接到操作主机转移的目标域控制器，要将额外域控制器（DC2）的角色转移至主域控制器（DC1），应该输入____________。5 种角色的转移命令如下：____________、____________、____________、____________、____________。

6. 执行___________命令可以查看操作主机的信息。

7. 架构主机的占用需要在【Windows PowerShell】窗口中输入____________命令。

二、简答题

1. AD 中有多少种操作主机角色？它们的功能和作用分别是什么？
2. 为什么基础结构主机不能启用 GC 功能？
3. 操作主机的放置如何优化？

9.6 项目实训　管理操作主机

一、项目实训目的

- 找出扮演操作主机角色的域控制器。
- 转移操作主机角色。
- 夺取操作主机角色。

二、项目背景

请参照图 9-4。

三、项目要求

- 使用图形界面转移操作主机角色。
- 使用“ntdsutil”命令转移操作主机角色。
- 使用“ntdsutil”命令强占操作主机角色。

四、做一做

本项目实录融入行业新技术、新规范和新标准，以 Windows Server 2016 网络操作系统为例，同时兼容 Windows Server 2012/2019 网络操作系统。

根据项目实录慕课进行项目的实训，检查学习效果。

项目10
维护AD DS

10

学习背景

为了维持域环境的正常运行，应该定期备份 AD DS 的相关数据。同时为了保持 AD DS 的运行效率，读者也应该充分了解 AD DS 数据库。

学习目标和素养目标

- 了解系统状态概述。
- 掌握备份 AD DS。
- 掌握还原 AD DS。
- 掌握移动 AD DS 数据库。
- 掌握重组 AD DS 数据。
- 掌握重设“目录服务还原模式”的系统管理员密码。
- “雪人计划”同样服务国家的“信创产业”，最为关键的是，我国可以借助 IPv6 的技术升级，提高在国际互联网治理体系中的地位。这样的事件可以大大激发学生的爱国情怀和求知求学的斗志。
- “靡不有初，鲜克有终。”“莫等闲，白了少年头，空悲切！”青年学生为人做事要有头有尾、善始善终、不负韶华。

10.1 相关知识

10.1.1 系统状态概述

Windows Server 2012 R2 服务器的系统状态（System State）内包含的数据，因服务器安装的角色种类不同而有所不同，例如，其中可能包含下面的数据。

- 注册值。
- COM+类别注册数据库（Class Registration Database）。
- 启动文件（Boot Files）。
- Active Directory 证书服务（AD CS）数据。
- AD DS 数据库（ntds.dit）。
- SYSVOL 文件。

- 群集服务信。
- Microsoft Internet Information Services（IIS）metadirector。
- 受 Windows Resource Protection 保护的系统文件。

10.1.2 AD DS 数据库

AD DS 内的组件主要有 AD DS 数据库文件与 SYSVOL 文件夹，其中 AD DS 数据库文件默认位于“%SystemRoot%\NTDS”文件夹内，如图 10-1 所示。

图 10-1 AD DS 数据库

- ntds.dit 是 AD DS 数据库文件，存储着此台域控制器的 AD DS 内的对象。
- edb.log 是 AD DS 事务日志文件（扩展名.log，默认会被隐藏），容量大小为 10 MB。当要更改 AD DS 内的对象时，系统会先将变更数据写入内存（RAM）中，然后等系统空闲或关机时，再根据内存中的记录来将更新数据写入 AD DS 数据库（ntds.dit）。这种先在内存中处理的方式可提高 AD DS 工作效率。系统也会将内存中数据的变化过程写到事务日志内（edb.log），若系统不正常关机（如断电），以至于内存中尚未被写入 AD DS 数据库的更新数据遗失，系统就可以根据事务日志，来推算出不正常关机前在内存中的更新记录，并将这些记录写入 AD DS 数据库。如果事务日志填满了数据，则系统会将其改名，如 edb00001.log、edb00002.log……，并重新建立一个事务日志。
- edb.chk 是检查点（Checkpoint）文件。每一次系统将内存中的更新记录写入 AD DS 数据库时，都会一并更新 edb.chk，它会记载事务日志的检查点。如果系统不正常关机，以至于内存中尚未被写入 AD DS 数据库的更新记录遗失，则下一次开机时，系统便可以根据 edb.chk 得知需要从事务日志内的哪一个变动过程开始，来推算出不正常关机前内存中的更新记录，并将它们写入 AD DS 数据库。
- edbres00001.jrs 与 edbres00002.jrs 是预留文件，硬盘的空间不够时可以使用这两个文件，每个文件都是 10 MB。

10.1.3 SYSVOL 文件夹

SYSVOL 文件夹位于“%SystemRoot%”内，此文件夹内存储着下面这些数据：脚本文件（Scripts）、NETLOGON 共享文件夹、SYSVOL 共享文件夹与组策略相关设置。

10.1.4 非授权还原

活动目录的备份一般使用微软自带的备份工具“Windows Server Backup”进行备份。活动目录有两种恢复模式：非授权还原和授权还原。

1. 非授权还原

非授权还原可以恢复活动目录到它备份时的状态，进行非授权还原后，有如下两种情况。

① 如果域中只有一个域控制器，则在备份之后的任何修改都将丢失。例如，备份后添加了一个组织单位，则进行还原后，新添加的组织单位不存在。

② 如果域中有多个域控制器，则恢复已有的备份并从其他域控制器复制活动目录对象的当前状态。例如，备份后添加了一个组织单位，执行还原后，新添加的组织单位会从其他域控制器上复制过来，因此该组织单位还存在。如果备份后删除了一个组织单位，则执行还原后也不会恢复该组织单位，因为该组织单位的删除状态会从其他的域控制器上复制过来。

2. 非授权还原实际应用场景

① 如果企业的域控制器正常，只是想要还原到之前的一个备份，则进行非授权还原可以轻易完成。

② 如果企业的域控制器崩溃且无法修复，则可以将服务器重新安装系统并升级为域控制器（IP 地址和计算机名不变），然后通过目录还原模式利用之前备份的系统状态进行还原。

10.1.5 授权还原

当企业部署了额外域控制器时，如果主域控制器的内容和额外域控制器的内容不相同，则它们怎样进行数据同步呢?

1. 域控制器数据同步

当域控制器发现 Active Directory 的内容不一致时，它们会通过比较 AD 的优先级来决定使用哪台 DC 的内容。Active Directory 的优先级比较主要考虑以下 3 个方面的因素。

① 版本号。版本号指的是 Active Directory 对象修改时增加的值，版本号高者优先。例如，域中有两个域控制器 DC1 和 DC2，当 DC1 创建了一个用户，版本号会随之增加，DC2 会和 DC1 进行版本号比较，发现 DC1 的版本号要高些，所以 DC2 会向 DC1 同步 Active Directory 内容。

② 时间。如果 DC1 和 DC2 两个域控制器同时对同一对象进行操作，则由于操作间隔很短，系统还来不及同步数据，因此它的版本号就是相同的。这种情况下两个域控制器就要比较时间因素，看哪个域控制器完成修改的时间靠后，时间靠后者优先。

③ GUID。如果 DC1 和 DC2 两个域控制器的版本号和时间都完全一致，就要比较两个域控制器的 GUID 了，显然这完全是个随机的结果。一般情况下，时间完全相同的非常罕见，因此 GUID 这个因素只是一个备选方案。

授权还原就是通过增加时间版本，使得 AD1 授权恢复的数据得到更新而实现将误操作的数据推送给其他 AD，而还原点时间之后新增加的操作由于并不在备份文件中，所以会从其他 DC 重新写入 AD1 中。

2. 授权还原实际应用场景

当企业部署了多台域控制器时，如果想通过还原来恢复之前被误删的对象，则可以使用授权还原。

如果企业有多台域控制器，则将一台域控制器还原至一个旧的还原点时，之前的误删对象会暂时被还原。但是因为这台域控制器被还原到了一个旧的还原点，当接入域网络时，会和其他域控制器进行版本比较，发现自己的版本较低会同步其他域控制器的 AD 内容，将还原回来的对象再次删除，这样便无法还原被误删的对象。如果可以通过授权还原，也就是更改需要还原的对象的版本号，将其值增加 10 万，使得它的版本号非常高，则当接入网络时，其他的 AD 域将会因为版本低而同步这个对象，从而实现误删对象的还原。

3. 授权还原实例描述

若域内只有一台域控制器，则只需要进行非授权还原；但是若域内有多台域控制器，则可能还需进行授权还原。

例如，域内有两台域控制器 DC1 与 DC2，而且曾经备份过域控制器 DC2 的系统状态，可是今天不小心利用【Active Directory 管理中心】窗口将用户账户 TEST_USER2 删除了，之后这个变更数据会通过 AD DS 复制机制被复制到域控制器 DC1，因此域控制器 DC1 内的 TEST_USER2 账户也会被删除。

注意 将用户账户删除后，此账户并不会立刻从 AD DS 数据库内删除，而是会被移动到 AD DS 数据库内一个名称为 Deleted Objects 的容器内，同时这个用户账户的版本号会加 1。

问题与思考：要救回不小心被删除的TEST_USER2账户，可以在域控制器DC2上利用标准的非授权还原将之前已经备份的旧TEST_USER2账户恢复，虽然在域控制器DC2内的TEST_USER2账户已被恢复，但是在域控制器DC1内的TEST_USER2却被标记为已删除的账户，请问下一次DC1与DC2之间执行Active Directory复制程序时，将会有什么样的结果呢？

参考答案：在DC2内刚被恢复的TEST_USER2账户会被删除，因为对于系统来说，DC1内被标记为已删除的TEST_USER2的版本号较高，而DC2内刚复原的TEST_USER2是旧的数据，其版本号较低。两个对象有冲突时，系统会以戳记（Stamp）来作为解决冲突的依据，因此版本号较高的对象会覆盖掉版本号较低的对象。

要避免上述现象发生，需要另外再进行授权还原。在 DC2 上针对 TEST_USER2 账户另外进行授权还原后，这个被恢复的旧 TEST_USER2 账户的版本号将增加，而且是从备份当天开始到进行授权还原为止，每天增加 10 万，因此当 DC1 与 DC2 开始执行复制工作时，由于位于 DC2 的旧 TEST_USER2 账户的版本号比较高，这个旧 TEST_USER2 会被复制到 DC1，将 DC1 内被标记为已删除的 TEST_USER2 覆盖掉，也就是说旧 TEST_USER2 被恢复了。

10.2 实践项目设计与准备

1. 项目设计

未名公司基于 Windows Server 2012 活动目录管理公司员工和计算机。活动目录的域控制器负责维护域服务。如果活动目录的域控制器由于硬件或软件方面的原因不能正常工作，用户将不能访问所需的资源或者登录到网络上，更为重要的是，这将导致公司网络中所有与 AD 相关的业务系统、生产系统等停滞。定期对 AD DS 进行备份，当 AD 出现故障或问题时，就可以通过备份文件进行还原，修复故障或解决问题。因此，公司希望管理员定期备份 AD DS。公司拓扑图如图 10-2 所示。（注意：DC1 和 DC2 位于同一站点！）

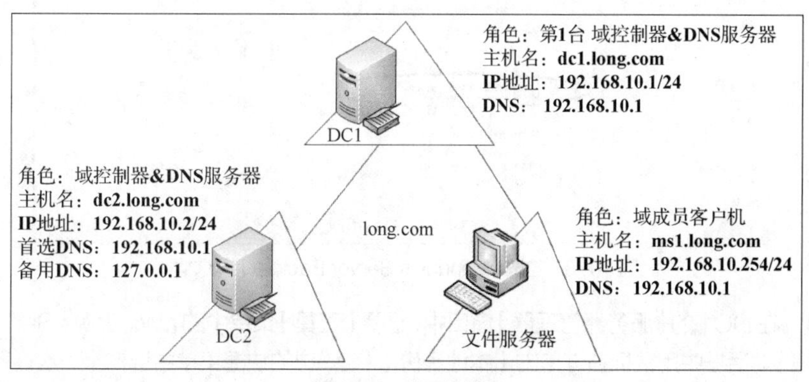

图 10-2 公司拓扑图

2. 项目分析

根据企业项目需求，下面通过以下操作模拟企业 AD DS 的备份与还原过程。

① 在技术部组织单位中创建两个用户 test_user1 和 test_user2，并对域控制器进行备份。

② 在部署单台域控制器环境中使用非授权还原恢复被误删的技术部组织单位中的 test_user1 用户。

③ 在部署多台域控制器环境中使用授权还原恢复被误删的技术部组织单位中的 test_user2 用户。

④ 移动与重组 AD DS 数据库。

⑤ 重设“目录服务还原模式”的系统管理员密码。

⑥ 配置 Active Directory 回收站。

10.3 实践项目实施

任务 10-1 备份 AD DS（dc1.long.com）

备份 AD DS
（dc1.long.com）

应该定期备份域控制器的系统状态，以便当域控制器的 AD DS 损坏时，可以通过备份数据来恢复域控制器。

STEP 1 添加 Windows Server Backup 功能：打开【服务器管理器】窗口→单击【仪表板】处的【添加角色和功能】按钮→连续单击【下一步】按钮直到出现图 10-3 所示的界面时勾选【Windows Server Backup】复选框→单击【下一步】按钮→单击【安装】按钮。

STEP 2 在文件服务器（192.168.10.254）中创建一个名为【backup】的共享文件。

STEP 3 在 DC1 的【技术部】组织单位下新建两个用户，分别为 test_user1 和 test_user2，如图 10-4 所示。

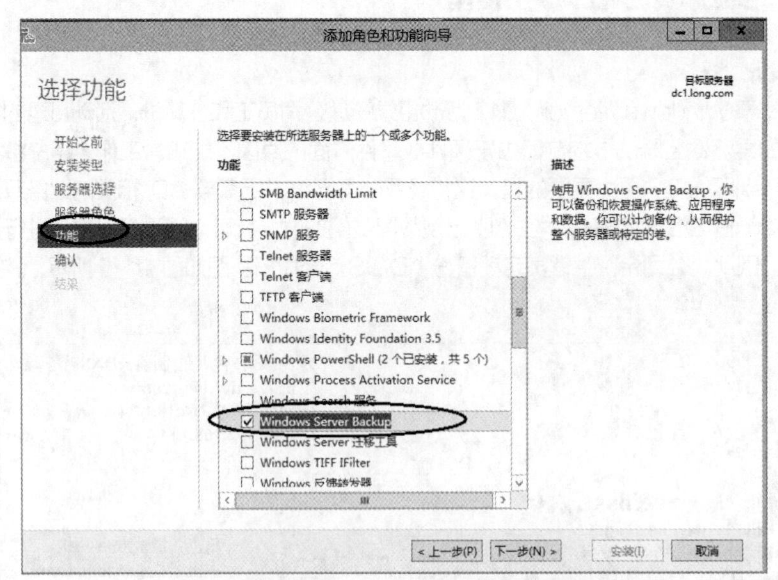

图 10-3 勾选【Windows Server Backup】复选框

STEP 4 在 DC1 的【服务器管理器】窗口中，选择【工具】菜单中的【Windows Server Backup】选项，在打开的对话框中用鼠标右键单击【本地备份】，在弹出的快捷菜单中选择【一次性备份】选项，如图 10-5 所示。

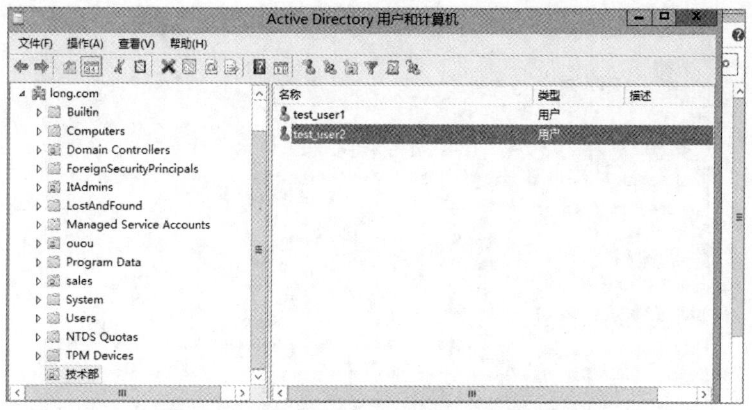

图 10-4　在【技术部】组织单位下新建两个用户

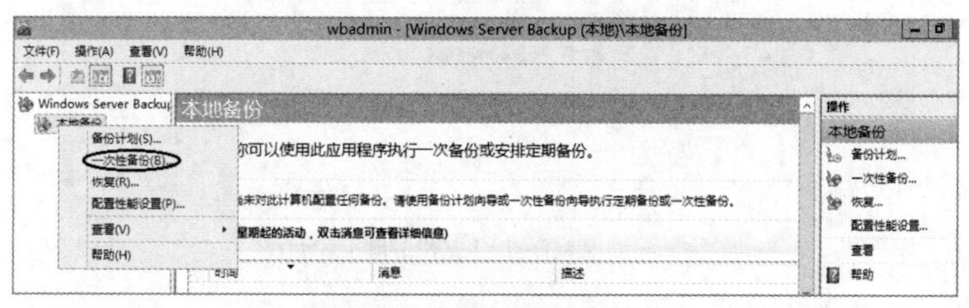

图 10-5　【一次性备份】选项

STEP 5　在弹出的【一次性备份向导】对话框中的【备份选项】界面中选择【其他选项】单选项，然后单击【下一步】按钮，在【选择备份配置】界面中选择【自定义】单选项，单击【下一步】按钮，在【选择要备份的项】界面中单击【添加项目】按钮，在弹出的【选择项】对话框中勾选【系统状态】复选框，如图 10-6 所示。

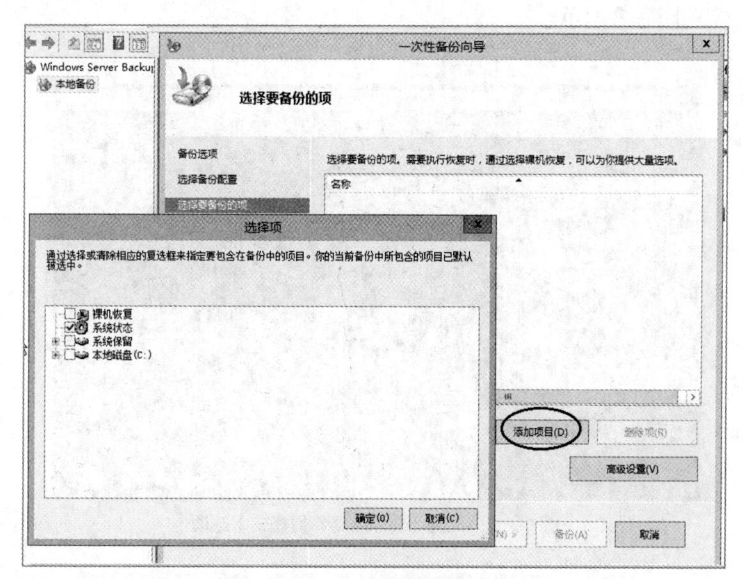

图 10-6　备份系统状态

STEP 6　在【指定目标类型】界面中选择【远程共享文件夹】单选项并单击【下一步】按钮，在【指定远程文件夹】界面中的【位置】文本框中输入“\\192.168.10.254\backup”并单击【下一步】按钮，确认无误后单击【备份】按钮进行备份，【备份进度】界面如图 10-7 所示。

图 10-7 【备份进度】界面

非授权还原（恢复DC1 系统状态）

任务 10-2 非授权还原（恢复 DC1 系统状态）

STEP 1 在 dc1.long.com 上将【技术部】组织单位下的 test_user1 用户删除。

STEP 2 重启域控制器 DC1，按<F8>键进入高级启动选项，选择【目录服务修复模式】选项，如图 10-8 所示。

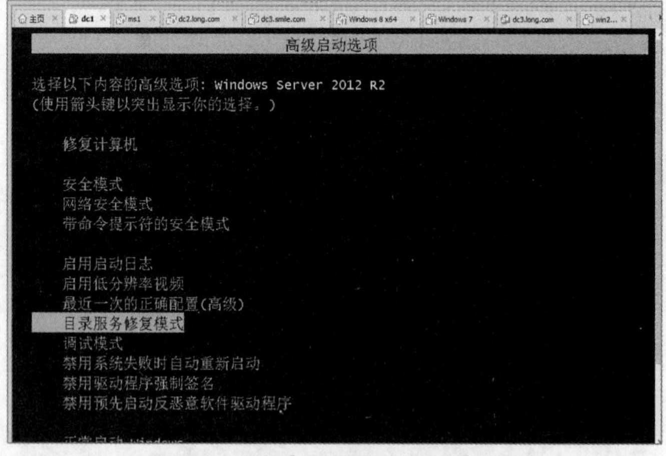

图 10-8 选择【目录服务修复模式】选项

注意 ① 若是使用虚拟机，则按<F8>键前先确认焦点是否在虚拟机上。② 也可以执行“bcdedit /set safeboot dsrepair”命令，不过这样以后每次启动计算机时，都会进入目录服务修复模式的登录界面。因此在完成 AD DS 恢复程序后，请执行“bcdedit /deletevalue safeboot”命令，以便之后启动计算机时，重新以常规模式来启动系统。

STEP 3　在登录界面中不能使用域管理员账户登录，必须用本地的管理员账户登录。单击头像左侧的箭头图标，单击【其他用户】链接，然后输入目录服务还原模式的系统管理员的用户名称与密码，其中用户名称可输入“.\administrator”或“DC1\administrator”，如图 10-9 所示。

STEP 4　打开【Windows Server Backup】窗口，用鼠标右键单击【本地备份】，在弹出的快捷菜单中选择【恢复】选项，如图 10-10 所示。

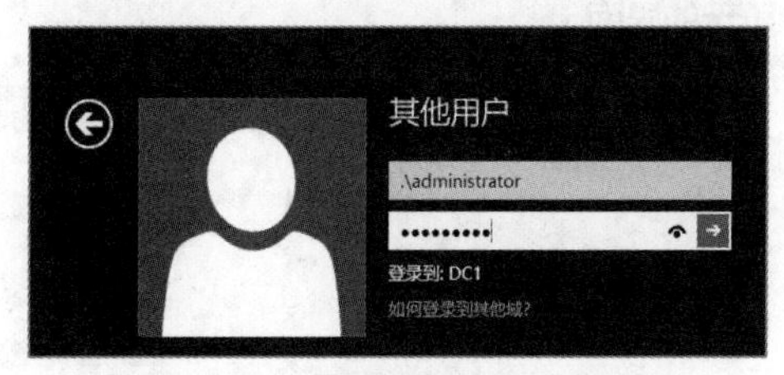

图 10-9　使用本地管理员账户登录

STEP 5　在弹出的【恢复向导】对话框中的【要用于恢复的备份存储在哪个位置？】中选择【在其他位置存储备份】单选项，单击【下一步】按钮，在【指定位置类型】界面中选择【远程共享文件夹】单选项，并单击【下一步】按钮，在【指定远程文件夹】界面中输入“\\192.168.10.254\backup”并单击【下一步】按钮，在弹出的【Windows 安全】对话框中输入有权限访问共享的凭据，本例中输入的是文件服务器 MS1 的管理员账户和密码，如图 10-11 所示。

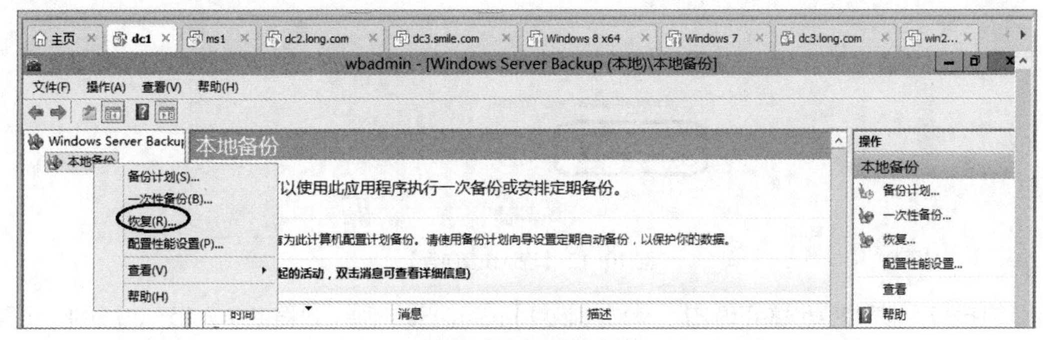

图 10-10　【恢复】备份

图 10-11　【指定远程文件夹】界面

STEP 6　在【选择备份日期】界面中选择要还原的备份日期并单击【下一步】按钮，在【选择恢复类型】界面中选择【系统状态】单选项并单击【下一步】按钮，在【选择系统状态恢复的位置】界面中选择【原始位置】单选项并单击【下一步】按钮，在弹出的对话框中单击【确定】按钮，打开图 10-12 所示的界面。

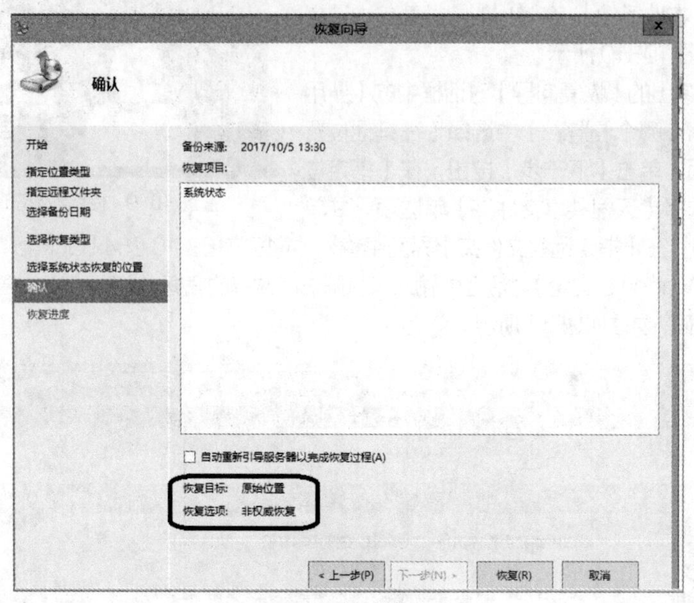

图 10-12 【确认恢复向导】

STEP 7　核对恢复设置正确之后，单击【恢复】按钮，开始还原，过程将持续 15～30 分钟。还原完成之后，会提示重新启动计算机，如图 10-13 所示。

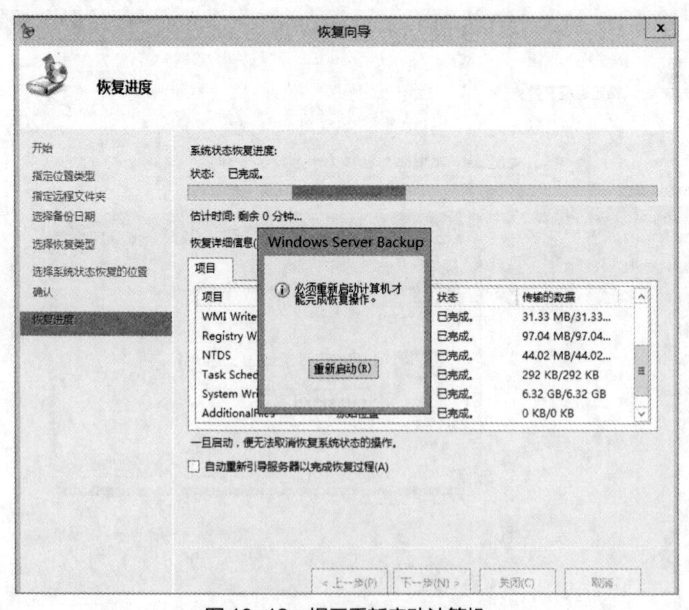

图 10-13　提示重新启动计算机

STEP 8　重启计算机完成后，使用域管理员账户登录，登录后出现图 10-14 所示的界面，表示恢复已经成功。

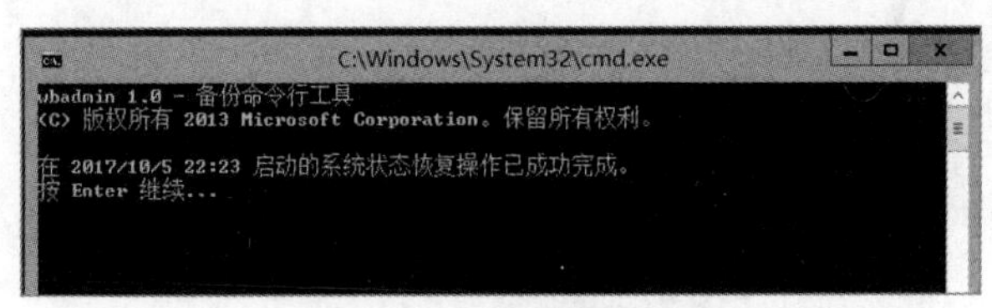

图 10-14　非授权还原成功

问题与思考：如果是单域结构，则非授权还原成功后，被删除的test_user1用户能成功恢复；如果是多域结构，则非授权还原成功后，test_user1能否成功恢复？

任务 10-3　授权还原

下面的练习假设上述用户账户 test_user2 建立在域 long.com 的组织单位【技术部】内，我们需要先执行非授权还原，然后执行“ntdsutil”命令来对用户账户 test_user2 进行授权还原。可以按照下面的顺序来练习。

① 在域控制器 DC1 上建立组织单位【技术部】，在【技术部】内建立用户账户 test_user2。

② 等待组织单位【技术部】、用户账户 test_user2 被复制到域控制器 DC2。

③ 在域控制器 DC1 上备份系统状态。

④ 在域控制器 DC1 上将用户账户 test_user2 删除（此账户会被移动到 Deleted Objects 容器内）。

⑤ 等待这个被删除的 test_user2 账户被复制到域控制器 DC2，也就是等待 DC2 内的 test_user2 也被删除（默认等待 15 秒）。

⑥ 在 DC1 上先进行非授权还原，然后进行授权还原，它便会将被删除的 test_user2 账户恢复。

下面仅说明最后一个步骤，也就是先进行非授权还原，然后进行授权还原。

STEP 1　在主域控制器（DC1）下将组织单位【技术部】下的 test_user2 用户删除，稍待片刻，到额外域控制器（DC2）上查看组织单位【技术部】下的用户，发现 DC2 上也只有用户 test_user1，test_user2 用户已经被删除。

STEP 2　重复前面任务 10-2 中的 STEP 2～STEP 7。

> **注意**　不要执行 STEP 8，也就是完成恢复后不要重新启动计算机。

STEP 3　在【Windows PowerShell】窗口或【命令提示符】窗口中依次执行下面的 ntdsutil 命令。

STEP 4　在“ntdsutil:”提示符下执行下面的命令。

```
activate   instance   ntds      //表示要将域控制器的 AD DS 数据库设置为使用中
```

STEP 5　在“ntdsutil:”提示符下执行下面的命令。

```
authoritative   restore
```

STEP 6　在“authoritative restore:”提示符下，针对域 long.com 的组织单位【技术部】内的用户“test_user2”进行授权还原，其命令如下所示。

```
restore   subtree   cn=test_user2，ou=技术部，dc=long，dc=com
```

> **注意**　若要针对整个 AD DS 数据库进行授权还原，则执行“restore database”命令；若要针对组织单位【技术部】进行授权还原，则执行下面的命令（可输入？来查询命令的语法）：restore　subtree　ou=技术部，dc=long，dc=com。

STEP 7　单击【是】按钮，如图 10-15 所示。

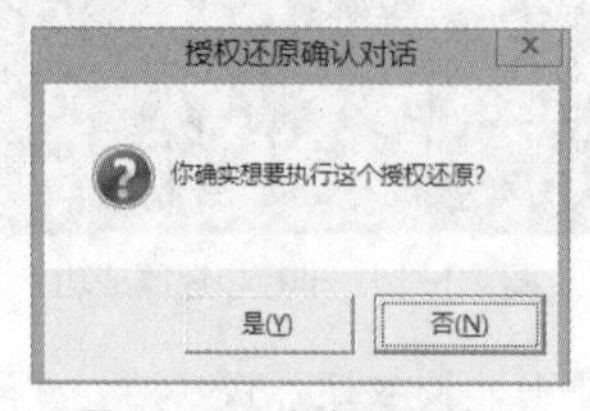

图 10-15　授权还原确认

STEP 8　前面几个步骤的完整操作过程如图 10-16 所示。

```
管理员: Windows PowerShell
PS C:\> ntdsutil
C:\Windows\system32\ntdsutil.exe: activate instance ntds
活动实例设置为"ntds"。
C:\Windows\system32\ntdsutil.exe: authoritative restore
authoritative restore: restore subtree cn=test_user2,ou=技术部,dc=long,dc=com

正在打开 DIT 数据库... 完成现在时间是 10-06-17 21:26.59。
最近的数据库更新发生在 10-06-17 19:49.49。
增加属性版本号 100000。

计算需要更新的记录...
找到的记录: 0000000001
完成
找到 1 要更新的记录。

更新记录...
所剩记录: 0000000000
完成
成功的更新了 1 个记录。

已在当前工作目录中创建带有授权还原对象列表的下列文本文件:
        ar_20171006-212659_objects.txt
指定的对象均不具有此域中的返回链接。未创建任何链接还原文件。

Authoritative Restore 成功完成。
```

图 10-16　授权还原的部分操作过程

STEP 9　在“authoritative restore:”提示符下执行“quit”命令。

STEP 10　在“ntdsutil:”提示符下执行“quit”命令。

STEP 11　利用常规模式重新启动系统。

STEP 12　等待域控制器之间的 AD DS 自动同步完成，或利用【Active Directory 站点和服务】窗口手动同步，或执行下面的命令来手动同步。

```
repadmin /syncall dc1.long.com /e /d /A /P
```

其中，/e 表示包含所有站点内的域控制器，/d 表示信息中以 Distinguished Name（DN）来识别服务器，/A 表示同步此域控制器内的所有目录分区，/P 表示同步方向是将此域控制器（dc1.long.com）的变动数据传送给其他域控制器。

完成同步工作后，可利用【Active Directory 管理中心】窗口或者【Active Directory 用户和计算机】窗口来验证组织单位【技术部】内的用户账户 test_user2 是否已经被恢复。

任务 10-4　移动 AD DS 数据库

AD DS 数据库与事务日志的存储位置默认在“%SystemRoot%\NTDS”文件夹内，然而一段时间以后，若硬盘存储空间不够或为了提高运行效率，有可能需要将 AD DS 数据库移动到其他位置。

在此不采用进入目录服务还原模式的方式，而是利用将 AD DS 服务停止的方式来进行 AD DS 数据库文件的移动工作。只有隶属于 Administrators 组的成员才有权限进行下面的操作。

需要利用 ntdsutil.exe 来移动 AD DS 数据库与事务日志，下面的练习假设要将它们都移动到“C:\NewNTDS”文件夹。

注意 ① 不需手动建立此文件夹，因为 ntdsutil.exe 会自动建立。若要事先建立此文件夹，则确认 SYSTEM 与 Administrators 对此文件夹拥有完全控制的权限。② 若要修改 SYSVOL 文件夹的存储位置，则建议先删除 AD DS 再重新安装，在安装过程中指定新的存储位置。

STEP 1 打开【命令提示符】窗口或【Windows PowerShell】窗口。执行下面的命令来停止 AD DS。

```
net stop ntds
```

STEP 2 输入 Y 后按<Enter>键。这样也会将其他相关服务一起停止。

STEP 3 在命令提示符下执行命令 ntdsutil。在“ntdsutil:”提示符下执行“activate instance ntds”命令，如图 10-17 所示。

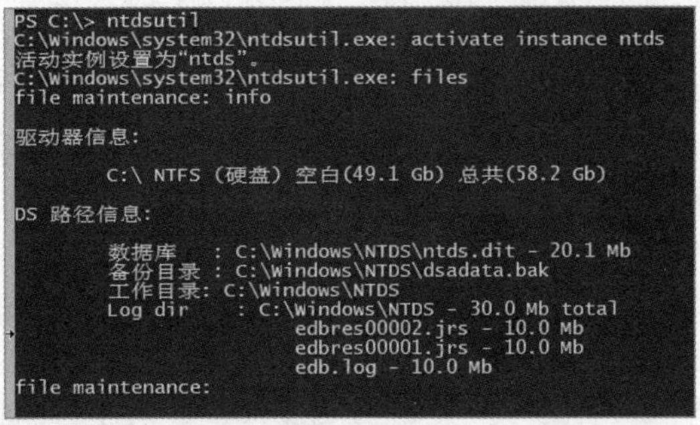

```
PS C:\> ntdsutil
C:\Windows\system32\ntdsutil.exe: activate instance ntds
活动实例设置为“ntds”。
C:\Windows\system32\ntdsutil.exe: files
file maintenance: info

驱动器信息:

        C:\ NTFS (硬盘) 空白(49.1 Gb) 总共(58.2 Gb)

DS 路径信息:

        数据库    : C:\Windows\NTDS\ntds.dit - 20.1 Mb
        备份目录  : C:\Windows\NTDS\dsadata.bak
        工作目录: C:\Windows\NTDS
        Log dir     : C:\Windows\NTDS - 30.0 Mb total
                    edbres00002.jrs - 10.0 Mb
                    edbres00001.jrs - 10.0 Mb
                    edb.log - 10.0 Mb
file maintenance:
```

图 10-17 AD DS 数据库所在文件夹为“C:\Windows\NTDS”

以上命令表示要将域控制器的 AD DS 数据库设置为使用中。

STEP 4 在“ntdsutil:”提示符下执行“files”命令；在“file maintenance:”提示符下执行“info”命令。

它可以检查 AD DS 数据库与事务日志当前的存储位置，由图 10-17 下方可知它们目前都位于“C:\Windows\NTDS”文件夹内。

STEP 5 在“file maintenance:”提示符下执行 move db to C:\NewNTDS 命令，以便将数据库文件移动到“C:\NewNTDS”。在“file maintenance:”提示符下执行命令 move logs to C:\NewNTDS，以便将事务日志文件也移动到“C:\NewNTDS”。

STEP 6 在“file maintenance:”提示符下，执行 integrity 命令，以便执行数据库的完整性检查。在 file maintenance：提示符下执行 quit 命令。

完整性检查成功的话，可跳到 STEP 13，否则，请继续下面的步骤。

STEP 7 在“ntdsutil:”提示符下执行下面的命令进行数据库语法分析，如图 10-18 所示。

```
semantic database analysis
```

STEP 8 在“semantic checker:”提示符下执行“verbose on”命令，以便启用详细信息模式。在“semantic checker:”提示符下执行“go fixup”命令，以便执行语义数据库分析工作。

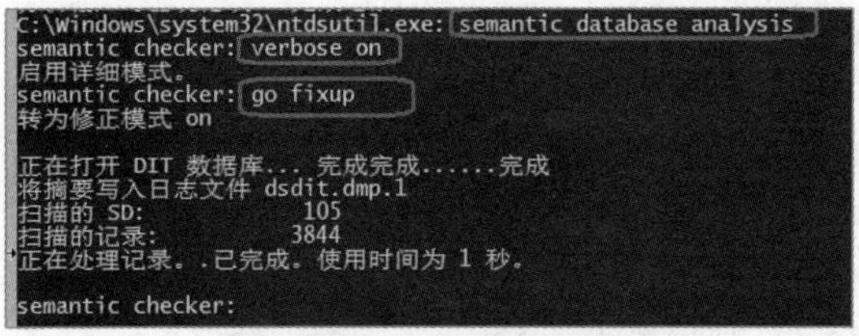

```
C:\Windows\system32\ntdsutil.exe: semantic database analysis
semantic checker: verbose on
启用详细模式。
semantic checker: go fixup
转为修正模式 on

正在打开 DIT 数据库... 完成完成......完成
将摘要写入日志文件 dsdit.dmp.1
扫描的 SD:            105
扫描的记录:          3844
正在处理记录. .已完成. 使用时间为 1 秒.

semantic checker:
```

图 10-18 数据库语法分析

STEP 9　在“semantic checker:”提示符下执行“quit”命令。

若语义数据库分析没有错误，则可跳到 STEP 13，否则继续下面的步骤。

STEP 10　在“ntdsutil:”提示符下执行“Files”命令。

STEP 11　在“file maintenance:”提示符下执行“recover”命令，以便修复数据库。

STEP 12　在“file maintenance:”提示符下执行“quit”命令。

STEP 13　在“ntdsutil:”提示符下执行“quit”命令。

STEP 14　回到命令提示符下执行下面的命令，以便重新启动 AD DS 服务。

```
net    start    ntds
```

任务 10-5　重组 AD DS 数据库

重组 AD DS 数据库

AD DS 数据库的重组操作（Defragmentation）会将数据库内的数据排列得更整齐，让数据的读取速度更快，可以提高 AD DS 的工作效率。AD DS 数据库的重组如下。

（1）在线重组。

每一台域控制器会每隔 12 小时自动执行所谓的垃圾收集程序（Garbage Collection Process），它会重组 AD DS 数据库。在线重组无法减小 AD DS 数据库文件（ntds.dit）的大小，而只是将数据有效率地重新整理、排列。由于此时 AD DS 还在工作中，因此这个重组操作被称为在线重组。

另外，前文曾经讲过一个被删除的对象并不会立刻从 AD DS 数据库内删除，而是被移动到一个名为 Deleted Objects 的容器内，这个对象在 180 天以后才会被自动清除，而这个清除操作也是由垃圾收集程序负责的。虽然对象已被清除，不过腾出的空间并不会还给操作系统，也就是数据库文件的大小并不会变小。建立新对象时，该对象就会使用腾出的可用空间。

（2）脱机重组。

脱机重组必须在 AD DS 服务停止或目录服务还原模式中手动进行。脱机重组会建立一个全新的、整齐的数据库文件，并会将已删除的对象占用的空间还给操作系统，因此可以腾出可用的硬盘空间给操作系统或其他应用程序来使用。

下面介绍执行脱机重组的步骤。请确认当前存储 AD DS 数据库的磁盘内有足够可用空间来存储脱机重组所需的缓存，请至少保留数据库文件大小的 15%的可用空间。还有，重组后的新文件的存储位置也需保留至少与原数据库文件大小相等的可用空间。下面假设原数据库文件位于“C:\Windows\NTDS”文件夹，而我们要将重组后的新文件存储到“C:\NTDSTemp”文件夹。

提示　①无须手动建立 C:\NTDSTemp 文件夹，ntdsutil.exe 会自动建立。② 若要将重组后的新文件存储到网络共享文件夹，则授予 Administrators 组权限访问此共享文件夹，并先利用网络驱动器连接到此共享文件夹。

STEP 1　打开【Windows PowerShell】窗口。执行“net stop ntds”命令，输入“Y”后按<Enter>键来停止 AD DS 服务（它也会将其他相关服务停止）。

STEP 2　在命令提示符下执行“ntdsutil”命令；在“ntdsutil:”提示符下执行“activate　instance ntds”命令，表示要将域控制器的 AD DS 数据库设置为使用中；在“ntdsutil:”提示符下执行“files”命令；在“file maintenance:”提示符下执行“info”命令，它可以检查 AD DS 数据库与事务日志当前的存储位置，默认都位于“C:\Windows\NTDS”文件夹内。

STEP 3　在“file maintenance:”提示符下执行“compact to c: \ntdstemp”命令，以便重组数据库文件，并将产生的新数据库文件放到“C:\NTDSTemp”文件夹内（新文件的名称还是 ntds.dit），如图 10-19 所示。

> 提示　①若路径中有空格符的话，则在路径前后加上双引号，如“C:\New Folder”。②若要将新文件存储到网络驱动器，如“K:”，则执行“compact to k:\”命令。

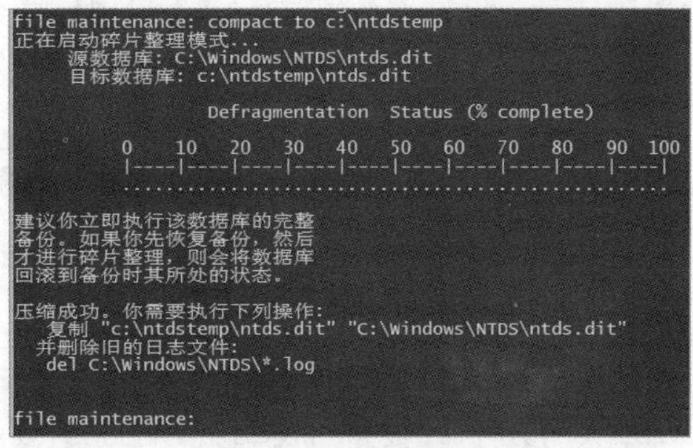

图 10-19　AD DS 数据库所在文件夹为“C:\Windows\NTDS”

STEP 4　暂时不要离开 ntdsutil 程序，打开【文件资源管理器】后执行下面几个步骤。

① 将原数据库文件“C:\Windows\NTDS\ntds.dit”备份起来，以备不时之需。

② 将重组后的新数据库文件“C:\NTDSTemp\ntds.dit”复制到“C:\Windows\NTDS”文件夹，并覆盖原数据库文件。

③ 将原事务日志“C:\Windows\NTDS*.log”删除。

这 3 项内容可以在命令提示符下完成（见图 10-20），【Windows PowerShell】窗口仍保持打开。

```
mkdir   c:\NTDSbackup                        //创建备份用的文件夹
copy   c:\windows\ntds\ntds.dit   c:\ntdsbackup\ntds.dit //备份 NTDS 数据库文件
copy   c:\ntdstemp\ntds.dit   c:\windows\ntds\ntds.dit          //重组数据库
del   c:\windows\NTDS\*.log                  //删除日志文件
```

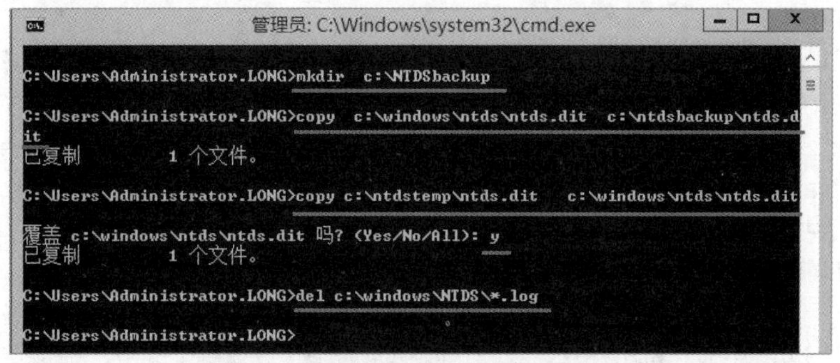

图 10-20　在命令提示符下运行 DOS 命令

STEP 5　回到【Windows PowerShell】窗口，继续在 ntdsutil 程序的“file maintenance:”提示符下执行“integrity”命令，以便执行数据库的完整性检查：integrity，Integrity check successful 表示完整性检查成功。

STEP 6 在“file maintenance:”提示符下执行“quit”命令；在“ntdsutil:”提示符下执行“quit”命令。

STEP 7 回到命令提示符下执行“net start ntds”命令，以便重新启动AD DS服务。

若无法启动AD DS服务，则试着采用下面的方法来解决问题。

- 利用事件查看器查看目录服务记录文件，若有事件标识符为1046或1168的事件记录，则利用备份来复原AD DS。
- 再执行数据库完整性检查（Integrity），若检查失败，则将之前备份的数据库文件ntds.dit复制回原数据库存储位置，然后重复数据库重组操作。若这个操作中的数据库完整性检查还是失败，则执行语义数据库分析工作（Semantic Database Analysis）；若还是失败，则执行修复数据库的操作（Recover）。

重置“目录服务还原模式”的系统管理员密码

任务10-6 重置“目录服务还原模式”的系统管理员密码

若忘记了目录服务还原模式的系统管理员密码，以至于无法进入目录服务还原模式该怎么办呢？此时可以在常规模式下，利用ntdsutil程序来重置目录服务还原模式的系统管理员密码，步骤如下。

STEP 1 到域内的任何一台成员计算机上利用域系统管理员账户登录。

STEP 2 打开【命令提示符】窗口或【Windows PowerShell】窗口，执行“ntdsutil”命令。

STEP 3 在“ntdsutil:”提示符下执行“set DSRM password”命令；在“重置DSRM管理员密码”提示符下执行如下命令。

```
reset password on server dc2. long.com
```

> **注意** 以上命令假设要重设域控制器dc2.long.com的目录服务还原模式的系统管理员密码。要被重置密码的域控制器，其AD DS服务必须处于启动状态。

STEP 4 输入并确认新密码。连续输入“quit”命令以离开ntdsutil程序。

10.4 【拓展阅读】“雪人计划”

“雪人计划（Yeti DNS Project）”是基于全新技术架构的全球下一代互联网IPv6根服务器测试和运营实验项目，旨在打破现有的根服务器困局，为下一代互联网提供更多的根服务器解决方案。

“雪人计划”是2015年6月23日在国际互联网名称与数字地址分配机构（Internet Corporation for Assigned Names and Numbers，ICANN）第53届会议上正式对外发布的。

发起者包括中国“下一代互联网关键技术和评测北京市工程研究中心”、日本WIDE机构（M根运营者）、国际互联网名人堂入选者保罗·维克西（Paul Vixie）博士等组织和个人。

2019年6月26日，工业和信息化部同意中国互联网络信息中心设立域名根服务器及运行机构。“雪人计划”于2016年在中国、美国、日本、印度、俄罗斯、德国、法国等全球16个国家完成25台IPv6根服务器架设，其中1台主根服务器和3台辅根服务器部署在中国，事实上形成了13台原有根服务器加25台IPv6根服务器的新格局，为建立多边、透明的国际互联网治理体系打下坚实基础。

10.5 习题

一、填空题

1. AD DS 内的组件主要有________与________，其中 AD DS 数据库文件默认位于________文件夹内。

2. AD DS 数据库文件是________，存储着此台域控制器的 AD DS 内的对象；AD DS 事务日志文件是________；检查点（Checkpoint）文件是________。

3. SYSVOL 文件夹位于%SystemRoot%内，此文件夹内存储着下面的数据：脚本文件、________与________。

4. 活动目录有两种恢复模式：________和________。授权还原用到命令________。

5. AD 的优先级比较主要考虑以下 3 个因素：________、________与________。

二、简答题

1. 简述非授权还原和授权还原的应用场景。
2. 为什么要重组 AD DS 数据库?
3. 如何实施授权还原?
4. 如何重置“目录服务还原模式”的系统管理员的密码?

10.6 项目实训 维护 AD DS

一、项目实训目的

- 掌握备份与还原 AD DS。
- 掌握移动与重组 AD DS 数据库。
- 掌握重设“目录服务还原模式”的系统管理员密码。

二、项目背景

请参照图 10-1。

三、项目要求

- 备份 AD DS。
- 非授权还原 AD DS。
- 授权还原 AD DS。
- 移动与重组 AD DS。
- 重置“目录服务还原模式”系统管理员密码。

四、做一做

本项目实录融入行业新技术、新规范和新标准，以 Windows Server 2016 网络操作系统为例，同时兼容 Windows Server 2012/2019 网络操作系统。

根据项目实录慕课进行项目的实训，检查学习效果。

电子活页

电子活页 1　安装与规划 Windows Server 2016

I-1　安装与规划 Windows Server 2016

I-2　安装与配置 VM 虚拟机

I-3　安装 Windows Server 2016

I-4　配置 Windows Server 2016（一）

I-5　配置 Windows Server 2016（二）

I-6　配置 Windows Server 2016（三）

I-7　使用 VM 的快照与克隆

电子活页 2　利用 VMware Workstation 构建网络环境

II-1　链接克隆虚拟机

II-2　修改系统 SID 和配置网络适配器

II-3　启用 LAN 路由

II-4　测试客户机和域服务器的连通性

电子活页 3　管理文件系统与共享资源

III-1　文件系统与共享

III-2　设置资源共享

III-3　访问网络共享资源

III-4　使用卷影副本

III-5　认识NTFS 权限共享+NTFS

III-6　认识 NTFS 权限文件优于文件夹

III-7　认识 NTFS 权限继承、累加、拒绝优先

III-8　复制和移动文件及文件夹

III-9　利用 NTFS 权限管理数据

III-10　压缩文件

III-11　加密文件系统（一）

III-12　加密文件系统（二）

电子活页 4　配置与管理基本磁盘和动态磁盘

IV-1　认识基本磁盘

IV-2　认识动态磁盘

IV-3　管理基本磁盘

IV-4　建立动态磁盘卷（MS1）

IV-5　维护动态卷（MS1）

IV-6　管理磁盘配额（MS1）

IV-7　碎片整理和优化驱动器

电子活页 5　配置与管理证书服务器

V-1　SSL 网站安全连接

V-2　安装证书服务并架设独立根 CA

V-3　DNS 与测试网站准备

V-4　让浏览器计算机信任 CA

V-5　在 Web 服务器上配置证书服务

V-6　测试 SSL 安全连接

参考文献

[1] 杨云．Windows Server 2012 网络操作系统项目教程[M]．4 版．北京：人民邮电出版社，2016.

[2] 杨云．Windows Server 2008 组网技术与实训[M]．3 版．北京：人民邮电出版社，2015.

[3] 杨云. 网络服务器配置与管理项目教程(Windows & Linux)[M]. 北京: 清华大学出版社, 2015.

[4] 杨云．网络服务器搭建、配置与管理——Windows Server[M]．2 版．北京：清华大学出版社，2015.

[5] 黄君羡．Windows Server 2012 活动目录项目式教程[M]．北京：人民邮电出版社，2015.

[6] 戴有炜．Windows Server 2012 R2 Active Directory 配置指南[M]．北京：清华大学出版社，2014.

[7] 戴有炜．Windows Server 2012 R2 网络管理与架站[M]．北京：清华大学出版社，2017.

[8] 微软公司．Windows Server 2008 活动目录服务的实现与管理[M]．北京：人民邮电出版社，2011.

[9] 韩立刚，韩立辉．掌控 Windows Server 2008 活动目录[M]．北京：清华大学出版社，2010.